AF241216

HISTOIRE
NATURELLE
DE L'AIR
ET
DES MÉTÉORES.

Par M. l'Abbé RICHARD.

TOME CINQUIEME.

A PARIS,

Chez SAILLANT & NYON, Libraires,
rue Saint-Jean-de-Beauvais.

M. DCC. LXX.

Avec Approbation & Privilège du Roi

TABLE
DES TITRES
Du Tome cinquieme.

DISCOURS SEPTIEME.

DISCOURS HUITIEME.

DISCOURS NEUVIEME.

Fin de la Table des Titres.

HISTOIRE

HISTOIRE
NATURELLE
DE L'AIR,
ET
DES MÉTÉORES.

DISCOURS SEPTIEME.

SUR L'ÉVAPORATION.

§ I.

Idée générale de l'Evaporation.

Les animaux, les végétaux, la plûpart des minéraux, la terre ou cette couche extérieure formée des débris des animaux & des végétaux, im-

Tome V.   A

pregnée des ſels, des ſoufres & des nitres répandus dans la maſſe de l'air qui la couvre; enfin l'eau & toutes les ſubſtances des règnes différens ſont ſuſceptibles d'évaporation. Cette propriété ſi généralement répandue, peut bien être miſe au premier rang, parmi les qualités qui appartiennent à l'économie générale de notre globe. C'eſt par ſon moyen que l'eau, qui fait la baſe de tous les corps vivans, eſt reportée & diſtribuée ſans ceſſe ſur toute la ſurface de la terre contre ſa pente naturelle qui la détermine à ſe raſſembler dans les endroits le moins éloignés de ſon centre. Le fluide ignée principe de la chaleur & du mouvement de la matière, ſoit celui qui vient des rayons du ſoleil, ſoit celui qui circule dans le ſein de la terre, trouvant dans l'eau une eſ- pèce de véhicule au travers duquel il paſſe avec beaucoup de liberté, en même tems qu'il peut être regardé comme la cauſe premiere de l'éva- poration ou de la diſperſion générale des vapeurs aqueuſes, eſt encore celle

de la diſſolution des matieres animales & végétales, qui arrivées par
la fermentation ou la pourriture, au
dernier degré de leur réſolution, s'é-
levent dans l'atmoſphère pour être
reportées enſuite à la terre, & ſervir
à la conſtruction de nouveaux êtres.
Cette circulation admirable, d'où
réſulte cette harmonie qui règne entre la deſtruction des corps & leur
reproduction, qui conſerve la nature
dans un état inépuiſable de force &
de jeuneſſe, eſt entretenue par une
évaporation continuelle.

Je ne la conſidérerai ici que par
rapport à l'air & aux météores. Leurs
principes ſont les vapeurs & les exhalaiſons, dont la réunion, la condenſ-
ſation enſuite ou la raréfaction conſ-
tituent & forment les météores divers, tantôt aqueux, tantôt ignées,
ſuivant la qualité des vapeurs & des
exhalaiſons : tantôt pluie, tantôt roſée, foudre ou éclair ſuivant leur
différente combinaiſon. Car toutes
es ſubſtances, tant celles qui s'exha-
ent que celles qui s'évaporent, étant

différemment mêlangées ou modifiées, prennent des formes & produisent des effets qui varient à l'infini.

A ce sujet il faut remarquer d'abord que quoique le soleil & le fluide subtil ignée ou l'éther, agissent sur toutes les parties du globe, cependant par la force de leur action, il s'éleve plus de vapeurs aqueuses que d'exhalaisons terrestres, salines ou sulfureuses, parce que les parties de l'eau étant plutôt contiguës qu'attachées entr'elles à raison de leur fluidité & de leur poli, elles se séparent plus aisément les unes des autres, & se divisent en petites parties très-légeres, après s'être détachées de la masse qui les rassembloit ; d'où il résulte que les Météores aqueux sont plus fréquens, plus sensibles & plus abondans que tous les autres ; les Météores ignées étant très-rares en comparaison & de peu de durée. Quant aux exhalaisons purement terrestres & aux Météores qui peuvent en être formés, ils sont si rares, on a si peu d'occasions de les obferver & de les connoître, qu'il eft bien difficile de fe faire une théorie à leur fujet : il eft même douteux s'ils ont jamais exifté, puifque ces fortes d'exhalaifons ne devroient leur mouvement, leur réunion, en un mot leur apparence fenfible fous quelque forme déterminée, qu'au mêlange des vapeurs aqueufes ou des particules fulfureufes qui feroient mêlées avec elles, & qui deviendroient le principe de leur agitation. Nous aurons occafion de prouver dans la fuite de cette hiftoire, que par elles-mêmes, elles font incapables de s'élever dans l'air; elles n'acquièrent cette propriété qu'autant qu'elles font intimement unies à des molécules d'eau qui fervent à retenir dans leurs interftices le fluide fubtil caufe de leur mouvement, ou qu'elles font vivement agitées par une matière fulfureufe extrêmement atténuée, qui les divife & les emporte dans fon mouvement de tourbillon.

§ II.

Quelles font les matières les plus fufceptibles d'évaporation.

Les liquides tels que l'eau pure, le vin, l'efprit-de-vin, l'éther vitriolique & les fubftances femblables tiennent le premier rang parmi les matieres fufceptibles d'évaporation. Expofées à l'air libre, elles s'évaporent fans le fecours apparent d'aucune chaleur étrangère, par l'action d'un fluide très-actif quoiqu'infenfible, même dans les climats les plus rigoureux, & par les gelées les plus fortes. Dans les hivers les plus froids, on voit quelquefois d'un jour à l'autre difparoître la neige qui couvre la furface de la terre, & l'expérience nous apprend que la glace diminue confidérablement dans l'air le plus froid & le moins expofé aux rayons du foleil. Il y a donc, indépendamment de la

chaleur naturelle ou artificielle, une
autre cause de cet effet, puisque l'é-
vaporation ne diminue pas toujours
avec la chaleur. Dans l'état ordinaire
des choses, nous nous appercevons
d'une manière sensible, que pendant
le jour les rayons du soleil échauffent
en même tems & la terre & l'air :
Mais lorsque cet astre éclaire un autre hémisphère, la chaleur que sa présence avoit fait naître, se rallentit peu
à peu ; elle se conserve néanmoins
plus long-tems dans les corps dont
la matière est plus dense, de sorte
que pendant la nuit la terre & les
eaux sont communément plus chaudes que l'air extérieur qui les environne. Alors la matière du feu qui
tend toujours à se répandre à la manière des autres fluides, passe de la
terre dans l'air, & emporte avec elle
les parties les plus déliées des corps
même solides qu'elle avoit pénétrés.
Elle les détache & les détermine par
le mouvement qu'elle leur communique, à quitter la masse dont elles
faisoient partie, & ces molécules se

subtilisent au point de devenir insensibles. C'est ce que l'on remarque
dans l'eau que l'on fait chauffer, dans
les fruits & les viandes que l'on fait
cuire : une partie de leur substance
s'évapore & se répand dans l'atmosphère qui les environne.

Après les liquides, les corps humides & ceux qui peuvent aisément
devenir fluides, sont donc les plus
susceptibles d'évaporation, & les particules qui s'élevent par cette voie,
de presque tous les corps même solides, reçues & rassemblées dans des
vaisseaux, se présentent sous une forme liquide. C'est cette réduction de
toutes les substances diverses à une
même modification, qui avoit persuadé à quelques anciens que l'eau
étoit le principe de toutes choses. Ils
voyoient que presque tous les corps
liquides, & même la plûpart des solides exposés à l'air par l'action de ce
fluide seul, ou aidés d'une chaleur
modérée, s'élevoient peu à peu dans
l'atmosphère, les uns totalement, les
autres pour la plus grande partie. Le

renouvellement de toutes les subſtan-
ces devoit être produit par la réunion de ces mêmes molécules répandues dans l'air, qu'un agent quelconque ramenoit chacune à leur deſtination. Ils regardoient l'eau comme
ce moyen univerſel, parce que tous
les êtres, après avoir duré quelque
tems ſous une forme déterminée, ſe
réſolvoient en eau avant que de re-
prendre leur premiere conſiſtance. Tel
fut le réſultat des premieres obſervations que l'on fit ſur les révolutions
générales de la nature, & ſur la cauſe
de la reproduction des corps : la phyſique en étoit alors à ſes premiers
pas ; mais elle étoit déjà dans la route
de la vérité, quoiqu'elle ne fît qu'en-
trevoir, à travers un vòile épais, le
ſyſtème général du monde, & qu'elle
ne pût pas eſpérer de faire de grands
progrès en admettant pour cauſe principale ce qui n'étoit qu'un effet. On
pourra découvrir la ſource de cette
erreur, en expliquant plus en détail
les différens phénomènes de l'évaporation.

A v

Les corps élevés par son moyen dans l'air, s'y soutiennent invisibles jusqu'à ce que, par quelque changement arrivé dans l'atmosphère, leurs particules se réunissent en petites masses qui troublent sensiblement la transparence de l'air : car ce fluide est en tout tems rempli d'eau qui s'y étant répandue par l'évaporation, y demeure invisible jusqu'à ce que de nouvelles circonstances rassemblent les molécules dispersées. C'est ce liquide mêlé avec quantité de matières hétérogènes fort atténuées qui forme la masse de l'air, qui le rend respirable & nécessaire à la conservation de la vie des animaux & à l'entretien des végétaux. Cette propriété générale de l'eau si aisée à découvrir détermina sans doute Thalès à en faire le premier principe de toutes choses.

L'évaporation proprement dite est donc distinguée de l'élévation dans l'atmosphère de certains corps petits & légers, tels que la poussière, qui ne se répandent & ne s'y soutiennent que par l'impulsion méchanique de l'air agité, qui conservent leur volume & leur opacité, & retombent dès que le mouvement qui les avoit emporté cesse.

Il n'en est pas de même de la dispersion d'autres corps dans l'air produite par un degré de chaleur suffisant pour les décomposer : elle a un si grand rapport avec l'évaporation, qu'il est difficile de les distinguer l'une de l'autre, que souvent elles se font ensemble, & qu'elles sont presque toujours l'effet d'une même cause. Les particules emportées par ce moyen dans l'air, semblent acquérir les mêmes qualités que celles qui s'y élevent par l'évaporation : elles s'y soutiennent de même dans un tel état de division, qu'elles y sont parfaitement invisibles. Les prémieres sont connues sous le nom de vapeurs, les autres sous celui d'exhalaisons.

Ainsi les matières animales ou végétales, privées de leurs parties volatiles libres & de l'eau surabondante, exposées à un feu nécessaire pour les analyser, se décomposent. Il

s'en exhale une matière très-atténuée,
propre à s'élever & à se soutenir dans
l'atmosphère. La substance du soufre
se divise en brûlant, l'acide vitriolique & le principe inflammable dont
il étoit composé, dégagés l'un de l'autre, s'élevent dans l'atmosphère, &
y deviennent invisibles ; l'eau est le
véhicule qui sert à les y porter, &
qui se montre le plus sensiblement
dans cette opération soit naturelle,
soit artificielle. L'évaporation ne diffère donc point essentiellement de
l'élévation des particules volatiles dégagées par l'action d'une chaleur suffisante pour décomposer les corps, &
les résoudre en leurs parties primiti-
ves, puisque celles qui s'élevent dans
l'air par cette voie, paroissent acquérir des qualités semblables à celles
qui y sont portées par l'évaporation,
& s'y soutenir par les mêmes moyens.
Cependant on n'appelle proprement
évaporation que l'élévation des particules volatiles, libres, dégagées des
principes qui peuvent les fixer, & qui
pour s'élever ne demandent aucune

chaleur artificielle, ou seulement l'action d'un feu modiqne.

§ III.

En quoi les vapeurs & les exhalaisons diffèrent & se ressemblent.

Les vapeurs & les exhalaisons se ressemblent en ce qu'elles font des parties très-minces, dans lesquelles se résolvent les corps les plus solides, ou de petites molécules formées de ces mêmes parties qui se répandent aisément dans l'atmosphère, & suivent son mouvement. Mais elles diffèrent en ce que les vapeurs font des émanations de l'eau & des autres liquides, & que les exhalaisons ne font que des particules détachées des corps secs ou gras. Ainsi on regarde comme de la même espèce toutes les molécules qui se séparent des liquides, & dont la configuration répond à celles des parties intégrantes de l'eau : on les comprend sous le nom général de vapeurs aqueuſes, leurs effets ſont les mêmes, & ſi on les réunit, c'eſt ſous une forme à-peu-près ſemblable.

Il n'en eſt pas de même de la ſtructure & de la forme des exhalaiſons : quelques phyſiciens les repréſentent comme des fumées ſèches qui viennent des corps ſolides, tels que la terre, les minéraux, les phlogiſtiques, & ils les diſtinguent des vapeurs qui ſont des fumées humides qui s'élèvent de l'eau & dès liquides. Ils les regardent comme des corpuſcules ou écoulemens ſecs qui ſe détachent des corps durs & terreſtres, ſoit par la chaleur du ſoleil, ſoit par l'agitation de l'air, la diſſolution des ſubſtances ou quelqu'autre cauſe ; ces corpuſcules parviennent juſqu'à une certaine hauteur dans l'air, où ſe mêlant avec les vapeurs, elles forment des nuages pour retomber enſuite en neige, en pluie, en roſée. Les exhalaiſons nitreuſes & ſulfureuſes ſont, ſelon eux, la principale matière du tonnerre, des

éclairs, des aurores boréales & des
autres météores qui se forment dans
l'air. D'autres portent l'exactitude encore plus loin ; ils déterminent à chaque espèce d'exhalaison, sa forme &
ses effets ; celles qui se détachent des
huiles & des corps gras, sont branchues, molles & flexibles ; celles qui
sortent des corps durs sont branchues
comme les premières, mais elles sont
très-élastiques, & leur action se com-
bine aisément avec celle de la matière
subtile. C'est peut-être cette analogie
prétendue qui a déterminé Newton
à prétendre que l'air vrai & permanent étoit formé par les exhalaisons
des corps les plus durs & les plus
compacts ; d'autres exhalaisons enfin
que l'on regarde comme la partie la
plus volatile des sels, sont oblongues,
aiguës, roides & peu flexibles.

On conçoit aisément que la forme
que l'on assigne à ces exhalaisons ne
tombe pas sous les sens ; mais comme on connoît la configuration des
corps d'où elles sortent, & que par
leurs effets on juge à-peu-près de leur

modification, on les désigne sous une forme déterminée, analogue aux corps dont elles ont fait partie, & aux effets qu'elles produisent. Il en est de cette cause physique, comme d'une multitude d'autres, de l'existence desquelles on ne doute pas, quoiqu'elles échappent aux sens. Si on ne s'en rapportoit jamais qu'à leur témoignage, que deviendroit la physique? La science des causes premieres n'existeroit pas. Le physicien le plus scrupuleux est satisfait, quand pour expliquer un phénomène il trouve une hypothèse, qui fondée sur les loix générales de la nature, satisfait à toutes les circonstances du problême à résoudre. C'est ainsi que l'on parvient à expliquer le méchanisme des expériences qui ne répandroient aucune lumière sur la physique, si l'on ne cherchoit à connoître les causes par les effets. Ainsi la sphère des connoissances acquiert une plus grande étendue, les esprits s'enhardissent, & d'heureuses conjectures conduisent à la véritable explication des phénomènes les plus difficiles à concevoir. C'eſt par ces hypothèſes utiles que l'on peut parvenir à comprendre comment les vapeurs & les exhalaiſons, ſoit en s'uniſſant, ſoit en ſe ſéparant, donnent lieu à la formation de tant de phénomènes ſi variés.

Les molécules aqueuſes ſe diviſent aiſément entr'elles ; des exhalaiſons ſèches ou humides, auxquelles elles s'uniſſent accidentellement, leur poli, leur ſoupleſſe, l'aptitude qu'elles ont à prendre toutes ſortes de formes y contribuent. Il n'en eſt pas de même des exhalaiſons, elles s'attachent fortement aux corps auxquels elles ſe joignent : leur forme branchue & leur roideur font qu'elles réſiſtent long-tems aux agens qui travaillent à les en détacher ; & ſi le tiſſu des corps ſecs & ſpongieux qu'elles ont pénétrés, n'eſt fortement relâché, & réduit à un état prochain de diſſolution, on entreprend en vain d'en faire ſortir les exhalaiſons qui s'y ſont inſinuées ; c'eſt ce qui fait que lorſque les courans d'air en ſont chargés, ils

ont par-tout les mêmes effets sur les
corps exposés à leur action, & leurs
désastres ne cessent ordinairement
que par le changement de la température de l'air, ou par les soins que
l'on apporte à en garanrir chaque
corps en particulier, soit en diminuant l'effet de ces exhalaisons au
point de le rendre nul, soit en le pré-
venant ou en l'éloignant.

Il arrive que des tremblemens de
terre font fendre & crever de grosses
croûtes pierreuses dans l'étendue de
quelques milles, & qui se trouvent
cachées sous la surface de la terre.
Ces croûtes empêchoient auparavant
les exhalaisons de certains corps, situés encore plus profondement, de
s'échapper & de sortir de dessous la
terre : mais aussi-tôt que ces espèces
de croûtes se trouvent rompues & séparées, les passages sont ouverts pour
les vapeurs & les exhalaisons, qui
venant alors à s'élever dans l'air, y
produisent de nouveaux phénomènes,
dont l'effet dure aussi long-tems que
la cause à laquelle ils doivent leur

exiſtence, & ils ne ceſſent que quand cette cauſe ſe trouve anéantie (*a*), c'eſt à des cauſes de cette eſpèce que j'ai cru devoir rapporter les froids extraordinaires qui ont regné dans une partie de la zone temperée dans le printems de 1767, & dont les effets ont été ſi déſaſtreux (*b*). De-là on peut encore juger que la ſéchereſſe & le froid ſont peu capables de diminuer l'effet de ces exhalaiſons : ces modifications générales de l'air, ne peuvent que changer leur action ; la configuration & le volume de ces exhalaiſons reſtant toujours à peu-près les mêmes. Il n'en eſt pas ainſi des vapeurs que le froid condenſe au point de les reſſerrer dans un eſpace très-étroit, ou que la chaleur diviſe par une raréfaction difficile à concevoir.

(*a*) Muſſchembroeck. Eſſais de Phyſique, cités dans le Dictionnaire Encyclopédique, article *Exhalaiſons.*

(*b*) Voyez le Diſcours III ſur la Théorie générale de l'air, § 9, Tom. II. de cette hiſtoire.

§. IV.

Nature & effets des Exhalaisons.

La grande expansion dont les exhalaisons font fusceptibles, leur élasticité, leur force & leur folidité les rapprochent beaucoup, quant aux effets, de l'action de l'air élémentaire le plus vif : propriété que l'on ne peut attribuer qu'à la matière fubtile renfermée dans leurs pores, & qui leur communique un mouvement & une agilité approchante de celle qu'elle auroit, fi elle agiffoit feule & dégagée de tout corps étranger ; matière qui, comme nous l'avons dit plus haut, affure la folidité des corps les plus durs, en uniffant entr'elles leurs molecules intégrantes (*a*). Cependant toutes les exhalaisons n'ont pas ces même qualités. Les différens

---

(*a*) Voyez le Difcours I fur l'Elément, §. III, tome I.

phénomènes qu'elles produifent dans l'air, & qui ne fe manifeftent que par des caufes particulieres & locales, déterminent alors leurs modifications, ainfi que nous l'expliquerons en parlant de chaque météore : fouvent même elles fe diffipent & difparoiffent fans produire aucun effet fenfible dans l'air, non que pour cela elles foient anéanties, mais elles retournent plus promptement à leur deftination naturelle, à former des corps femblables à ceux dont elles ont été détachées.

Par tout ce que nous venons de dire, on doit aifément concevoir comment les exhalaifons s'élevent & fe difperfent dans l'air, dès que l'expanfion de leurs molecules, eft au-deffus de la rarefaction établie dans l'atmofphère, & qu'elles font fpécifiquement plus légères que l'air ou les autres matières hétérogènes qui y font répandues. Ainfi on voit quelquefois flotter dans l'air de fort grandes traînées d'exhalaifons qui font d'une feule & même efpèce :

elles n'ont éprouvé d'autre changement qu'en ce que de corps solides
qu'elles étoient dans le sein de la
terre, elles sont devenues fluides,
ou bien en ce que de fluides denses,
elles ont été réduites en un fluide
plus subtil, & dont les parties se
trouvant très-raréfiées, sont assez légères pour flotter dans l'air & y rester suspendues. Elles doivent par
conséquent conserver plusieurs des
propriétés qu'elles avoient auparavant, sur-tout celles qui n'ont pas
été changées par la raréfaction. Elles
retiennent donc aussi une partie des
forces qu'elles avoient, lorsqu'elles
étoient un corps solide ou un fluide
plus dense : & ces forces répondront
à celles qu'elles auront, lorsqu'elles
seront réunies en une masse semblable à celle qu'elles formoient
avant que d'être raréfiées. Tel est
l'effet des exhalaisons sulfureuses,
vitrioliques ou arsenicales, répandues dans l'air au-dessus des terreins
desquels, elles s'élevent immédiatement. On ne s'expose pas impuné-

ment à leur action dans plusieurs
endroits du Royaume de Naples,
connus par le danger des exhalaisons
minérales qui infectent une partie de
leur atmosphère, & qui heureusement ne s'étendent pas fort loin de
la source qui les produit; nous ne
répéterons pas à ce sujet les observations que nous avons déjà rappor-
tées plus haut. Il en est de même des
exhalaisons dont l'air est chargé, sur-
tout pendant la nuit, dans le territoire d'Ostie. Dans une vallée du
canton de Coquimbo dans le Chili,
il y a une petite étendue de plaine,
où ceux qui s'endorment se trouvent
enflés à leur réveil, ce qui n'arrive
point à quelques pas de là ; ce sont
des exhalaisons métalliques qui produisent ces effets.

Car plus la terre renferme de métaux dans son sein, plus les exhalaisons sont abondantes, actives & souvent dangereuses. Les expériences
de l'électricité nous ont appris que
les matières métalliques étoient le
véhicule le plus propre à favoriser

le cours & les effets du fluide ignée
fubtil, répandu dans toute la nature.
C'eft ce même fluide qui détache des
métaux les exhalaifons abondantes
qui s'en élevent; on ne doit donc
pas être furpris de voir partir des
veines ou filons métalliques, fur-tout
lorfqu'elles font proches de la furface de la terre, des vapeurs fenfibles & qui dans l'obfcurité de la
nuit paroiffent quelquefois enflammées. Ces vapeurs ou exhalaifons
s'échappent par les cavités & les cre-
vaffes qui fe trouvent dans les roches,
les glaifes ou les marnes : elles font
de différentes efpèces & produifent
des effets très-variés. Tantôt elles
échauffent l'air fi confidérablement,
qu'il eft impoffible que les ouvriers
employés dans les mines puiffent
continuer leurs travaux fous terre,
ce qui arrive fur-tout dans les grandes
chaleurs, lorfque l'air extérieur de
l'atmofphère n'étant pas agité par les
vents, refte ftagnant & empêche par
fon poids, l'air renfermé dans les
fouterrains de fe renouveller & de

circuler

circuler librement : c'est dans ces circonstances que les vapeurs dangereuses des mines peuvent suffoquer
les malheureux condamnés à y paffer leurs jours. Elles paroiffent d'a-
bord comme un brouillard épais,
qui ne s'éleve dans le fond des mines
qu'à cinq ou fix pouces au-deffus du
fol : d'autrefois elles s'annoncent en
affoibliffant peu-à-peu la lumière,
& même en éteignant tout-à-fait les
lampes des travailleurs ; auffi eft-ce
une maxime parmi eux, qu'il faut
avoir l'œil autant à fa lumière qu'à
fon ouvrage. Lorfqu'ils s'apperçoivent
qu'elle s'affoiblit, le parti le plus af-
furé pour eux eft de fe faire retirer
promptement de la mine : s'ils n'y
prennent garde ils s'appefantiffent &
s'endorment, & cet effet eft quelquefois fi prompt, que les ouvriers
furpris, tombent de l'échelle en defcendant dans la mine. On attribue
ces accidens fi dangereux à un air
ftagnant, auquel une trop grande
quantité de particules acides & fulfureufes ont ôté fon élafticité. Les

Tome V.   B

mines de charbon sont particulière-
ment sujettes à être infestées par ces
exhalaisons ; elles s'y raffemblent les
jours auxquels les ouvriers ne travaillent point, parce qu'alors il n'y a
aucun mouvement dans l'air qu'elles
renferment. En Angleterre & en
Ecoffe on a trouvé le moyen de remédier en partie à cet inconvénient :
avant que de rentrer dans une mine
où l'on a ceffé de travailler pendant
quelques jours, on y fait defcendre
un homme vêtu de toile cirée ou de
linges mouillés ; il tient une longue
perche, au bout de laquelle eft une
lumière. Lorfqu'il eft defcendu, il
fe met ventre à terre, & dans cette
attitude, il s'avance & approche fa
lumière de l'endroit d'où fortent les
exhalaisons : elles s'enflamment fur
le champ avec un bruit femblable à
celui d'un violent coup de tonnerre
& s'échappent par les ouvertures extérieures de la mine. Il eft rare qu'il
arrive de malheur à l'ouvrier qui a
porté le feu à la fource de l'exhalaifon, pourvu qu'il fe tienne étroite-

ment couché contre terre, parce que toute l'action de ce tonnerre fouterrain fe porte contre la voûte de la mine. Cette opération en purifie l'air, & éloigne pour quelque tems le danger des exhalaifons. Un de leurs effets, le plus fingulier & le plus à craindre, eft celui que les mineurs nomment ballon. Il paroît attaché à la voûte des galeries fous la forme d'une poche arrondie, dont l'enveloppe reffemble à de la toile d'araignée : fi ce fac vient à fe crêver & que la matière qu'il renferme fe répande dans les fouterrains, c'eft un poifon fubtil qui fait périr fur le champ tous ceux qui le refpirent. On tâche de remédier à ces dangers prefque continuels, en ouvrant des galeries horifontales qui communiquent avec les ouvertures ou puits par lefquels on defcend dans les mines, & qui fervent à en rafraîchir l'air & à le renouveller : mais quelques précautions que l'on prenne, il eft toujours très-difficile de parer à tous les inconvéniens inféparables

de ce genre de travail, dont les
caufes fe reproduifent à mefure que
les travaux font pouffés plus loin
fous terre.

Ces exhalaifons fe manifeftent
encore fous la forme de filamens ou
de toiles d'araignées, qui, en volti-
tigeant prennent feu à la lumière des
lampes, & lorfque l'air des mines
eft très-condenfé, elles s'éteignent
& finiffent par un bruit de détonna-
tion femblable à celui du tonnerre
ou de la poudre à canon. Souvent
encore il fe fait à leur furface ou
dans leur intérieur des évaporations
confidérables & fenfibles, fur-tout
le matin, dans le tems que la rofée
tombe. A la fuite de ces émanations,
les ouvriers trouvent les filons qui
font dans le voifinage, ftériles, dé-
pourvus du minéral qu'ils conte-
noient, & femblables à des os cariés
ou à des rayons vides de leur miel.
Ces exhalaifons qui s'élevent des
entrailles mêmes de la terre, & qui
y entretiennent une forte de circulation, doivent y occafionner des

dissolutions continuelles, qui sont
suivies de nouvelles combinaisons,
desquelles résultent les métaux & les
compositions qui leur sont analogues
& qui ne doivent leur existence
qu'au changement de formes que
les mêmes parties organiques reçoivent de l'action du feu. L'étude
de ces changemens est curieuse, &
peut occuper agréablement les loisirs
d'un philosophe : mais combien doit
paroître déplorable le sort des mortels infortunés, qui sont continuellement exposés à l'action meurtrière
de ces exhalaisons, dont la plûpart
sont un poison subtil.

D'autres matières rendent d'autres
exhalaisons qui varient à l'infini les
qualités de l'atmosphère. Les exhalaisons salines & nitreuses établissent
dans l'air une disposition constante
au froid, que les plus fortes chaleurs de l'été ne peuvent jamais
vaincre entièrement, ainsi qu'on l'é-
prouve en Arménie, dans les Provinces Septentrionales de la Chine,
dans la Tartarie, & même dans

nos climats, lorsque quelque révolution extraordinaire porte dans l'air une trop grande quantité de ces exhalaisons.

Après une bataille sanglante, où il y a eu beaucoup de monde tué, les corps que dans ces circonstances on enterre près les uns des autres, & à peu de profondeur, lorsqu'ils viennent à se corrompre, exhalent une odeur fétide (il en est de même des cimetieres placés encore la plûpart dans le centre des villes); ces exhalaisons qui tiennent de la nature du phosphore, ne cessent de s'élever en très-grande quantité au-dessus du sol où les cadavres sont enterrés, jusqu'à ce qu'ils soient entièrement dissous. Alors les terres imprégnées des sels & des soufres gras que ces corps y ont répandus, sont d'une fertilité étonnante, mais on achete bien cet avantage par l'intempérie qui l'a précédé.

Si la même espèce de végétaux se trouve multipliée dans une grande étendue de terrein, l'atmosphère supérieure fera remplie d'exhalaifons d'une même efpèce, qui s'y arrête-ront jufqu'à ce qu'elles foient dif-perfées par les vents. Si elles y ref-tent ftagnantes pendant un certain tems, que la chaleur du foleil & une humidité fenfible fe joignent à l'ac-tion de la matière fubtile qui les a élevées, elles fermentent, fe cor-rompent, & répandent dans l'air des qualités nuifibles. Il eft donc utile que ces amas de vapeurs & d'exha-laifons d'une même efpèce, qui fe font en certains endroits & remplif-fent la maffe de l'air, foient difper-fées & portées par les vents d'un lieu dans un autre, où elles ren-contrent d'autres matières de nature différente, auffi répandues dans l'at-mofphère, par le mêlange defquelles elles perdent leurs qualités domi-nantes, pour en prendre de moins nuifibles, & fouvent pour en acqué-rir de falutaires.

A Rio-Janeiro, ville du Bréfil, fituée fous le tropique du capricorne & dans toutes les campagnes voisines, l'air est rafraîchi & renouvellé par une succession constante de vents de terre & de mer. Les premiers soufflent le matin & continuent jusqu'à environ une heure après midi: peu de tems après un vent de mer assez fort s'éleve & contribue beaucoup à rendre ce port sain & agréable. On est si persuadé que ce vent est salutaire, que les Nègres l'appellent le docteur (a). Dans quelques vallées voisines où le vent de terre ne peut pas s'étendre, l'évaporation est si forte, & l'atmosphère chargée d'exhalaisons si nuisibles & si brûlantes, que les oiseaux ont de la peine à y voler, & que les hommes qui sont obligés de les traverser en sont sensiblement incommodés. Les riches habitans ont en général la précaution de tenir leurs portes fermées depuis dix heures du matin jusqu'à deux heures après midi, où ils com-

____

(a) Voyage du Chef d'escadre Biron, Paris 1767.

mencent à vaquer à leurs affaires, sans craindre la chaleur & l'intempérie ; le vent de mer en fait disparoître le danger par la quantité de vapeurs aqueufes qu'il tranfporte de l'atmofphère de la mer dans celle des terres voifines, qui temperent la chaleur & arrêtent l'effet de ces exhalaifons féches & brûlantes que la fraîcheur de la nuit condenfe, & que les premiers rayons du foleil, toujours très-actif fous les tropiques, raréfient & répandent promptement dans toute la maffe de l'air.

On ne peut donc pas douter que l'atmofphère contenant des particules de toutes fortes de corps terreftres qui y nagent, leur mêlange ne produife un très-grand nombre d'effets différens que l'art n'a pu encore nous découvrir ; & il ne faut pas s'étonner s'il s'y forme une quantité de phénomenes que l'on ne fçauroit ni comprendre ni expliquer clairement. Les météores mêmes dont les caufes font connues, ne peuvent-ils pas y produire des acci-

B v

dens variés, si différens des causes
de leur existence, que les physiciens
les plus éclairés ne formeront jamais
à leur sujet que des conjectures
fort incertaines. N'est-ce pas encore
à leur effet que l'on doit attribuer
ces épidémies locales, dont les funestes ravages se font sentir long-
tems avant qu'on parvienne à les
arrêter. Il n'en est pas des causes de
ces maladies, qui sont répandues &
cachées dans la masse de l'air, comme des effets mortels de certaines
exhalaisons concentrées dans un lieu
étroit, que l'on peut aisément dissiper & anéantir, parce qu'on en connoît le principe, & qu'on l'a, en
quelque sorte, sous les yeux & la
main.

§ V.

Danger des Exhalaisons con-
centrées.

Les Mémoires de l'Académie des
Sciences (A. 1710) rapportent qu'un

boulanger de Chartres avoit renfermé dans sa cave sept ou huit poin-
çons de braise de son four ; son fils,
jeune homme, fort & robuste, y
descendant avec de la nouvelle
braise, la lumière qu'il portoit s'é-
teignit au milieu de l'escalier : il vint
la rallumer & redescendit. Dès qu'il
fut dans la cave, il cria qu'il étouf-
foit, & bientôt on ne l'entendit plus.
Son frere aussi fort que lui, sa fem-
me & une servante le suivirent de
près, & tous les quatre moururent
sur le champ. On essaya inutilement
de les retirer avec des crochets, il
étoit trop tard pour leur donner aucun secours. Le Magistrat prit connoissance de ce fait ; on consulta des
médecins, & il fut conclu que la
braise qui avoit été mise dans la cave
étoit sans doute mal éteinte, & que
comme toutes les caves de Chartres
abondent en salpêtre, la chaleur de
la braise en avoit fait élever une vapeur arsenicale & mortelle, qu'il
falloit y jetter une quantité d'eau

suffisante pour éteindre le feu & arrêter le mal, ce qui fut exécuté. On descendit ensuite dans la cave un chien avec une chandelle allumée, le chien ne mourut point, & la chandelle ne s'éteignit pas ; preuve certaine qu'en diminuant l'action de la chaleur, on avoit arrêté le cours des exhalaisons pestilentielles qui s'étoient tout d'un coup répandues & concentrées dans la cave, & que le péril étoit passé.

Il est rare que dans un air libre, les exhalaisons, quelque mal saines qu'on les imagine, produisent de ces accidens terribles ; leur action est plus divisée : mais on peut juger combien elles influent sur les qualités de l'atmosphère des endroits voisins de leur source. Il y en a d'une autre espèce qui ne font pas moins dangereuses, & qui font presqu'infailliblement une cause de mort pour ceux qui en font frappés, quoiqu'il soit plus difficile de déterminer leur principe & même d'en expliquer les effets. On en jugera par l'obſervation ſuivante (*a*). Un maçon qui travailloit auprès d'un puits dans la ville de Rennes, y ayant laiſſé tomber ſon marteau, un manœuvre qui fut envoyé pour le chercher, fut ſuffoqué avant que d'être arrivé à la ſurface de l'eau ; la même choſe arriva à deux autres, enfin on y deſcendit un quatrième à moitié ivre, auquel on commanda de crier dès qu'il ſe ſentiroit incommodé. Il cria quand il fut près de l'eau, & on le retira auſſi-tôt, il dit qu'il avoit reſſenti une chaleur qui lui dévoroit les entrailles, & il mourut trois jours après. On deſcendit enſuite un chien qui cria dès qu'il fut arrivé au même endroit, & qui s'évanouit quand il fut en plein air : on le fit revenir en lui jettant de l'eau, comme on le fait aux chiens qui ſe ſont évanouis dans les exhalaiſons de la grotte du chien près de

---

(*a*) Dictionnaire Encyclopédique, article *Exhalaiſons.*

Naples, ce qui semble indiquer que celles du puits de Rennes étoient de même qualité que les exhalaisons de la grotte du chien. On ouvrit sur le champ les cadavres des trois manœuvres qui étoient morts dans le puits, & on n'y reconnut aucune cause apparente de mort. Ce qu'il y a de plus singulier, c'est que depuis long-tems on buvoit de l'eau de ce puits sans qu'elle causât aucune incommodité sensible ; ce qui porte à croire que cette espèce de mofette ne rendoit pas continuellement des exhalaisons aussi dangereuses, ou peut-être même commençoit à les rendre lorsque les manœuvres furent exposés à son action : elle devoit être occasionnée par quelques matières minérales voisines, peut-être par une veine légere de charbon de terre, qui étoit alors en fermentation ou en feu, & dont les exhalaisons avoient pris leur cours peu au-dessus de la surface de l'eau, dont la fraîcheur & celle de l'air supérieur concentroient toute l'action dans le pe-

tit espace où les trois manœuvres
moururent tout de suite, & où le
quatrième fut si violemment saisi
par la même cause de mort, qu'il
périt trois jours après. C'est ainsi que
les vapeurs qui s'élevent de la petite
grotte du chien, quoiqu'épaisses &
fort condensées à un peu plus d'un
demi-pied de hauteur du sol, se dissipent par son ouverture extérieure,
& ne causent aucune incommodité
sensible à ceux qui en sont le plus
près, non plus qu'à ceux qui se
tiennent debout dans la grotte ; on
s'apperçoit seulement qu'elles causent
une espèce d'engourdissement dans
la partie inférieure de la jambe
qu'elles environnent. Dans le chemin qui conduit de Naples au lac
d'Anagno, on voit dans les rochers
qui en sont voisins quelques ouvertures d'où sortent des courans d'exhalaisons qui ne sont sensibles qu'à
ceux que l'on en avertit, & qui s'arrêtent pour les observer. Ces exhalaisons se répandent dans l'air com-

me une fumée légere , bleuâtre,
presque tout-à-fait transparente,
mais qui paroît pénétrante & active;
leur couleur est à peu-près la même
que celles des exhalaisons de la
grotte du chien, elles sont seulement moins condensées, mais leur
effet seroit très-dangereux & même
mortel, si on restoit quelque tems
dans les cavités d'où elles sortent.
J'ai ouï raconter à un de ces hommes qui louent des barques aux
étrangers, pour visiter la côte qui
s'étend de Pouzzols jusqu'au Cap de
Miséne , qu'y étant entré par les
ordres du Roi qui étoit présent, &
sous les yeux duquel on faisoit des
observations & des expériences dans
tout ce canton , il avoit ressenti une
prompte suffocation , & qu'il ne sça-
voit pas s'il auroit eu assez de force
pour sortir du trou où il étoit descendu, si on ne l'avoit retiré promptement avec la corde à laquelle il étoit
attaché. Cet homme étoit fort vigoureux, il m'assura que quoiqu'il

eût été d'abord dans un état violent,
il n'en avoit pas été incommodé par
la suite.

Ces observations nous apprennent
combien il est important de ne pas
s'exposer aux exhalaisons qui sortent
de certains corps, & dans des circonstances que l'on ne peut prévoir
ou reconnoître qu'avec le plus grand
soin. Souvent elles sont mortelles,
une multitude d'exemples le prouvent, & ce qu'il y a de plus terrible
encore, c'est qu'on en est suffoqué
avant que d'avoir pu juger de leurs
pernicieux effets. Si elles ne sont pas
mortelles, elles peuvent causer
d'autres désastres qui ne sont pas
moins à craindre, exciter des incendies inopinés & faire succéder à la
tranquillité & à l'opulence la déso-
lation & la ruine. Ainsi des exhalaisons inflammées, dont rien n'avoit
indiqué l'éruption, consumerent à
Rome le magnifique temple de la
Paix avec tant d'impétuosité & de
promptitude qu'on ne put arrêter le
progrès des flammes ni rien sauver

des richesses immenses que différens particuliers y avoient mise en dépôts, & que cet accident réduisit tout d'un coup à l'indigence (a).

Ce ne sont pas les seules matières métalliques qui sont capables de produire ces phénomènes désastreux : toutes les matières animales & naturellement phosphoriques, renfermées dans le sein de la terre, ou dans des lieux humides qui ne sont pas rafraîchis par l'air extérieur, peuvent être enflammées par la moindre cause & exciter des incendies très-violens, dès qu'elles sont parvenues à un certain degré de fermentation. Il y a quelques années qu'un homme étant aux latrines, y laissa tomber un morceau de papier allumé, il s'en éleva aussi-tôt & avec bruit une flamme vive & d'un tel volume, qu'il en fut renversé, après avoir eu le visage & les mains brûlées en partie ; le mouvement & le

______

(a) *Herodiani*, *Hist. L. I.*

bruit augmenterent dans la fosse d'aisance, de tems en tems des jets de flammes en sortoient, & on fut obligé d'y jetter une très-grande quantité d'eau, pour éteindre un feu dangereux, qu'une cause si legere avoit allumé.

Que l'on juge par les observations citées dans le cours de cet ouvrage & par une infinité d'autres que l'on pourroit rassembler, des ravages que causeroient les exhalaisons qui s'élevent des matières métalliques & animales, si elles se répandoient dans l'atmosphère, telles qu'elles sortent du sein de la terre, & si leur effet n'étoit pas tempéré par le mélange des vapeurs aqueuses, si même elles n'étoient pas divisées par le mouvement de la matière subtile qui les pénétre, ainsi que la masse de l'air; enfin si les causes générales de raréfaction ne les atténuoient au point de rendre leurs effets presqu'insensibles. Près de Wighes en Angleterre, dans le pays de Lancastre, on trouve un puits qui, lorsqu'il est

vide, répand fur le champ une vapeur fulfureufe fi chaude, qu'elle
donne à l'eau le même mouvement
& la même chaleur que quand elle
eft bouillante ; fi on approche alors
une chandelle à fa furface, elle s'enflamme auffi promptement que feroit l'eau-de-vie. Cette flamme, par
un tems calme, dure plufieurs
heures, & fa chaleur fuffit pour faire
cuire des œufs, quoiqu'en tout autre
tems l'eau foit froide (a). L'effet de
cette évaporation locale eft fingulier.
La flamme ne peut être entretenue
que par les vapeurs fulfureufes raffemblées dans le lieu de leur origine ; répandues dans l'air, elles n'y
produifent plus aucun phénomène
fenfible, à moins que quelque caufe
ne les réuniffe & ne leur donne une
modification nouvelle, qui peut-être
fera moins durable, mais qui les
développera davantage. Nous ver-
rons ailleurs comment ces fortes

(a) Géographie deGordon, *in-*8°. 1748.

d'exhalaiſons forment les aurores boréales & les autres phénomènes lumineux........

§ VI.

Comment les vapeurs s'élevent & ſe répandent dans l'air.

Ne ſera-t-il pas plus difficile d'expliquer comment les vapeurs aqueuſes ſe répandent dans l'air, & y ſont portées à une ſi grande hauteur, puiſque n'étant autre choſe que les particules les plus ténues de l'eau, détachées de la ſurface des mers, des fleuves & des lacs, ou des molécules formées de ces mêmes particules, les vapeurs ne doivent pas mieux ſe ſoutenir dans l'atmoſphère qu'une maſſe d'eau plus conſidérable, leur peſanteur ſpécifique étant la meme relativement à une plus grande étendue d'air, ou a particules & globules d'air dont la maſſe de l'atmoſphère eſt formée.

Mais les vapeurs s'élèvent par la même cauſe que les exhalaiſons, c'eſt

le fluide ignée ou la matiere subtile
éthérée qui répandue dans les particules d'eau les met en mouvement, les pousse dans l'air & les y
soutient. L'air est un fluide pesant
ou leger relativement à la pesanteur ou à la légéreté des corps qui
le touchent; & quoique l'impression
de la matiere éthérée se fasse moins
sentir à ce fluide qu'à tout autre
corps, cependant l'eau réduite en
vapeurs, prend le dessus & le force
à descendre. C'est ainsi que monte
insensiblement vers le ciel cette humide fumée qu'on voit le soir & le
matin sortir en abondance du fond
des prairies, des lacs, des fleuves &
sur-tout du sein de la mer. L'eau
plus raréfiée donne en cet état moins
de prise que l'air aux coups de la matiere subtile, elle le déplace donc,
& s'élevant au-dessus, elle gagne par
degrés la région supérieure, où ses
particules désunies nagent en libe.
La chaleur du soleil en se fortifiant,
continue de raréfier les vapeurs aqueuses; il en sort sans cesse de la surface

du globe, & comme elles arrivent toutes à une même hauteur, parce que le froid qui regne au-deſſus les empêche de monter davantage, bientôt leur multitude eſt ſi grande, qu'elles ne peuvent demeurer plus long-tems ſéparées; elles ſe réuniſſent donc & forment des molécules plus denſes qu'un pareil volume d'air, leur poids les fait alors retomber, & l'air remonte en même tems qu'elles deſcendent (*a*). C'eſt dans ces termes que le plus illuſtre poëte philoſophe de notre ſiècle, exprime les phénomènes généraux de l'évaporation des liquides. Ses idées ſont conformes aux loix de la plus ſaine phyſique; en leur donnant plus d'étendue on ſera convaincu qu'elles ſont juſtes & vraies.

L'air élémentaire & l'eau étant des ſubſtances différentes, leurs pores reſpectifs n'étant pas configurés de même, la matière ſubtile ne paſſe

______

(*a*) Anti-Lucréce. Liv. IV.

pas aisément de l'air dans l'eau, & de l'eau dans l'air; & comme son action est continuelle, que son mouvement libre est toujours le même, il faut que ce qui s'échappe de l'une & de l'autre substance, ou qui ne les pénétre pas, se glisse entre les molécules d'air & d'eau, & les tienne séparées, c'est ce qui fait que les bulles d'air sensibles dans l'eau sont de forme ronde, de même que les gouttes d'eau répandues dans l'air, la matière subtile qui les environne de toutes parts, & qui les presse également, ne permettant pas qu'une partie s'élève plus que l'autre.

Il s'ensuit donc que chaque goutte d'eau portée dans l'air est constamment enveloppée par la matière subtile éthérée, & que l'épaisseur de cette enveloppe est à-peu-près la même, quelle que soit la pesanteur des différentes molécules aqueuses. Cette supposition admise, la matière éthérée aura bien plus d'action sur une goutte d'eau plus légère que sur une plus pesante, parce qu'elle l'entoure

également

également & à la même épaisseur.
Ainsi que le diamètre de la goutte
d'eau soit de deux lignes, que celui
de la goutte d'eau & de son enveloppe de matière éthérée prises ensemble soit de quatre lignes, la
goutte d'eau par rapport au globule
d'eau & de matiere éthérée, sera
comme 2 à 16, & conséquemment
d'eau sera à la matière éthérée répandue autour d'elle comme 2 à 14,
Mais si le diamètre du globe formé
d'eau seule, n'est que la dixième partie du globe formé d'eau & de matière éthérée, le globe d'eau seul
sera au globe formé d'eau & de matière éthérée comme un à 1000, &
l'eau sera à la matière éthérée qui
l'environne, comme 1 à 999, &
par conséquent le globe composé dans
cette proportion d'eau & d'air sera
mille fois plus léger qu'une égale
masse d'eau. Mais comme l'air n'est
que 800 fois plus léger que l'eau,
ainsi que nous l'avons exposé en parlant des qualités générales de l'air, il
est évident que le globe formé d'eau

Tome V.   C

& de matière éthérée, dans les proportions supposées, est plus léger que l'air, & doit s'élever dans l'atmosphère avec d'autant plus de facilité, que la quantité de matière subtile excédera davantage celle de l'eau. Au contraire, si la masse de l'eau respectivement à la matière subtile est au-dessus d'un à 800, elle sera plus pesante que l'air ; elle ne pourra plus s'y élever, à moins qu'une cause particulière ne l'y détermine, comme nous l'expliquerons dans la suite (a).

On conçoit de là comment les bulles d'eau & de savon que les enfans s'amusent à former à l'extrêmité d'un chalumeau dans lequel ils soufflent, sont emportées dans l'air, & s'y dissipent. La lame d'eau dont elles sont formées, est si mince que jointe à la matière éthérée qu'elle renferme, & à celle qui l'entoure, elle est d'une pesanteur beaucoup moindre que l'air dans lequel elle voltige. Que nous représente ici ce jeu d'enfant ? L'opé-

______

(a) *Institut. Physica Franc.* Baile, *in-4°.* *Tolosa* 1700. Tom. II.

ration invisible de la nature , le myftère de l'évaporation , qui répand
continuellement dans l'air une quantité d'eau à-peu près égale à celle qui
coule fur la furface de la terre.

Les quantités qui ont pu être fou-
mifes à un calcul exact , font la dé-
monftration de cette vérité. Après le
Nil, dit le célèbre auteur de l'Hiftoire
Naturelle du Cabinet du Roi, le
Jourdain eft le fleuve le plus confidérable qui foit dans le Levant &
même dans la Barbarie ; il fournit à
la mer morte environ fix millions de
tonnes d'eau par jour, toute cette eau
& au-delà eft enlevée par l'évaporation ; car en comptant, fuivant le calcul de Halley, 6914 tonnes d'eau qui
fe réduifent en vapeurs fur chaque
mille fuperficiel, on trouve que la
mer morte qui a foixante & douze
milles de long fur dix-huit milles de
large, doit perdre tous les jours par
l'évaporation neuf millions de tonnes
d'eau , c'eft-à-dire , non-feulement
toute l'eau qu'elle reçoit du Jourdain,
mais encore celle des petites rivieres

qui y arrivent des montagnes de
Moab... Il est presque impossible de
former aucun doute sur la quantité
de cette évaporation, puisque le volume d'eau de la mer morte étant toujours à-peu-près le même, il faut
qu'elle en perde autant par ce moyen
qu'elle en reçoit, étant prouvé d'ailleurs qu'elle n'a aucune communication avec d'autres mers. Si le Jourdain se déborde ordinairement aux
environs du solstice d'été, on ne doit
attribuer cette inondation qu'à la
quantité extraordinaire des eaux que
la fonte des neiges fait descendre du
Liban, qui se répandent dans les campagnes qu'elles fertilisent sans augmenter sensiblement les eaux de la
mer morte, qui sont même assez
basses en quelques endroits, puisque
les Arabes connoissent des gués où
ils la traversent avec leurs chameaux
en certaines saisons. On peut porter le
même jugement sur la maniere dont
les eaux de la mer Caspienne & celles du grand lac ou mer d'Aral en
Tartarie se dissipent sans jamais se

répandre au-delà de leurs anciennes bornes.

§ VII.

Degré d'élévation des vapeurs.

Les vapeurs aqueuses ne sont pas toujours portées à une égale hauteur dans l'atmosphère : la raison en est que la portion de l'air qui en occupe la région inférieure, n'est pas toujours également pressée par l'air supérieur, & dès-lors elle est plus ou moins dense. Ainsi quoique les vapeurs soient ordinairement plus légeres que cet air inférieur, elles ne s'élevent que jusqu'à ce qu'elles soient arrivées au point où elles se trouvent en équilibre avec un air plus rare : alors si elles conservent leur même légéreté spécifique, elles se soutiennent à ce degré d'élévation, si aucune cause ne les réunit les unes aux autres, & n'en forme des molécules plus pesantes que celles de l'air qui les soutient ; dans ce dernier cas elles s'abbaissent jusqu'à ce qu'el-

les fe trouvent dans un air plus con-
denfé qui retarde leur chûte, fans
quoi elles retombent entraînées par
leur propre poids, parce qu'alors la
matière éthérée a d'autant moins d'action pour foutenir ces gouttes, qu'elles ont acquis plus de volume & de
pefanteur.

Malgré le mouvement que la matiere fubtile communique aux vapeurs
aqueufes, & qui eft le premier principe de leur élévation & de leur expanfion dans toute la maffe de l'air,
il fembleroit qu'elles devroient s'arrêter ou s'élever avec d'autant plus de
difficulté qu'elles ont plus communi-
qué de leur mouvement à l'air ambiant ; mais outre que ce mouvement
conferve toujours fon même degré de
force malgré la réfiftance continuelle
de l'air, un autre principe contribue
encore à l'élévation des vapeurs, c'eft
que l'air qui les environne, & qui eft
fpécifiquement plus pefant qu'elles,
les fouleve & les porte en haut, ainfi
qu'il arrive à tous les corps plus légers que le liquide dans lequel ils
font plongés.

L'équilibre général établi dans la matière le prouve. La terre, l'eau & l'air en vertu de leur mouvement circulaire autour de l'axe de la terre, tendent continuellement à s'en écarter, & s'en éloigneroient en effet, si l'impulsion de la matière éthérée & son action ne les retenoient dans l'ordre où nous les voyons. Que l'on imagine cet obstacle enlevé, que ces corps, suivant les loix du mouvement, se portent par une ligne droite à un point éloigné de leur centre, la terre qui est la plus pesante, écartera l'eau, & l'eau se fera un passage par l'air qui restera au centre. Mais la solidité de ces corps différens soumis à l'impulsion de la matière éthérée, fait que la terre occupe le centre, parce que les particules organiques du globe solide ayant sous la même masse plus de matière que l'eau & la terre, le fluide subtil agit en plus grande quantité & avec plus de force sur elles & les retient au centre. Par le même principe d'impulsion, l'eau reste à la surface de la terre, & l'air s'éleve au-

C iv

deſſus, parce que la force qui agit ſur ces mixtes eſt proportionnée à la ſolidité de leurs parties & à leur peſanteur.

Mais, dira-t-on, cette matière ſubtile qui traverſe tous les corps, loin de les fixer & d'en unir les parties, devroit les diviſer, & établir une confuſion générale, au lieu du bel ordre que l'on attribue à ſon impulſion ?

Son action générale qui eſt auſſi ſenſible dans les profondeurs de la terre, ou dans le ſein des eaux, que dans les hauteurs de l'air & ſa ſubtilité, n'excluent pas les chocs qu'une portion de cette matière éprouve contre la ſubſtance des corps, & qui ont d'autant plus d'effet que ces corps ſont plus denſes, ce qui ſuffit pour entretenir le mouvement général d'impulſion, & aſſurer l'harmonie qui en réſulte. On dit tous les jours que la lumière traverſe librement les corps tranſparens, quoiqu'on ſache qu'ils en réfléchiſſent une partie & en éteignent une autre ; cependant ils

n'empêchent pas que nous ne jouis-
sions de ses effets, ils ne les diminuent même que lorsque leur quantité contigue leur communique une
sorte d'opacité. Comment malgré ces
obstacles la lumière peut-elle donc
être transmise jusqu'à nous ? Pour le
concevoir, il faut distinguer la lumière de la matière de la lumière.
La lumière ne consiste que dans une
certaine vibration de la portion de
l'élément la plus tenue & la plus subtile : or il est constant que les corps
opaques, soit par eux-mêmes, soit
par accident, dérangent cette modification, en troublent l'harmonie,
nous empêchent par là d'être éclairés,
& dans ce sens arrêtent la lumière.
Mais de ce que les corps opaques font
obstacle au mouvement direct de la
matière qui nous éclaire, il ne s'ensuit pas qu'ils lui ôtent toute espece
de mouvement, & qu'ils lui ferment
le passage de leurs pores. Bien plus,
la lumière & ses vibrations lumi-
neuses en traversent beaucoup dont
le grand jour empêche que nous

C v

ne nous appercevions. La main d'un homme mise au trou de la chambre obscure, est transparente comme une lame de corne l'est en plein jour. Ainsi une partie de la matière subtile traverse les corps denses, une partie en se réfléchissant sur leurs molécules organiques, les resserre & les unit les unes contre les autres. Ces propriétés combinées suffisent pour produire tous les phénomènes qui font l'étonnement & l'embarras des physiciens qui n'admettent pas cette cause générale.

Pour l'appliquer à l'élévation des vapeurs, attachons nous à considérer ces bulles légères & presqu'insensibles que l'on voit sur les liqueurs bouillantes ou fortement agitées; elles nous semblent formées par une pellicule aqueuse qui renferme une certaine quantité d'air ou de matière subtile, principe du mouvement.

Cette hypothèse admise & regardant cette bulle comme remplie d'une matière plus raréfiée que l'air ambiant, elle aura plus de force pour s'élever que la pellicule d'eau qui forme son enveloppe n'aura de poids pour tendre au centre commun : ainsi la totalité de la bulle aura moins de pesanteur qu'un pareil volume de l'air qui l'environne, & suivant les loix de l'hydrostatique, la bulle s'élevera nécessairement. C'est par la même cause qu'un vase de fer ou de tout autre métal, hermétiquement fermé & rempli d'air, s'élevera sur l'eau & s'y soutiendra, pourvu que la quantité de l'eau soit en proportion avec son poids extérieur ; par la même raison l'élasticité de l'air ambiant & la gravitation de la colonne aërienne supérieure à la bulle, n'empêcheront point son élévation, parce que l'élasticité de l'air qu'elle a à traverser, lui donne par son impulsion autant de force qu'elle lui oppose de résistance, & dès-lors elle suit le mouvement de direction que l'action de la matière subtile lui avoit d'abord imprimé, & qu'elle continue d'entretenir. Lors donc qu'une particule d'eau, ou la molécule qui s'en détache, a pénétré dans la masse de l'air, étant devenue plus légère par l'accession de la matière éthérée qui l'enveloppe & la pénetre, il faut qu'elle soit portée à une hauteur où elle se trouve en équilibre avec l'air de l'atmosphère.

§ VIII.

Tems & causes des fortes évaporations.

De tout ce que nous avons déjà dit, on peut comprendre pourquoi dans les tems les plus chauds, l'évaporation est si forte, & les vapeurs s'élèvent si aisément & si haut. Le mouvement général de la matière subtile augmenté par la chaleur, agite les particules intégrantes du liquide, les divise en gouttes plus petites; celles-ci se subdivisent encore, se détachent de la surface, & promptement enveloppées par la matière subtile, elles se dispersent dans l'atmosphère, en vertu de l'impulsion, qui, comme nous l'avons dit, force tout liquide à foulever , & à porter à fa furface un corps fpécifiquement plus leger. Ajoutons encore que l'eau par l'action de la chaleur & du mouvement qui en réfulte, & par fon union à la matière éthérée, peut acquérir un degré d'expanfion trois ou quatre mille fois plus grand que celui qu'elle avoit dans fon état naturel, puifque l'air par les mêmes caufes fe raréfie au point d'occuper trois ou quatre fois plus d'efpace qu'il n'en occupoit ; la température de l'atmofphère étant fuppofée égale, l'air doit faire moins de réfiftance & donner plus de facilité à l'afcenfion des vapeurs aqueufes. Mais il femble que cette égalité de température fuppofant une même action à la matière fubtile dans toute la maffe de l'air, elle devroit contribuer à la prompte diffolution des vapeurs aqueufes, & les répandre indifféremment dans toute l'atmofphère : c'eft ce qui arrive effectivement lorfque l'air femble avoir perdu fon élafticité & fon poids, ainfi que l'indique le grand abaiffement du mercure dans le baromêtre, lorſque l'atmoſphère n'eſt en quelque ſorte qu'un fluide aqueux très-raréfié, & que ſa partie ſupérieure diſpoſée en forme de voûte, porte ſur des points d'appui éloignés du centre, & ne fait plus ſentir ſon poids à la partie inférieure. Dans cet état les vapeurs s'élèvent en l'air, & ſont ſoutenues à différentes hauteurs qui répondent à celle de l'atmoſphère, parce que le ſolide & le fluide étant de même gravité ſpécifique, le premier ne monte ni ne deſcend, mais reſte ſuſpendu dans le ſecond à la hauteur où il ſe trouve (a).

On pourroit même dire que l'évaporation eſt alors preſque nulle; il ſemble qu'il n'y ait qu'une circulation rapide des vapeurs & des exhalaiſons répandues dans l'atmoſphère, qui n'ont pas plutôt acquis aſſez de poids par leur union, pour deſcendre à leur centre, qu'elles ſe diviſent de

---

(a) S'Graveſande, Elémens de Phyſique, § 1477 & 2543.

nouveau & s'élèvent. C'est ce que l'on peut remarquer dans notre zone tempérée, pendant les étés humides, où des pluies momentanées succèdent promptement à des instans où le soleil à fait sentir toute l'ardeur de ses rayons, nous voyons les bulles se former à la surface de l'eau, & se répandre de nouveau dans l'air au moment même & pendant que la pluie tombe. C'est ce qui est encore plus sensible dans certaines régions de la zone torride, ainsi que nous l'avons remarqué en parlant de leur température. Ce qui occasionne cette prompte expansion, c'est que la matière subtile renfermée dans la pellicule aqueuse conserve mieux sa chaleur & son mouvement que celle qui est répandue dans le fluide général. Ainsi quelle que soit la chaleur de l'air ambiant, comme il est dans un mouvement plus inégal que la bulle, ce mouvement même accélère son élévation; parce que venant à frapper les différentes surfaces de la molécule aqueuse, il communique sa cha-

leur, & une portion de la matière
subtile qui coule dans l'intervalle de
ses parties intégrantes à la pellicule
d'eau & à la matière subtile qu'elle
renferme, ou à celle qui l'environne, ainsi elle acquiert sans rien perdre, parce que la matiere subtile se
conserve toujours dans la molécule
aqueuse en même quantité, & sans
se répandre dans l'air extérieur :
son mouvement qui est censé perpendiculaire, tandis que celui de l'atmosphère est horisontal, facilite sa
direction en haut, suivant les loix
par lesquelles les corps légers s'élèvent dans les liquides spécifiquement
plus pesans.

S'il étoit possible d'acquérir une
connoissance aussi exacte des molécules ignées ou du fluide subtil que
celle que l'on a des vapeurs aqueuses, on donneroit des explications
beaucoup plus satisfaisantes & plus
précises de la manière dont se fait
l'évaporation ; mais la nature de cette
matière, quoiqu'existante par tout,
quoique sensible par les effets les plus

marqués, a jusqu'à présent échappé à toutes nos recherches. Les expériences de l'électricité nous ont démontré sa présence & la facilité avec laquelle elle circule dans les corps les plus durs. La chaleur que l'on donne à toute une barre de fer, en présentant seulement un de ses bouts au feu, prouve que cette matière s'insinue dans tous les pores de ce corps solide. L'allongement de cette barre & de tous les métaux pendant l'été ou dans les pays chauds, leur raccourcissement pendant l'hiver & dans les pays froids, est encore une preuve sensible que les corps les plus solides sont des espéces d'éponges respectivement à la matière qui est le principe de la chaleur & du mouvement. Voilà ce que nous en savons de plus précis, ce qui nous apprend que la forme des molécules ignées diffère de celle des parties élémentaires de l'eau, & que de cette différence seule résultent toutes les qualités qui distinguent les deux fluides, & leur donne une action réciproque l'un sur l'autre.

§ IX.

Condensation des vapeurs.

Mais ce mécanisme, quoique continuellement renouvellé & même nécessaire, cesse d'avoir son effet à un terme marqué & par des causes si régulieres, que l'on est parvenu à les connoître assez bien pour en rendre un compte exact. Les vapeurs portées à une certaine hauteur, se réunissent, se condensent & se résolvent enfin ; différentes causes y contribuent ; on peut regarder comme la première, la pesanteur naturelle des vapeurs aqueuses unies aux exhalaisons. Etant portées à un point déterminé, & se trouvant spécifiquement plus pesantes que le fluide où elles nagent, elles retombent sur celles qui sont au-dessous, & qui continuent de s'élever, s'unissent à elles, & ne forment plus ensemble qu'un même corps ; elles commencent à paroître sous la forme de nuages : dès-lors la densité

de ces nuages supérieurs repouffant
les vapeurs à mefure qu'elles s'élèvent, les détermine par une compreffion plus forte, à fe joindre les unes
aux autres. Ainfi dans le tems des
orages, on voit fous les nuées les plus
épaiffes, de nouveaux nuages fe former à mefure que les vapeurs & les
exhalaifons font portées en haut, ou
qu'elles font raffemblées par l'action
d'un vent inférieur. Ces nuages paroiffent d'abord blancs, legers &
tranfparens, & on les voit s'obfcur-
cir très-promptement, fi l'évaporation eft forte, & fi les qualités de la région de l'atmofphère où elles fe trouvent, accélerent leur condenfation.

Obfervons encore que la chaleur
& l'action de la matière fubtile que
nous avons admifes, comme les premières caufes de l'élévation des vapeurs, rendent plus flexibles les parties irrégulières ou branchues des
exhalaifons, & dès-lors leur donnent
plus de facilité pour s'entrelacer &
s'unir. Cette même chaleur, en leur
imprimant un mouvement irrégulier,

n'eſt que plus propre à rapprocher entr'elles les vapeurs & les exhalaiſons,
à favoriſer leur union , & à la rendre
plus ſolide avec le tems , parce que
plus deux corps qui ont une inclination
naturelle à s'unir agiſſent l'un ſur l'autre , plus ils ſe joignent étroitement.
Mais la fraîcheur de la région ſupérieure de l'atmoſphère diminuant la
chaleur principe de l'élévation des
vapeurs . l'air ambiant agit ſur elles
avec plus de ſuccès ; à meſure que la
chaleur perd de ſon degré , la matiere
ſubtile s'échappe & ſe répand dans
l'air , celle qui eſt renfermée dans la
molécule aqueuſe , ne recevant plus
de l'action de l'air extérieur , les ſe-
cours qui la tenoient unie à l'eau qui
lui ſervoit d'enveloppe , la bulle ſe
rompt , la matière ſubtile rentre dans
le fluide général , & l'eau abandon-
née à ſon propre poids , ſe réunit à
ſes parties ſimilaires , & deſcend dans
une région plus baſſe de l'atmoſphère , ou la température eſt quelquefois
changée au point que les vapeurs ſe
condenſent , ſe glacent & retombent

en neige ou en grêle , ainfi que nous l'expliquerons lorfque nous parlerons expreffément de ces météores.

Il ne faut que jeter les yeux fur le grand livre de la nature toujours ouvert aux regards d'un obfervateur attentif, pour s'inftruire, fe perfuader même de la vérité de cette théorie. Examinant en Bourgogne, au 47ᵉ degré 30 minutes environ de latitude le 6 juillet 1768 au coucher du foleil, un nuage affez épais répandu du fud-eft à l'oueft, & vivement éclairé par la lueur des éclairs qui fe fuccédoient prefque fans intervalle, on voyoit diftinctement fe former au-deffous de la nuée principale d'autres petits nuages blancs, chargés de grêles qui tomboient féparés les uns des autres & par bandes. On ne pouvoit attribuer leur exiftence & leurs effets qu'aux exhalaifons falines & nitreufes qui fe raffembloient & fe condenfoient très-promptement : on voyoit les différentes parties de la matière dont ils étoient formés, fe rapprocher, s'entrelacer & fe réfoudre prefque tout de suite. Ce qui prouve que dans ces circonstances, les diverses couches ou courans de l'atmosphère, sont à un degré de chaleur très-différent les uns des autres. Il y a apparence que la région supérieure étoit plus tempérée, c'étoit celle ou brilloient les éclairs, & d'où partoient les foudres, que l'on observoit d'autant plus aisément que le nuage qui faisoit le fonds de la perspective étoit très-noir : la région moyenne plus froide, condensoit & glaçoit sur le champ les vapeurs & les exhalaisons qui retomboient en grêle, tandis que la région inférieure, la couche d'air qui couvroit immédiatement la terre, étoit d'une chaleur étouffante, qui avoit été la même pendant une partie du jour; cette chaleur soutenue pendant la nuit, excita une forte évaporation, qui trouvant la moyenne région de l'air plus froide, causa la pluie abondante qui tomba pendant la matinée du lendemain.

L'action des vents contribue encore beaucoup à la condensation des vapeurs, soit qu'ils les rassemblent sous une même direction, soit qu'il les pressent & les accumulent en directions contraires. Le voisinage des montagnes qui arrête leur mouvement libre ou de tourbillon, sans qu'elles puissent interrompre pour cela le cours de l'air, produit encore le même effet. Ainsi on voit les nuages se rassembler autour des sommets des montagnes opposées à la direction des vents ; quand ils y sont réunis à une certaine épaisseur, alors ils forcent le vent à refluer, ou plutôt ils donnent à l'air inférieur un mouvement contraire au premier, & ce courant est impétueux à proportion de l'épaisseur & du poids des nuages ; c'est ce que l'on observe sur-tout en été quand on est à peu de distance des montagnes. On comptera inutilement sur la direction du vent, pour échapper à la pluie ou à l'orage, bientôt elle change. Mais comme je l'ai dit, c'est l'effet d'un courant inférieur ; car aussi-tôt que la matière dont le nuage est formé est épuisée, ce courant accidentel cesse, & la première direction du vent reprend toute sa force. C'est ce qui fait que très-souvent les pluies d'été ne s'étendent dans les plaines qu'à une certaine distance des montagnes. Si l'on est placé sur une hauteur qui domine sur une large plaine terminée à son extrêmité par d'autres montagnes, on les voit obscures & nubileuses; la pluie y tombe avec abondance, tandis que le milieu de la plaine est éclairé par le soleil & sous un ciel serein. Des nuages accumulés dans un point de l'atmosphère, peuvent occasionner les mêmes effets dans le milieu de la plaine, sur-tout s'ils sont poussés par des vents opposés & en direction contraire, c'est ce qu'éprouvent les navigateurs en pleine mer, où jamais il ne pleuvroit à un tel éloignement des terres, si les vapeurs continuellement emportées par le mouvement général de l'air, n'étoient de tems en tems arrêtées & condensées par l'action des vents opposés.

Cependant quelque inclination qu'aient

qu'aient ces vapeurs ainsi modifiées à
retourner à leur centre, elles ne retombent pas tout de suite : elles se
soutiennent au point d'élévation où
elles sont parvenues, & nagent dans
le fluide de l'air tant que sa pesanteur spécifique est égale à la leur; &
quand même celle-ci est devenue
plus considérable, elles trouvent dans
la résistance de l'air inférieur, un appui qui les soutient encore, parce que
l'air, comme tout autre fluide, ayant
ses parties unies & tenaces, il faut
une force déterminée pour les séparer
& les rompre, & cette force est toujours en raison de la superficie du
corps qui fait effort contre l'air. Or
comme des corps aussi minces & aussi
légers que des vapeurs encore insensibles, ont très-peu d'action relativement à leur masse & à leur superficie,
il s'ensuit que malgré leur poids, ils
restent suspendus, & n'ont d'autre
mouvement, d'autre direction que
celle que leur donne le fluide dans lequel ils nagent : c'est le sort de toutes
ces molécules aqueuses, même après

Tome V. D

qu'elles ont été abandonnées par une partie de la matière fubtile, principe de leur légéreté & de leur mouvement d'élévation. Mais plufieurs de ces gouttes venant à fe réunir, foit par le mouvement d'ondulation de l'atmofphère, foit par l'impulfion du vent; celles qui font plus élevées tombant fur celles qui le font moins, les fuperficies acquérant plus de force, & les poids refpectifs plus d'action, l'air ne peut plus les foutenir, il faut qu'il fe fépare, & laiffe aux vapeurs le mouvement libre de gravitation qui les rapporte à leur centre.

Ainfi plus l'air dans lequel les vapeurs fe font élevées eft raréfié & chaud, plus les molécules aqueufes font minces : quoique réunies elles forment dans leur point d'élévation un corps infenfible à nos regards. Dans les chaleurs de l'été elles reftent fufpendues dans le vague de l'air tant qu'elles font dans un état de raréfaction qui répond à celui de l'atmofphère, & qui eft proportionné à l'intensité de la chaleur : dès qu'elle diminue, quoiqu'il ne paroisse arriver aucun changement dans la modification actuelle de l'air, les vapeurs se rapprochent, se rejoignent, retombent en gouttes insensibles, & forment cette rosée délicieuse qui rafraîchit la terre, ranime les plantes, & rend à la nature cette vigueur, dont l'ardeur trop vive du soleil sembloit l'avoir privée.

Cette théorie nous fait concevoir comment les corps les plus lourds, tels que le fer & le plomb, travaillés en forme de vaisseaux, nagent dans l'eau, & même s'élèvent au-dessus. Par rapport à ce liquide, les métaux ne sont pas plus pesans que la pellicule qui forme la bulle d'eau & de matière subtile l'est relativement à l'air. La raison en est que dès qu'un vaisseau quelconque peut contenir une quantité d'eau plus pesante que la matière dont il est fabriqué, il surnage nécessairement. Plus le vaisseau sera étendu, plus l'expérience sera sûre, parce que si son poids augmente en raison de sa superficie, sa capacité augmentera à proportion de sa pesanteur, c'est-à-dire que le poids du vaisseau sera comme le quarré du diamètre, & sa capacité comme le cube.

Un Jésuite Italien dans ses spéculations sur le sujet que nous traitons, proposoit de construire un globe de cuivre fort mince rempli d'un air extrêmement raréfié & fermé hermétiquement ; il imaginoit que ce globe pourroit s'élever & se soutenir, autant par l'action de l'air intérieur que par l'impulsion du fluide ambiant. Il est vrai qu'il demandoit un globe uni de seize pieds de diamètre, dont les parois fussent si minces qu'elles n'eussent pas plus de pesanteur spécifique, que la pellicule de la vapeur aqueuse portée par l'air raréfié à la région supérieure de l'atmosphère (a). L'expérience eût été curieuse, si elle eût pu

____

(a) *Franç. Lana, prodromo dell' arte maestra.*

réuffir : des globes de cette efpèce répandus & flottans dans l'air, euffent
paru des phénomènes bien étonnans
aux obfervateurs qui n'auroient pas
été dans le fecret de leur conftruction : mais il n'y a point d'apparence
que l'art foit jamais porté au degré de
perfection néceffaire, pour tenter avec
fuccès une pareille entreprife.

§ X.

Quantité de l'évaporation.

Il eft peut-être plus difficile de dire
en quelle quantité fe fait l'évaporation, fi elle eft toujours égale, ou fi
quelquefois elle eft interrompue. On
peut d'abord affurer qu'elle ne ceffe
jamais ; car entrant dans l'économie
générale du globe que nous habitons,
fi elle étoit un inftant arrêtée, bientôt
il y auroit des parties de ce même
globe tout-à-fait inondées, d'autres
entiérement deffééchées : mais auffi on
ne peut pas y fuppofer une uniformité exacte. Suivant les différens états

de l'atmosphère, elle est plus ou
moins rapide : la chaleur en facilite
les effets, le froid les diminue ; mais
toujours elle se fait, même indépendamment de l'action de l'air, par la
seule impulsion de la matière subtile
répandue dans tous les corps. On en
a la preuve la moins équivoque, par
l'évaporation des liqueurs dans le
vide le plus parfait de la machine
pneumatique : après l'évacuation réi-
térée de l'air contenu dans le liquide,
lorsque les bulles cessent de s'élever
à sa surface : la liqueur restant dans
cet état où le milieu ambiant ne peut
plus avoir d'action sur elle, diminue
cependant de volume & de poids ;
elle s'évapore donc par sa volatilité
propre par un mouvement intestin
qui agite & divise ses parties intégrantes ; les liqueurs renferment donc
en elles-mêmes un principe constant
d'évaporation, mais qui ne se déve-
loppe jamais avec plus d'avantage
que lorsqu'elles sont exposées à un
air libre, sur-tout lorsque cet air est
agité & sans cesse renouvellé. Ainsi

les vents & l'action du feu matériel contribuent sensiblement à accélérer l'évaporation des liquides, & même à celle qui se fait dans les corps les plus solides.

Le fluide ignée qui circule dans le sein de la terre, dans les eaux qui sont à sa surface, & dans l'air qui l'environne, en est une autre cause plus constante encore, dont les rigueurs du froid, & l'absence même du soleil dans les climats glacés du nord, n'arrêtent pas l'action. Fréderic Martens, observateur exact, nous apprend qu'au Spitzberg, lorsque le froid augmente, il monte des vapeurs de la mer comme des autres eaux qui se convertissent en pluie ou en neige, ou en brouillards épais. Mais lorsqu'on les voit s'élever à la lumière du soleil, sans qu'elles soient chassées par le vent ou arrêtées dans leurs mouvemens par quelqu'autre cause, c'est un signe que le tems va s'adoucir ; la masse de l'atmosphère est alors plus raréfiée, & facilite l'élévation des vapeurs. Si l'air en est

D iv

trop chargé, leur propre poids y excite un mouvement par lequel elles sont enfin emportées après s'être soutenues assez long-tems dans un état sensible. Alors elles s'attachent aux habits & aux cheveux, comme une sueur épaisse, & c'est de cette matière condensée que se forme la neige. Ce qui dans un climat plus doux ne seroit qu'une humidité sensible, prend dans les régions glaciales du pôle arctique, l'apparence & la forme d'un corps solide. On voit d'abord, dit le voyageur dont je suis la relation (*a*), une très-petite goutte qui n'est pas plus grosse qu'un grain de sable, & qui paroissant croître par le brouillard, prend une figure platte & hexagone aussi claire & aussi transparente que le verre : d'autres gouttes s'attachent aux six coins de l'hexagone, le partage de la figure augmente par le froid; elle prend six branches qui représentent les rayons d'une étoile, & qui

---

(*a*) Histoire générale des voyages, Tome XV. *in-*4°.

n'étant pas encore tout-à-fait glacées, ressemblent assez à la fougère; enfin l'augmentation de la gelée lui fait prendre la figure d'une étoile. Ainsi se forment, suivant Martens, ces étoiles de neige qu'on voit dans le plus grand froid, & qui perdent à la fin toutes leurs branches. Il est clair que ces météores sont composés de vapeurs aqueuses & d'exhalaisons nitreuses & salines qui s'y joignent. Dans ces régions où l'air extrêmement condensé & froid arrête les vapeurs dans la partie la plus basse de l'atmosphère, leur réunion est sensible; on voit leurs changemens de forme, on suit les opérations même de la nature dans leurs progrès & leurs variétés : dans nos climats plus tempérés, quoique nous éprouvions des froids aussi piquans, que nous ayons quelquefois des brumes aussi épaisses que dans les pays les plus septentrionaux, nous ne pouvons pas faire des observations aussi précises : mais comme nous y remarquons la plûpart des phénomènes des hivers du

D v

nord, ainsi que je l'ai rapporté plus haut (*a*), nous sommes légitimement fondés à conjecturer qu'ils s'opèrent par les mêmes causes. L'avantage dont nous jouissons, c'est que la température de nos hivers étant très-variable, les tristes phénomènes qui les accompagnent ont moins de durée.

Dans cette saison comme dans les plus chaudes, l'évaporation est continuelle, les corps en apparence les plus solides y sont soumis. Il semble même que l'évaporation de la glace soit d'autant plus forte que le froid est plus violent. En 1716 où il y eut des jours dont le froid fut aussi excessif qu'en 1709 ; M. de Mairan trouva quelquefois la glace exposée à l'air & au vent du Nord diminuée de plus de la cinquieme partie de son poids en vingt-quatre heures, quelquefois même l'évaporation est plus forte & plus prompte ; & va jusqu'au

____

(*a*) Voyez le Discours IV, Tome III de cette histoire.

quart de la substance (*a*) ; ce que l'on ne peut attribuer qu'à la plus grande quantité de fluide subtil que renferme l'eau glacée, & dont l'expansion, en divisant les parties de la matière sous lesquelles il étoit resserré, occasionne cette prompte & abondante dissipation, en quoi il est aidé par le choc continuel de l'air extérieur, & l'action de la matière subtile qui l'agite, & qui tend à séparer les parties de la surface de la glace sur laquelle il agit. Ces deux effets réunis d'une même puissance, viennent à bout de dissiper très-promptement la dureté de la glace, & d'en détacher une multitude de parties qu'ils emportent dans le vague de l'air, où elles se font sentir par l'âpreté du froid qu'elles y établissent, à moins qu'une atmosphère plus chaude ou les rayons du soleil ne les dissolvent, & ne les raréfient au point d'en changer entié-

____

(*a*) Dissertation sur la glace, Partie II. Section III.

D vj

rement la forme, & dès-lors de rendre leur action nulle en les atténuant tout-à-fait,

Si les effets de l'évaporation font si fensibles dans des régions enchaînées fous les glaces d'un hiver éternel, que ne doivent-ils pas être dans ces climats où le fein de la terre toujours ouvert à une végétation abondante couvre fa furface de toutes les productions imaginables, & en une telle quantité, que les hommes & les animaux ne pouvant pas les confommer, une partie refte à l'abandon, fe pourriffent & fe réfolvent enfin en vapeurs & en exhalaifons qui fe répandent dans l'atmofphère, & y portent des qualités nuifibles, ainfi que nous en avons rapporté plus d'un exemple dans la théorie de l'air en parlant de la température des différens climats, fur-tout de ceux où des fleuves majeftueux roulent leurs eaux dans des Royaumes entiers qu'ils inondent : ils changent en mers des terres fertiles qui fortent enfuite de deffous leurs flots avec toutes les ap-

parences & tous les fruits de la fécondité la mieux établie. Quelle doit
être encore l'évaporation de cet espace immense du globe occupé par
des mers dont la plûpart font inconnues & quelques-unes inabordables ;
dont les unes font plus falées, les autres moins, ce que l'on doit attribuer
à l'évaporation plus ou moins forte.
Dans les pays chauds & dans le voifinage de la ligne, l'eau de la mer
eft beaucoup plus falée que vers le
nord, ce qui vient autant de l'abondance de l'évaporation que la chaleur
excite, & dont l'effet eft de rapprocher & de concentrer les fels, les
bitumes & les huiles dont ces mers
font chargées, que de la quantité plus
ou moins grande des eaux douces qui
s'y rendent. .

La quantité d'eau que l'évaporation enlève de la furface de la mer,
& tranfporte fur les terres, eft d'environ 20 à 21 pouces par an. Suivant
les calculs de M. Halley, elle eft
fuffifante pour former toutes les rivières & entretenir toutes les eaux

qui coulent à la surface de la terre (*a*).
Que l'on y fasse attention, ce calcul
n'a pour objet que les vapeurs néceffaires au renouvellement & à l'entretien des sources qui produifent les
lacs, les fleuves & toutes les eaux
courantes qui retournent à la mer :
on peut le doubler, fi on y comprend
les eaux qui réfultent de cette même
évaporation, retombent en pluie
abondante fur toutes les mers, &
dont la quantité ne peut pas être fou-
mife aux règles du calcul. Suivant
les relations des navigateurs les plus
exacts, elles font plus confidérables
& plus fortes que les pluies qui
tombent fur les terres, & même elles
fourniffent affez d'eau douce pour
l'approvifionnement des vaiffeaux qui
fe trouvent alors en pleine mer &
dans des traverfées de longue courfe ;
on ne peut les comparer qu'à ces pluies
abondantes qui tombent entre les
Tropiques dans la faifon humide, &

(*a*) Tranfactions philofophiques, N° 192.

qui caufent le débordement de tous les fleuves fitués fous ces latitudes.
Le 23 Juin 1765, le chef d'efcadre Biron dirigeant fa route vers l'oueft entre le tropique du Capricorne & la ligne, effuya dans la mer du Sud des pluies très-violentes. Nous faifîmes, dit-il, cette occafion pour nous pourvoir d'eau douce ; cela fe fait fur mer en étendant horizontalement une groffe toile fufpendue par les coins, au milieu de laquelle on place un boulet de canon ou quelque corps pefant, par ce moyen l'eau fe raffemble au centre, d'où elle découle dans les tonneaux qui font placés au-deffous pour la recevoir. C'eft ainfi que les vaiffeaux de Manille fe fourniffent d'eau fraîche & nouvelle dans les longs paffages qu'ils font par la mer du Sud jufqu'à Acapulco ; ils profitent des pluies qui dans la faifon où ils font route, font toujours très-abondantes dans ces latitudes ; pour cet effet ils ont foin de fe pourvoir d'un grand nombre de jarres de terre. D'ordinaire ces pluies font accom-

pagnées de vents très-frais. Si l'on
veut s'en faire une idée encore plus
précise, on peut parcourir les voyages de Dampier, on verra que souvent elles font un fléau terrible pour
les navigateurs qui courent ces mers,
& qu'elles occafionnent des intempéries funeftes aux équipages des
vaiffeaux.

Enfin pour concevoir encore mieux
la quantité d'eau que l'évaporation
peut répandre dans l'atmofphère, il
ne faut que fe rappeller combien il
entre d'eau de la mer dans les falines, & la comparer à la quantité de
fel qui refte après que la manipula-
tion eft finie. M. de Chambray dans
fon mémoire fur la conftruction des
falines & la qualité des fels, dit qu'à
Caftiglione les falines de fel commun
font au nombre de deux cens quarante, & produifent chacune, aux
traites qui fe font tous les fix jours,
environ 1800 livres de fel, ce qui
fait en tout 432000 livres; & comme
l'eau de la mer contient, fuivant fes
expériences, un vingt-deuxieme de

fel, cela fuppofe une évaporation de 9504000 livres. Il y a au même endroit huit falines où le fel fe fait à la façon de Trapani qui en vingt jours donnent enfemble 1440000 livres de fel, où par conféquent l'évaporation eft de 31680000 livres.

§ XI.

Eaux cachées dans le fein de la Terre.

Mais quelqu'abondantes que foient ces eaux, même jointes à celles qui coulent fur la furface de la terre, & qui y entretiennent la verdure & la fertilité, il s'en faut beaucoup qu'elles foient l'entier réfultat de toutes celles que les vapeurs produifent. Il y a des veines d'eau qui coulent & de l'humidité qui fe filtre à de grandes profondeurs dans l'intérieur des terres. Dans les vallons & dans les plaines baffes, on ne manque guères de trouver l'eau à une profondeur médiocre. Il y a des montagnes qui recélent dans leur fein des amas d'eaux prodigieux qu'un principe caché de raréfaction en fait sortir quelquefois, qui inondent des campagnes élevées, y forment des lacs, & couvrent d'eau des terreins que leur hauteur sembloit mettre à l'abri de toute inondation. On en a fait nouvellement une cruelle épreuve dans le voisinage de la ville de Chieti en Abrusse (le 24 Juin 1765) après quelques secousses de tremblement de terre qui paroissoient avoir ébranlé un long rocher qui étoit au-dessus du village de Rocca-Monte-Piano, sur le penchant de la montagne appellée la Maïotta, & dont l'habitude avoit empêché les gens du pays de s'effrayer : cette énorme masse de pierre se détacha tout d'un coup de sa base, & en même tems qu'elle se renversa sur une partie du village qui fut écrasée de sa chûte, elle donna passage à un torrent impétueux qui submergea dans l'instant le village & la campagne à trois milles de circuit, avec tant de promptitude & de violence, que les édifices les plus solides en furent entraînés, & tous les habitans noyés, à l'exception de vingt seulement, sur environ huit cens qu'ils étoient.

N'est-ce pas à quelque phénomène de cette nature, dont la mémoire s'est perdue, que ce lac noir & bourbeux d'environ huit lieues de tour que l'on voit en Bretagne près de la petite ville de Machecou dans l'évêché de Nantes, doit son origine & son exis- tence. On sait que ces campagnes ac- tuellement inondées ont été autrefois habitées, que dans ce même canton il y a eu une ville appellée Herbauge qui a été abymée, & qu'alors tout ce territoire changea de face. On croit dans le pays que ce lac est entretenu par la chûte des eaux de deux ou trois petits ruisseaux qui y aboutissent : mais sans doute ils existoient avant la destruction de la ville d'Herbauge, ils avoient un cours libre, & proba- blement ils portoient leurs eaux dans la Loire comme ils le font encore, sans inonder une si grande étendue de terrein ; il est donc très vraisem- blable qu'un accident extraordinaire a causé l'affaissement & l'inondation de tout ce pays.

Nous venons d'apprendre un événement qui autorise ces conjectures. Dans la Prevôté de Rommerige au gouvernement d'Aggerhuus en Norwege, les eaux d'une source bouchée depuis onze ans, se firent un passage le 15 Avril 1768 avec tant de violence, qu'elles renversèrent dans une minute la digue qui les retenoit; elles se jetèrent sur la terre de Schéa qu'elles dévastèrent rapidement, elles culbutèrent vingt-six maisons, entraînèrent les chevaux, le bétail, les hommes même au nombre de vingt-trois, dont on ne put sauver que sept fort blessés, les seize autres furent noyés. Ces eaux étoient retenues par une espèce de marne qu'elles ont charriée avec tant d'abondance dans la rivière de Romuen qu'elle n'est plus navigable. Que l'on néglige de rétablir le cours de la rivière; que ces eaux nouvelles continuent d'y traîner d'autres terres, ce canton prendra une autre face, & insensiblement il s'y formera un marais qui aura son écoulement par la riviere de Romuen, mais qui changera la nature des terres qu'il couvrira.

On découvre quelquefois des masses d'eau d'une profondeur & d'une étendue inestimables, & qui n'ont aucune communication connue ni avec les mers, ni avec les rivières voisines. L'abondance des eaux qui se trouvent au-dessous de la ville de Périgueux, a fait croire qu'elle étoit bâtie sur une terre flottante ; il y a quelques années, dit l'auteur des Voyages Historiques de l'Europe (tom. I.) qu'on boucha un puits dans la grande place de cette ville, qu'on croyoit un abyme ; on y a fait descendre des gens qui n'en ont jamais pu trouver le fonds, & qui ont rapporté qu'on voyoit une grande campagne couverte d'eau. Peut-être qu'on me demandera d'où ces gens tiroient la clarté pour faire ce discernement ? A quoi je répondrai que c'étoit, à ce que l'on m'a dit, par les autres puits de la ville & des environs qui répon-

doient à ce lac souterrain & par des
lanternes flottantes qu'ils poussoient
bien avant de tous les côtés avec des
machines. De plus il y a peu de maisons dans la ville qui, dès qu'on
creuse dans leurs caves, ne trouvent
de l'eau, qui au poids, au goût & à
d'autres remarques paroît être la même que celle du puits que l'on a bou-
ché, à cause que les femmes de mauvaise vie y jetoient leurs enfans...
Ôtons de ce récit tout ce que l'amour
du merveilleux a pu y ajouter de circonstances étrangères à la vérité, toujours restera-t-il que ces terres renferment dans leur sein une grande
quantité d'eau entretenue par une filtration continuelle, & qui n'a proba-
blement sa source que dans l'évaporation générale. Par-tout on trouve
des amas d'eau de cette espèce. Auprès de Sablé en Anjou est une source
sans fond. C'est un goufre de vingt à
vingt-cinq toises d'ouverture, situé
au milieu & dans la partie la plus
basse d'une lande de huit à neuf lieues
de circuit, dont les bords élevés en

entonnoir defcendent par une pente
infenfible jufqu'à ce gouffre qui en
eft comme la citerne. La terre trem-
ble ordinairement tout autour fous les
pieds des hommes & des animaux qui
marchent dans ce baſſin. Il y a de
tems en tems des débordemens qui
n'arrivent pas toujours après les grandes pluies, & pendant lefquels il fort
de la fontaine une quantité prodigieufe de poiſſons & fur-tout de
brochets truités d'une efpèce fingu-
lière & qu'on ne connoît point dans
le refte du pays. Il n'eft pas facile cependant d'y pêcher, parce que cette
terre tremblante, qui s'affaiſſe au bord
du gouffre & quelquefois aſſez loin
aux environs, en rend l'approche fort
dangereufe : il faut attendre pour cela
des années fèches, ou que la pluie
n'ait point ramolli d'avance le terrein
inondé. N'y a-t-il pas lieu de croire
que ce terrein fert de voûte à un grand
lac qui eft au deſſous. (Mémoire de
l'Académie des Sciences, année 1741,
Hift. pag. 57.)

Dans la Perfe, qui eft l'une des régions de l'Univers, où le ſol eſt le plus aride, où les effets de l'évaporation ſont le moins ſenſibles, où l'air eſt ſi ſec pendant une partie de l'année, qu'il n'y a ni roſée, ni aucune autre humidité répandue dans l'atmoſphère, on trouve dans le ſein des montagnes des amas d'eau dont la quantité eſt immenſe (a). A trente lieues d'Iſpahan, le Roi Abas le Grand fit percer une montagne pour en tirer l'eau qui y étoit enfermée, & la conduire à la nouvelle capitale de ſes Etats. Elle en ſort continuellement & avec force par une ouverture ronde pratiquée dans le roc, qui a plus de ſix pieds de diamètre, & groſſit la rivière de Zenderoud, au point d'en faire un fleuve auſſi gros que la Seine. En montant au-deſſus de la montagne, on voit l'eau renfermée dans ſon ſein par un ſoupirail formé par la nature ; elle reſſemble à un lac dor-

------

(a) Voyages de Chardin, édition *in-12*, Tom. VIII, 1711.

mant

mant qui n'a point de fond : si on
y jette des pierres, on entend au loin
le fort retentissement du son reper-
cuté dans les cavités de ce réservoir
dont les bornes sont inconnues. Et il
est très-vraisemblable que la fonte
seule des neiges qui tombent sur ces
montagnes pendant l'hiver, & qui
distillent à travers les rochers, entretient ces eaux abondantes. Elles
sont nitreuses & âcres lorsquelles en
sortent, elles ne désaltèrent même
pas ceux qui en boivent, quoiqu'elles
soient très-fraîches : mais elles perdent cette qualité & s'adoucissent en
se mêlant à celles du Zenderoud.

Si l'on pouvoit pénétrer dans l'intérieur de la plûpart des montagnes,
on y découvriroit l'origine obscure &
cachée de toutes les rivières, des
amas d'eaux immobiles & souvent
sans communication, destinés à changer quelque jour la face des pays au-
dessus desquels ils sont suspendus :
on y verroit les couches de sable in-
clinées & rangées avec un ordre merveilleux & des crevasses entr'ouvertes

Tome V.   E

d'efpace en efpace pour donner paffage aux eaux des pluies & des neiges fondues, à l'humidité même qui
diftille des brouillards & des rofées
abondantes, jufqu'à des réfervoirs
immenfes de craie & d'argile formés
pour contenir ces eaux. C'eft de là
qu'elles s'échappent à travers les fables ou par des canaux tortueux ouverts dans les rochers, defquels
fortent les différentes fources dont
quelques-unes font fi abondantes
qu'au point même de leur iffue,
elles fourniffent une énorme quantité d'eau. Telle eft la fontaine qui
fort de la montagne au-deffus de la
ville de Funchal dans l'ifle de Ma-
dere, connue de tous les navigateurs
par la bonté de fes eaux, & qui
abondent quelquefois affez pour
inonder tous les cantons voifins. Jamais elle ne ceffe de fournir de l'eau
en très-grande quantité. Combien
n'y en a t il pas fur la furface de la
terre qui en donnent autant. La
feule fonte des neiges entretient dans
les Alpes, même après les chaleurs

d'un long été, les fleuves & les rivières qui en sortent, & on s'apperçoit à peine que leur volume soit diminué. Toutes ces cascades majes-
tueuses, ces ruisseaux bruyans qui
tombent du haut des rochers, ne
cessent pas de briller dans la perspective de ces climats sauvages & de
l'animer. Ces eaux, en même tems
qu'elles servent à entretenir les fleuves & à remplir une multitude de
lacs, se répandent de nouveau dans
l'air d'une manière insensible, se réunissent en nuages & vont fondre sur
ces mêmes montagnes qui les reçoivent encore dans leur sein, d'où elles
se répandent sur la surface de la terre
par les routes qui leur sont ouvertes;
c'est ainsi que s'entretient cette circulation intarissable, principe de la fécondité de la terre & du bel ordre
qui regne dans l'Univers.

Le soleil est l'agent principal de ce
méchanisme nécessaire, invisible dans
son principe, mais très-sensible dans
ses effets. En vertu de sa chaleur l'air
ayant acquis une certaine tempéra-

ture, diſſout l'eau & s'en charge :
c'eſt ce qui produit cette abondante
évaporation qui ſe fait ſur les mers
& les continens. Ces vapeurs réunies
ſe condenſent & forment les nuages
que les vents font circuler dans une
certaine région de l'air, relativement
à leur denſité & à celle du fluide dans
lequel ils flottent ; tranſportés ainſi
dans tous les climats où ils s'élèvent
en ſe dilatant, où ils s'abaiſſent en ſe
condenſant, ſuivant la température
de l'atmoſphère inférieure qui les ſoutient. Lorſqu'ils rencontrent dans leur
courſe l'air plus froid des montagnes,
ou ils y tombent en flocons de neiges, en brouillards, en roſées, ou
ils s'y fixent & s'y réſolvent en pluie.
Nous avons vu comment les nuages
diſperſés par les vents entre les tropiques, cauſent ces pluies abondantes de
la ſaiſon humide & les inondations
périodiques de tous les fleuves qui
ont leur ſource dans ces contrées.

Les montagnes contribuent tellement à cette diſtribution des eaux,
que l'on voit alternativement l'été &

l'hiver dans la presqu'isle de l'Inde, dans différentes régions de l'Asie & de l'Amérique situées sous les mêmes latitudes, mais partagées par des chaînes de montagnes élevées, en quelque direction qu'elles soient tournées. Il arrive encore que les qualités du sol contribuent à celles de l'atmosphère ; ainsi, outre certaines terres connues où il ne pleut jamais, il y en a d'autres qui éprouvent accidentellement de longues sécheresses, parce qu'il y a des tems où dès que les nuages sont arrivés à la partie de l'atmosphère sous laquelle elles sont situées, ils se raréfient, se dissipent, & semblent repoussés par des émanations propres à ces terres, sur les contrées voisines.

Ne peut-on pas regarder encore ces reservoirs inconnus dont nous venons de parler, comme la cause des sécheresses extraordinaires, ou des inondations imprévues qui désolent certains pays. Je sais que les vents, en dispersant les vapeurs & les nuages, ou en les rassemblant à des points

fixes, font la caufe ordinaire & connue de ces phénomènes ; mais quelquefois les inondations font fi fortes
relativement à la quantité des pluies
auxquelles on les attribue, que l'on
pourroit conjecturer qu'elles font oc-
cafionnées, au moins en partie, par
quelque éruption fouterraine dont
l'effet ignoré fe joint à celui des nuées
que l'on voit fe fondre. D'autres fois
les fécherefies font fi longues & fi
opiniâtres, qu'il femble que les effets de l'évaporation foient totalement fupprimés pour quelques climats, & que les vapeurs, loin de fe
porter du fein de la terre & des eaux
dans l'atmofphère, foient attirées par
le mouvement d'un fluide homogène
caché dans les profondeurs de la terre,
auquel elles vont fe réunir. En 1766,
un débordement prodigieux & fubit
de la rivière de Tarn dévafta les territoires d'Albi & de Montauban, inonda toutes les terres baffes, emporta
les plantations, les ufines & les édifices, enfin caufa dans tout le pays un
très-grand dommage ; & dans ces mê-

mes contrées, fur-tout à Montauban
& dans les environs, on éprouva en
1767 une fécherefle dont on n'avoit
point eu d'exemple encore. Les habitans de la campagne étoient obligés
d'aller à deux ou trois lieues chercher
l'eau nécefſaire pour leurs ufages &
celui de leurs beftiaux ; les ruifſeaux,
les rivières, celles même qui font
navigables, le Tarn qui l'année pré-
cédente avoit fait une mer des environs de Montauban, étoient prefque
entiérement defſéchés ; de forte que
les moulins à eau ne pouvoient travailler que quelques heures dans la
journée, & la plûpart n'alloient point
du tout. Dans ce même tems plufieurs cantons du Dauphiné étoient
ravagés & inondés par des orages affreux de pluie & de grêle, qui changeoient de petites rivières à peine
connues en fleuves impétueux qui
couvroient de leurs eaux toutes les
campagnes, emportoient les ponts,
détruifoient les chauſſées & inter-
rompoient la communication des

E iv

villes & des provinces entre elles.

Pendant que les provinces septen-
trionales de la France éprouvoient
toutes les rigueurs d'un froid excef-
fif, les provinces méridionales jouif-
foient d'une température beaucoup
plus douce. Le territoire de Condom,
après avoir été dévoré par une féchereffe continuelle depuis près d'un an
& demi, fut inondé par les pluies &
la fonte des neiges qui tombèrent du
27 de Décembre 1767 au 2 de Janvier 1768, une partie de la ville &
un fauxbourg entier étoient fous l'eau;
le débordement de la Gelife étoit prodigieux, lorfque le froid commença
de s'y faire fentir le 4 Janvier par un
vent de nord-oueft.

Ces phénomènes nous retracent,
dans nos zones tempérées, ces éruptions d'eaux prodigieufes qui fortent
des volcans, au-deffus des vallées de
Quito. Elles inondent les villes, &
changent dans un inftant la face des
campagnes où elles prennent leur
cours. Sans doute que les inondations
de nos climats n'ont pas une caufe

auſſi préciſe & auſſi connue : mais l'abondance des vapeurs qui peuvent ſortir tout d'un coup du ſein de la terre, par quelque ſecouſſe extraordinaire facilitée par le mouvement ſupérieur des nuées orageuſes ; ces mêmes vapeurs condenſées dans les gorges des montagnes & dans des précipices où elles reſtoient ſtagnantes, agitées tout d'un coup, & pénétrées par une plus grande quantité de fluide éthérée, ne peuvent-elles pas s'élever ſubitement, ſe joindre aux nuées, augmenter leur volume & leur poids, en accélérer la diſſolution, & verſer dans un ſeul endroit toute la maſſe d'eau deſtinée à arroſer une grande étendue de pays ? Sur la fin du dernier ſiécle, une ſecouſſe violente fit ouvrir la terre près de Velez dans le Royaume de Grenade ; la rivière fut engloutie & diſparut : une autre ſecouſſe, en refermant cette ouverture, rejeta l'eau de cette rivière, & la porta avec une impétuoſité effroyable à la plus grande hauteur dans les

E v

airs (*a*). Quels ravages ne cauferoit
pas un événement de cette efpéce, fi,
dans un tems d'orage, les eaux que
contiennent des nuées épaiffes venoient à fe joindre à celles qui s'éle-
veroient de la furface de la terre, dans
le haut des airs. Si on avoit une fuite
d'obfervations exactes fur les phénomènes qui accompagnent ou qui pré-
cedent les féchereffes ou les inondations extraordinaires , peut-être que
ce que nous ne propofons ici que
comme une conjecture , deviendroit
une vérité phyfique , fur-tout pour les
pays où les inégalités du terrein , la
quantité de fources qui les arrofent ,
le peu de diftance des mers , devroient
rendre les effets ordinaires de l'évaporation plus égaux , en faire fentir
par-tout les fuites bienfaifantes , &
les fauver des excès oppofés du fec &
de l'humide.

On ne peut pas en dire autant des

____

(*a*) Voyages hiftoriques de l'Europe,
Tom. II.

terres élevées, des plaines en montagnes, des sols arides & sablonneux
qui occupent une grande étendue de
pays, où les sources & les rivières
sont rares, où même on ne peut pas
faire des puits. On conçoit que dans
toutes ces régions, l'évaporation porte
trop peu d'eau dans l'atmosphère,
pour que les rosées y soient abondantes & les pluies communes. Ainsi
dans les plaines de l'Arabie & de la
Perse, dans la haute Egypte, dans
un espace immense de la Tartarie
Orientale, on ne trouve que des sables stériles, des terres abandonnées,
& tout au plus quelques pâturages,
dont la verdure n'embellit que pendant quelques mois la triste perspective de ces climats : lorsque les terres
rafraîchies & leurs sels renouvellés
par le froid, les brouillards & les
neiges de l'hiver, ranimées ensuite
par les premiers rayons du soleil du
printems, & par l'action du fluide
ignée répandu dans toute l'étendue
du globe, donnent quelque apparence de fécondité, qui est bientôt

E vj

épuifée , parce que le principe n'en
eft ni fecondé , ni renouvellé : & fi
dans cette faifon l'évaporation eft plus
abondante , elle n'eft d'aucune utilité
pour ces pays. Les vents dont rien
n'arrête le cours dans ces plaines vaftes & élevées , emportent au loin les
vapeurs & les exhalaifons qu'elles
fourniffent à l'atmofphère , & augmentent encore leur aridité naturelle.
Dans quelques contrées de ces régions qui font cultivées & habitées,
toutes les eaux qui fervent à abreuver
les animaux , font contenues dans
des mares & des citernes. Dans une
partie de l'Orient où les fources font
rares & les pluies peu fréquentes,
les peuples ont été obligés de faire
de grands réfervoirs pour recueillir
les eaux de pluie & de neige qui
coulent des terres fupérieures. Ces
ouvrages entrepris pour la néceffité
publique , font peut être les monumens les plus magnifiques & les
mieux imaginés des Orientaux. Il y
a de ces réfervoirs qui ont jufqu'à
deux lieues de furface , & qui fervent

à arroser & abreuver toute une province, au moyen des saignées & des
petits ruisseaux qu'on en dérive de
tous les côtés. Cette ressource qu'il
faut ménager avec soin, si on veut
en tirer une utilité constante, manque absolument à d'autres pays. Dans
l'Arabie pétrée, où il ne pleut jamais, dont des sables brûlans couvrent toute la surface, où il n'y a presque point de terre végétale, où le peu
de plantes qui s'y trouvent, languis-
sent; les sources & les puits sont si
rares, que l'on n'en compte que cinq
depuis le Caire jusqu'au mont Sinaï,
encore l'eau en est-elle amère & sau-
mâtre. Cette qualité des eaux & la
grande sécheresse du pays, doivent
être attribués aux vents impétueux &
brûlans, qui enlevent des bords de la
mer & des terres, beaucoup de sables qu'ils transportent au loin, &
qu'ils ont accumulés au point de rendre cette région tout-à fait stérile &
inhabitable. Il ne s'en éleve plus de
vapeurs rafraîchissantes & salutaires,
il n'en sort que des exhalaisons brûlantes.

§ XII.

Effets de l'évaporation sur l'air.

Après avoir exposé les causes générales qui favorisent l'évaporation, ou
qui lui font obstacle, il me reste encore à établir quelques-uns de ses
effets sur la masse de l'air. De tout ce
qui a été dit jusqu'à présent à ce sujet, on peut conclure d'abord que le
mêlange des vapeurs rend l'air plus
léger ou plus pesant. Quand les vapeurs ou molécules aqueuses font emportées chacune par un mouvement
de tourbillon qui les tient séparées
les unes des autres, elles rendent
l'air plus rare, & augmentent plus
son étendue que son poids, & dès-
lors l'atmosphère est plus légère. Mais
quand elles n'ont pas ce mouvement,
on peut admettre qu'elles augmentent plutôt le poids de l'atmosphère
que sa masse, parce que les particules
de l'air élémentaire étant de forme
sphérique ou en approchant, & occu-

pant chacune plus d'espace que les
molécules aqueuses, celles-ci peuvent se glisser entre les globules d'air,
de maniere qu'elles n'ajoutent rien à
leur distance réciproque. Ainsi nous
voyons les liquides s'insinuer dans un
vase rempli de grains de sable ou
d'autres matières de figure irréguliere,
sans augmenter l'espace qu'ils y tiennent : cela posé, il est nécessaire que
l'atmosphère soit plus lourde ayant
reçu une matiere pesante par elle-
même, sans être augmentée de volume, ce qui arrive quand les vapeurs
se trouvent tout de suite en équilibre
avec l'air.

C'est pour cela que toutes choses
égales, par un tems serein l'atmosphère est plus pesante que par un tems
couvert & nubileux & un air épais.
Par un tems nubileux, les vapeurs
réunies en gouttes très-fines sont répandues dans l'atmosphère, & par les
différentes réflexions & réfractions
qu'elles causent aux rayons de la lumière, elles en atténuent l'effet, &
répandent dans l'air une opacité sen-

fible. Leur poids eft alors d'autant
moins confidérable qu'il eft divifé
dans toute l'étendue de l'atmofphère
& en tout fens ; ce qui n'arrive pas
dans un tems ferein, lorfque les molécules aqueufes, tendant à la région
fupérieure par les intervalles que leur
laiffent les globules de l'air, elles ne
nuifent point à fa tranfparence : de
même qu'une affez grande quantité
de fel ajoutée à un vafe plein d'eau,
n'en altere pas la limpidité, quoiqu'elle en augmente le poids.

Les exhalaifons fe joignent encore
aux vapeurs aqueufes : les fels volatils, les efprits, les huiles mêmes,
ainfi qu'on l'obferve des huiles effen-
tielles que l'on tire des plantes en les
faifant macérer dans l'eau chaude, &
qui dans la diftillation s'élevent avec
les molécules aqueufes dans le cha-
piteau de l'alembic ; toutes ces matieres mettent autant de différence
dans les exhalaifons que l'on peut
imaginer entr'elles de variétés accidentelles : par exemple, les fels volatils qui s'élevent des minéraux, des

plantes, des animaux, doivent avoir
plus ou moins de densité, plus ou
moins d'action par rapport à leur
substance, soit qu'ils la conservent
homogène, ou qu'elle soit altérée par
l'accession des molécules étrangères.
Les esprits acides & nitreux, les exhalaisons sulfureuses varient encore
leurs qualités, rarement peut-on les
reconnoître à leur premier effet, &
décider de quelle nature sont les exhalaisons qui dominent dans l'atmosphère, à moins qu'elles n'occasionnent des sensations marquées. Le
27 Juin 1767, à neuf heures du soir,
le vent étant sud, après une chaleur
étouffante qui avoit dominé tout le
jour, le ciel couvert en partie de
nuées épaisses, sur-tout du midi au
couchant, il y eut au sud un petit
orage accompagné d'un bruit de tonnerre peu violent, précédé & suivi
de fréquens éclairs qui s'étendoient du
midi au nord respectivement à la position où j'étois en Bourgogne, par les
47 degrés 30 minutes environ de
latitude : de grosses gouttes de pluie

qui tomberent pendant un quart
d'heure ne rafraîchirent point l'air;
mais les éclairs y avoient répandu des
exhalaisons chaudes & senfibles,
d'une odeur agréable qui tenoit beaucoup de celle du carabé ou ambre de
Pruffe brûlé. Cette odeur douce que
l'on refpiroit avec plaifir, ne fut fenfible qu'environ une demi-heure, le
vent augmenta, il furvint un nouvel
orage qui la diffipa entiérement, &
qui fans doute changea totalement la
qualité des exhalaisons répandues
dans l'atmofphère.

Il feroit difficile de décider fi les
vapeurs s'élevent plus haut que les
exhalaisons; on fait que les fels volatils des plantes & des animaux fe
répandent au loin dans l'air & très-
promptement. Les particules mêmes
qui fe détachent des minéraux, &
paffent pour plus lourdes & plus denfes que les autres, ne laiffent pas
que d'être portées à une très-grande
hauteur, à en juger par leurs effets
dans les régions de l'air les plus élevées. Tous les météores ignées dont

quelques-uns ne se forment que dans
la partie supérieure de l'atmosphère,
ainsi que les aurores boréales, doivent leur existence plutôt aux exhalaisons qu'aux vapeurs ; tandis que
d'autres exhalaisons minérales & métalliques s'élevent à peine au-dessus
de la surface de la terre : telles sont
celles qui sont répandues dans la
grotte du chien près de Naples &
condensées au point d'être sensibles
à la vue sous la forme d'une fumée
bleuâtre & transparente, & qui n'ont
d'effet que sept ou huit pouces au-
dessus du sol. Il en est de même de
quelques mofettes qui s'élevent au-
dessus des laves fraîches du Vésuve ;
lors même qu'elles paroissent refroi-
dies, & plusieurs mois après la fin
de l'éruption à laquelle elles ont dû
leurs cours ; elles rendent par différentes ouvertures, une chaleur véhé-
mente & insupportable, accompagnée d'une petite colonne de fumée,
qui, bien que presque invisible, sort
de la lave avec tant d'impétuosité,
qu'elle ôte tout de suite la respira-

tion. L'odeur du foufre eft à peine
fenfible dans ces fumées ; mais elles
portent au nez & à la gorge une faveur très-forte de fel ammoniac, de
nitre & de vitriol mêlés enfemble,
dont l'action eft vive, & deviendroit
dangereufe fi l'on y reftoit expofé
quelque tems. Ce font ces fortes de
fumées que l'on appelle communément mofettes ; on peut dire la même chofe, d'autres exhalaifons fulfureufes & minérales qui font communes dans les territoires voifins de
Naples (a).

Ces phénomènes particuliers annoncent d'une maniere décifive que
les vapeurs aqueufes font fufceptibles d'une plus grande raréfaction,
& font difperfées beaucoup plus
promptement dans l'atmofphère que
les exhalaifons, à moins que l'abondance des vapeurs & des exhalaifons

----

(a) *Storia è fenomeni del Vefuvio ef-
pofti dal P. D. Gio Maria della Torre. c. 4.
n° 93, in-4°. Napoli 1755.*

combinées enfemble, & retenues par
la conformation locale du fol, qui
empêche le mouvement de l'air, ne
concentre dans un trop petit efpace
l'effet d'une forte évaporation, & ne
le rende nuifible. C'eft ainfi que les
bois & les montagnes, dont le port
de l'ifle Sainte-Catherine fur la côte
du Brefil eft environné, arrêtent le
mouvement de l'air pendant que les
vapeurs qui s'élevent d'un fol fort
gras & d'une prodigieufe quantité de
végétaux de toute efpèce, font caufe
que le pays fe trouve couvert toute
la nuit & une partie confidérable de
la matinée, d'un brouillard épais qui
ne fe diffipe que quand le foleil a
affez de force pour le raréfier, ou
qu'un vent de mer le chaffe. Cette
température habituelle rend l'endroit
étouffé, humide & mal fain, auffi
les équipages des vaiffeaux y font
fouvent attaqués de fièvres & de
dyfenteries (a).

____

(a) Voyage de l'Amiral Anfon. L. 1,
c. 5.

On doit attribuer à la même cause
physique, la mauvaise qualité de l'air
de tous les lieux dont la situation arrête son mouvement : plus le climat
est chaud & fertile, plus les effets
en font sensibles ; c'est pourquoi l'on
n'ose habiter les bords des petits lacs
d'Averne & d'Aniano quelque déli-
cieux qu'ils paroissent, quoiqu'ils
n'aient plus rien de ces circonstances
propres à effrayer que rapportent les
anciens naturalistes. Les oiseaux vo-
lent & nagent aujourd'hui impunément sur leurs eaux ; l'air que l'on y
respire, au moins pendant le peu de
tems que l'on y passe, n'a rien de
plus remarquable que sa fraîcheur qui
ne cause aucune incommodité : mais
on ne doit pas conclure de là que les
auteurs qui ont parlé de leurs exhalaisons dangereuses & mortelles, en
aient imposé à leur siécle. Depuis plus
de 1800 ans, les choses ne doivent
plus être les mêmes, les phénomènes changent à mesure que la nature
se fait un jeu d'en varier le spectacle
à nos yeux.

Les causes dont nous avons parlé, pour être moins constantes dans d'autres pays, ont souvent des effets remarquables, sur-tout si l'intempérie se fait sentir dans des terres basses tournées à l'équateur, à l'abri des vents du nord & de l'est; si le pays est bien arrosé, si la végétation est forte & abondante, si le sol est naturellement gras & fertile, l'atmosphère sera exposée à contracter des qualités malsaines. L'air suivant la qualité & la quantité des vapeurs & des exhalaisons dont il est chargé, agit différemment sur les corps; on peut le remarquer dans les végétaux & les animaux; les sels volatils, les particules sulfureuses ou nitreuses les pénétrent, agitent & divisent leurs parties élémentaires, les détériorent entiérement, ou les rendent plus parfaites, c'est ce que l'on observe sur-tout dans les fruits. Si les vapeurs pénétrent dans les corps, d'ordinaire elles les relâchent & les amollissent; mais si leurs parties sont plutôt contiguës qu'adhérentes, en remplissant leurs intervalles, elles leur communiquent une forte de roideur & de dureté, ainfi qu'on peut l'obferver dans les cordes mouillées. L'air humide enfle & dilate de toutes parts quelques corps fpongieux, & qui paroiffent être fans fibres, comme la moëlle de certains arbres. Quelquefois les corps ne fe dilatent que par le côté où l'humidité les faifit ; les planches de fapin font compofées de fibres denfes & dures qui s'étendent dans leur longueur & ne font fufceptibles d'aucun changement, mais font féparées entr'elles par une fubftance fpongieufe capable de recevoir beaucoup d'eau, & dès-lors de fe dilater & d'éloigner les fibres les unes des autres : fi l'humidité ne pénétre pas la planche dans toute fon épaiffeur, fi elle n'eft mouillée que d'un côté, elle s'éleve, s'étend & prend la forme convexe du côté où elle a reçu l'eau, & devient concave de l'autre, tandis que fi elle eft également mouillée des deux côtés, elle s'étend & s'enfle également. Il n'eft

pas

pas même nécessaire que l'humidité
soit sensible & palpable, les seules
vapeurs aqueuses répandues dans l'air
suffisent pour produire cet effet. La
menuiserie de sapin dans les appartemens les mieux fermés, quelque bien
assemblée qu'elle soit, est sujette à
des variations constantes, qui répondent à la sécheresse ou à l'humidité
de l'air.

§ XII.

Autres preuves constantes & sensibles de l'évaporation.

On peut donc remarquer par-tout
les effets d'une évaporation constante
& soutenue, tantôt plus forte & tantôt moindre, mais qui reparoissent,
font les mêmes depuis la formation
de l'Univers jusqu'à nos jours, & assez
uniformes, à moins qu'ils ne se dé-
veloppent par des phénomènes singu-
liers, tels que celui que nous allons
rapporter. L'isle de fer la plus occidentale des Canaries, produit un arbre singulier que les habitans du pays

appellent *Garcé* & les Espagnols *San-zo*; le tronc en est fort gros, les feuil-les longues, étroites & toujours ver-tes; il porte un fruit assez semblable au gland, que l'on dit être d'un goût aromatique & bon à manger. Le som-met de cet arbre est environné toutes les nuits d'un brouillard épais qui se condense en eau, de sorte que tous les matins cette eau coule par gouttes le long des feuilles en si grande quàn-tité qu'elle suffit pour les usages des insulaires, & même pour abreuver leurs bestiaux; ils la ramassent dans des bassins de pierre faits exprès pour la recevoir. Quelque explication que l'on donne à cette merveille de la na-ture, qui a fait de ces arbres autant de sources d'eau vive dans une isle par-tout ailleurs séche & aride, soit que l'on attribue à cet arbre la pro-priété d'attirer & de réunir toutes les vapeurs aqueuses qui s'élévent des mers voisines, soit qu'il ne serve qu'à filtrer les eaux qui sont renfermées dans le sein de là terre, & à les ré-pandre sur sa surface, elle n'en est

pas moins une preuve frappante de
l'évaporation généralement établie,
& de la circulation perpétuelle d'une
certaine maffe de liquide répandue
par-tout, mais différemment modifiée.

Comment donc a-t-on pu imaginer que la partie des eaux qui abreuve
la terre, & qui fert à la végétation,
eft perdue pour leur fomme totale,
parce que, dit-on, elle peut fe convertir en terre? Une telle idée ne peut
venir que de ce que l'on fuppofe que
les parties organiques des corps mixtes, différens, étant effentiellement
les mêmes, elles font fufceptibles indifféremment de toutes fortes de formes, fans changer de nature; ce qui
répugne évidemment aux premieres
notions de la vraie phyfique, ainfi
que nous l'avons établi dans le difcours fur l'élément. Cependant cette
idée toute contraire qu'elle eft aux expériences les plus communes & les
plus fimples, a trouvé d'illuftres dé-
fenfeurs : Newton l'a adoptée, & en
a conclu que les parties folides de la

F ij

terre vont en augmentant , tandis
que ses parties fluides diminuent &
doivent enfin disparoître totalement :
vu que suivant ce célèbre Géomètre ,
notre globe tend perpétuellement à
s'approcher du soleil, d'où il conjecture qu'il finira par se dessécher
entiérement, à moins que l'approche
de quelque comète ne vienne rendre à notre planète l'humidité qu'elle
aura perdue. Voilà comme d'une supposition imaginaire admise pour un
principe certain, on tire des consé-
quences savantes, de la vérité desquelles il est d'autant moins permis
de douter qu'elles sont plus inintel-
ligibles, & qu'elles sont données
pour l'effet des méditations les plus
profondes d'un génie du premier ordre sur le vrai système du monde.
Sans doute que si jamais ce système a
eu quelque apparence de vérité aux
yeux même de son inventeur, c'est
pendant quelque été long , chaud &
aride où l'évaporation aussi forte &
plus sensible en Angleterre que dans
aucune autre partie de l'Europe , pa-

roiſſoit conſidérablement diminuée :
mais le retour de l'automne devoit
anéantir ce ſyſtême ſous l'humidité
générale qui l'accompagne, & les
brouillards qui précédent l'hiver,
dont la triſte longueur depuis quelques années ſemble annoncer que
notre globe s'éloigne plutôt du ſoleil
qu'il ne s'en approche.

Pour concevoir l'idée d'une diſpoſition générale de notre Univers,
telle que le célèbre Newton l'imagine, il faut ſe le repréſenter en entier avec les phénomènes de froid &
de chaud, de ſéchereſſe & d'humidité, s'en faire un tableau raccourci
que l'on puiſſe ſaiſir d'une ſeule &
même vue, pour voir ſi ce principe
général de deſſéchement qu'on lui
ſuppoſe, eſt le même dans toutes ſes
parties : c'eſt ce que l'on n'obſer-
veroit certainement pas. On remar-
queroit au contraire une harmonie
conſtante & égale établie entre elles :
car ce qui arrive dans un eſpace borné,
fût-il de cent lieues, eſt comme un
point reſpectivement au reſte du

globe, & ne dérange rien aux loix
générales de la nature. La grande sé-
chereſſe qui a regné pendant l'année
1767 dans quelques parties du Languedoc, auroit pu accréditer cette
idée, lorſque le ſol dépouillé de toute
ſon humidité radicale, étoit aride &
brûlant, & que le principe de la végétation y ſembloit prêt à expirer ſous
une ſéchereſſe trop long-tems prolongée; mais auſſi les pluies abondantes
& les inondations qui lui ſuccéderent,
auroient bientôt perſuadé le contraire.

Sans avoir recours à ces phénomènes extraordinaires, que l'on ouvre les yeux ſur ce qui arrive au printems, c'eſt alors que l'évaporation eſt
la plus abondante; ſur-tout dans nos
climats. La terre enfin débarraſſée des
chaînes dont l'avoit chargée un rigoureux hiver, impregnée des ſels &
des nitres qu'y ont dépoſé les neiges
en ſe fondant, arroſée des premieres
pluies douces; ouverte & échauffée
par les vents précurſeurs de la fertilité renaiſſante, commence à céder à
l'action du fluide ſubtil qui étoit reſ-

ferré dans fon fein, & à reffentir l'effet des rayons d'un foleil plus ac- tif. Lorfqu'ils viennent à frapper fa furface après les pluies, l'évaporation eft fi abondante, qu'elle reffemble à une fumée blanche, humide & épaiffe qui couvre la terre à trois ou quatre pieds de hauteur, & qui plus raréfiée devient infenfible à mefure qu'elle s'éleve. C'eft ce que j'ai obfervé plufieurs fois en Bourgogne dans les mois d'Avril & de Mai, & plutôt encore dans des régions plus tempérées, telles que les environs de Rome & de Naples, où après une heure ou deux de foleil on voit s'élever des campagnes ces vapeurs légères dont fe forment les nuages qui roulent avec majefté dans les airs, & qui changeant de modification fe divifent & retombent fur les terres d'où elles font forties, pour y porter de nouveaux principes de fécondité.

M. Celfius trouve une autre manière de diminuer les eaux de la mer, & de donner plus d'étendue aux idées de Newton. Selon lui une partie des

eaux se retire dans les cavités &
dans les abymes qui s'ouvrent au fond
du lit de la mer, & par ce moyen la
quantité de l'évaporation diminue
d'autant. Dans ce système, c'est le
feu qui fait place à l'eau ; une partie
de celles de la mer va occuper les
espaces qui ont été creusés par les
feux souterrains dont l'intérieur de
notre globe est perpétuellement con-
sumé. Cette idée a peut-être plus de
vraisemblance que la premiere ; mais
encore n'est-elle qu'une spéculation
qu'aucune expérience, aucune observation certaine ne pourra jamais
constater. Il se fait des changemens
dans le fond des mers, comme il
en arrive à la surface de la terre ; de
nouveaux volcans se manifestent dans
le sein des eaux, & forment des isles
nouvelles : mais s'il est vrai que les
eaux aillent se cacher dans le fond
des abymes, les choses restent à-peu-
près au même état, puisqu'elles ne
font qu'occuper l'espace où étoient les
nouvelles terres qui s'affaisseront un
jour, retomberont au centre d'où elles

se sont élevées, & rendront à la mer
les eaux qu'elles n'avoient fait que
cacher pendant un certain tems. Il en
est de même de tous les changemens
de terre en eau, & d'eau en terre; la
quantité en est à-peu-près égale. Des
voûtes souterraines qui cachoient une
certaine étendue d'eau, s'affaissent
tout d'un coup, engloutissent les terres qui les couvroient, & n'offrent
plus aux peuples étonnés qu'un lac à
la place d'une forêt, d'une ville, ou
d'un terrein fertile & bien cultivé. Le
18 Décembre 1596, près de Was-
ram dans le Comté de Nottingham,
une terre d'environ quatre-vingt perches de long & vingt huit de large,
s'enfonça d'environ six pieds avec tous
les arbres dont elle étoit couverte,
sans qu'ils eussent changé de situation;
le lendemain elle s'abaissa de quinze
pieds, le troisieme jour elle avoit
quatre-vingt pieds de profondeur; elle
continua de même pendant onze jours
de suite, jusqu'à ce qu'on ne pût voir
aucun vestige de la terre ni des arbres,
les eaux ayant rempli ce précipice. Le

F v

8 Juillet 1657, environ trois heures
après midi, le tems étant fort beau,
on entendit dans la paroisse de Bick-
ley, province de Chester, un grand
bruit semblable à celui du tonnerre;
c'étoit une terre d'environ cinquante
arpens de circuit au territoire de Leif-
feild qui s'abymoit, & on ne vit plus
aucun vestige des gros arbres ni des
édifices qui s'y trouvoient, tout fut
englouti, il parut une eau trouble &
salée dans cette effroyable fosse dont
on ne put jamais sonder la profondeur (a).

En 1692, une montagne près de
Portmoran dans la Jamaïque fut tout-
à-fait engloutie lors du terrible ouragan qui ravagea cette isle, & la place
qu'elle occupoit, n'offre aujourd'hui
qu'un grand lac large de quatre ou
cinq lieues. On pourroit multiplier à
l'infini ces sortes d'exemples, desquels on ne peut pas conclure qu'il
soit arrivé aucune altération générale

____

(a) Voyages historiques de l'Europe,
Tome IV.

au globe depuis qu'il est sorti du sein
des eaux : ils apprennent au contraire
qu'une harmonie constante, un équilibre général assurent à la matiere dont
il est composé, des formes déter-
minées, & une distribution égale.

Ces révolutions locales que l'on
peut regarder comme très-nouvelles,
dont la tradition est certaine, & n'a
pas encore été altérée, ont déjà servi,
& sans doute serviront encore à prouver le changement des terres en mers
& des mers en terre, & dès-lors à
assurer au monde une ancienneté à
laquelle on ne peut plus fixer de bornes, puisqu'elle est fondée sur l'espace
immense des tems qu'il a fallu à la
mer pour se retirer des terreins aussi
élevés que ceux où l'on découvre ces
arbres enfouis dans le même ordre
où ils étoient avant qu'elle ne les
inondât, & avant qu'elle n'y eût ac-
cumulé les terres & les sables dont
ils sont recouverts. C'est ainsi que dès
que l'on a adopté un système, on ne
voit par-tout que les preuves de sa
réalité, sur lesquels cependant il y

F vj

auroit bien peu de fonds à faire, ſi, comme dans les faits que je viens de citer, on pouvoit toujours s'aſſurer de la date des révolutions qui ſont arrivées, & qui ſe renouvellent tous les jours en différentes contrées par les mêmes cauſes.

Mais mon but n'eſt pas de diſcuter les preuves de l'antiquité du monde ou de ſa durée future ; il me ſuffit de dire que les obſervations que j'ai raſſemblées juſqu'ici, relatives aux différentes régions connues de la terre habitable, ſemblent prouver que l'humidité & la ſéchereſſe ſont généralement tempérées l'une par l'autre ; que leurs excès ſont par-tout ſuivis des mêmes inconvéniens ; qu'à la ſuite de l'évaporation, il ſe forme dans l'air des météores, dont les uns aſſurent la fertilité & l'abondance, les autres décident de la température de l'air & de ſa ſalubrité, d'autres ſont déſaſtreux & formidables. Quelques-uns, dont l'utilité & les effets ſont moins connus, parce qu'ils ſont plus rares, donnent au moins un

fpectacle brillant & curieux, & tous
doivent leur exiftence à l'évaporation. C'eft par fon moyen que tous
les corps fe divifent & répandent dans
l'air une immenfe quantité de molé-
eules différentes, dont l'union ou le
choc enfantent une multitude de phénomènes variés.

DISCOURS HUITIEME.

Sur les effets immédiats de l'é-vaporation.

Les premiers effets de l'évaporation & les plus simples sont les brouillards, la rosée & le serein : ils se forment & paroissent dans la région inférieure de notre atmosphère ; c'est par eux que je continuerai à expliquer les résultats du mouvement général établi dans la matière ; ils sont en quelque manière la premiere préparation de cette même matière destinée à la formation des divers météores.

§ I.

Brouillards.

Les brouillards sont formés par un amas de vapeurs obscures & téne-

breufes qui ne s'élevent qu'à une certaine hauteur de l'atmofphère inférieure, & dont la réunion forme un
corps fluide, pénétrable & continu,
dont la bafe eft ordinairement appuyée fur le fol même, d'où elles
fortent. Pour que l'air foit obfcurci
par les molécules aqueufes répandues
dans fa maffe, il faut que perdant peu
à peu le mouvement en vertu duquel
elles fe font élevées, elles s'arrêtent
en grand nombre à un point déterminé, & qu'elles fe joignent les unes
aux autres. Ainfi modifiées, elles doivent néceffairement empêcher que
l'effet des rayons lumineux ne fe
continue au-delà, parce que les gouttes, quoique infenfibles, fe trouvant
raffemblées fans ordre, réfléchiffent
la lumière par la multitude de leurs
furfaces qui s'oppofent succeffivement
à fon paffage : l'air devient obfcur, le
brouillard fe forme, paroît à l'endroit où fe fait l'amas des vapeur ; &
fon étendue répond à leur quantité &
à l'efpace qu'elles occupent. Ces gouttes doivent être affez petites, pour fe

trouver d'une même légéreté spécifique avec l'air dans lequel elles se soutiennent; c'est par ce moyen qu'elles
se conservent en équilibre avec lui.

Mais pour que leur réunion de-
vienne visible, il faut que la chaleur,
principe de leur élévation, soit fort diminuée par la fraîcheur de l'atmosphère; parce que les molécules aqueuses, quoiqu'assez légeres pour flotter
encore dans l'air, n'ont plus un mouvement assez actif pour se repousser
les unes les autres; elles se rapprochent au contraire, & semblent former un corps sensible, continu &
opaque. La cause de l'obscurité générale que répandent les brouillards
dans toute la partie de l'atmosphère
sur laquelle ils sont étendus, vient
donc de la disposition relative des
molécules aqueuses & des exhalaisons
séparées les unes des autres & emportées dans le vague de l'air. Elles sont
d'une si grande légéreté & si ténues,
qu'aucune d'elles ne peut ni réfléchir,
ni intercepter les rayons de la lumière; mais rapprochées par la force de

la condensation, elles se réunissent en gouttes petites, légères & transparentes, dont néanmoins chacune réfléchit à sa surface une partie du rayon lumineux qui vient la frapper ; celle qui est plus bas produit le même effet, de manière que successivement le rayon entier est réfléchi, & qu'aucun ne traverse la masse du brouillard. Dès-lors plus il a de hauteur, plus il est obscur, à moins que le degré de condensation n'équivale au degré de hauteur, ainsi qu'on le peut observer dans les brouillards sur lesquels le soleil agit avec le plus de force ; la partie inférieure qui se résout en pluie, est d'autant plus condensée que la partie supérieure se dissout plus promptement. Il est aisé d'en faire l'expérience si l'on se trouve dans une position où l'on puisse de la lumière du soleil passer dans l'épaisseur du brouillard : à mesure que l'on descend, on s'apperçoit que l'obscurité augmente, que la vapeur est plus épaisse, & qu'elle se rapproche davantage de la nature de l'eau,

quoique l'on y respire sans peine,
quelque forte que soit l'humidité, On
peut donc comparer l'effet des vapeurs
aqueuses, quant à l'interception de la
lumière, à celui de tout autre corps
transparent au degré le plus parfait;
le verre le plus net ne paroît faire aucun obstacle à la propagation de la
lumière ; cependant si on en met plusieurs à la suite les uns des autres &
dans la même direction, on verra
qu'à la fin ils réfléchissent entiérement
les rayons de la lumière, & que ceux
qui sont le plus éloignés de leur action, deviennent obscurs, sans pour
cela être opaques. Cette expérience
nous indique que l'opacité du brouillard peut être expliquée par l'irrégu-
larité des pores que les vapeurs forment avec l'air, par la grandeur de
ces pores, leur figure & leur disposition, par la densité plus ou moins
grande des exhalaisons : car la lumière faisant effort pour pénétrer à
travers ces divers corps, elle est continuellement forcée de s'écarter de
son chemin direct, de là la réfraction

& la réflexion de ses rayons & l'obscurité qui en résulte. C'est par cette raison que différentes feuilles de verre,
appliquées les unes sur les autres,
quoique chacune ait des pores directs,
très-propres à donner passage à la matière lumineuse, la réfléchissent, &
à la fin deviennent obscurs, parce que
leurs pores ne se correspondent plus.
Ainsi peu de vapeurs & d'exhalaisons
répandues confusément dans l'atmosphère suffisent pour la rendre nébu-
leuse & sombre, tandis qu'elle reste
transparente & claire, quoique remplie d'une plus grande quantité de
vapeurs, mais distribuées d'une manière plus uniforme.

§ II.

Régions où les brouillards sont plus fréquens & plus épais.

Dans toutes les terres froides &
humides, & dans la saison de l'hiver,
lorsque relativement à chaque climat, l'atmosphère est fort rafraî-

chie, & qu'en même tems le fluide ignée renfermé dans le sein de la terre suffit à exciter une évaporation sensible, l'air est promptement chargé de brouillards. Le mouvement que ce fluide communique aux vapeurs, étant tout d'un coup arrêté par le contact d'un air froid, elles s'élevent plus lentement, celles qui suivent rencontrant les premieres & s'y joignant, en augmentent le volume & le poids; de manière qu'acquérant par ces deux causes plus d'étendue & de pesanteur, elles sont forcées de s'arrêter dans la région inférieure de l'atmosphère: non-seulement parce que l'air y est avec elles d'une même pesanteur spécifique, mais encore parce que les vapeurs qui continuent de s'élever du bas en haut, sont par ce mouvement même un obstacle à la chûte de celles qui sont à la couche supérieure du brouillard; ce qui est si sensible, que lorsque par des froids extrêmes les terres sont assez resserrées pour que l'évaporation cesse entiérement, la matière du brouillard se condense promptement, se glace, retombe à la surface de la terre, & l'air devient clair & serein.

C'est ce que l'on peut conclure des navigateurs qui ont constamment trouvé à la hauteur de l'Islande, du Groenland, dans la Baïe de Hudson, & dans toutes les mers glaciales des brumes continuelles & fort épaisses, malgré la violence des vents qui regnoient sur ces mers. Comme d'ordinaire les côtes de ces pays sont fort élevées & hérissées de rochers, elles arrêtent les vapeurs, & l'action des vents, loin de les dissiper, ne fait que les condenser & les rendre plus obscures, au point que leur épaisseur force souvent d'amarrer les vaisseaux à des bancs de glace qui sont très-communs dans ces parages. Ces brumes sont alors d'autant plus incommodes, qu'outre le froid qu'elles rendent très-pénétrant, elles interceptent toute lumière, celle même de la lune, & répandent d'épaisses ténèbres qui durent souvent plusieurs jours. Quoique l'on n'ait pas avancé aussi loin vers le pôle austral que du côté des terres Arctiques, on n'y a pas rencontré des brouillards moins épais & moins nuisibles à la navigation. On n'y connoît point encore de terres qui soient totalement privées de l'aspect du soleil pendant un certain tems de l'année, comme la nouvelle Zemble, le Spitzberg, le Groenland, l'Islande même & toutes les régions qui sont au-delà du soixante-cinquieme degré de latitude septentrionale; il s'en faut beaucoup que l'on ait pénétré aussi avant dans les mers au sud de la ligne : les vents impétueux, les tempêtes continuelles, les brumes & les énormes glaces qui flottent dans ces mers, ont rebuté les navigateurs les plus hardis. Ce qu'il y a de plus remarquable encore à ce sujet, c'est qu'en tirant au nord par l'est, peu au-delà de la hauteur du Kamchatka, on trouve des brumes froides, épaisses & presque continuelles qui n'ont pas permis dans ces derniers tems de faire aucunes découvertes, sur lesquelles on pût compter. Les cartes les

plus exactes marquent les endroits
où ont échoué les marins que les Ruf-
fes avoient chargés de tenter le paffage
au [nord par les mers de l'eft, fans
pouvoir dire fi ces terres font détachées du continent, ou fi elles y tiennent. L'état même de l'atmofphère ne
détermine pas à former à ce fujet aucune conjecture fur laquelle on puiffe
s'affurer, puifque l'évaporation de la
mer étant très-forte & plus fenfible
encore dans les climats froids que
dans les plus chauds, la feule action
des vents de tourbillon fi fréquens
dans ces mers, peut fuffire pour arrêter les brouillards dans des points
déterminés, fans qu'il foit néceffaire
de leur donner pour appui quelque
terre voifine qui les contienne & les
empêche de céder aux courans que
les vents établiffent dans l'atmofphère.

Et ce n'eft pas feulement dans les
contrées voifines du pôle, ou dans les
climats de la zone tempérée, où l'hiver fait fentir toutes fes rigueurs, que
la région inférieure de l'atmofphère

eſt ſouvent couverte de brouillards : les pays les plus chauds n'en ſont pas exempts dans la ſaiſon à laquelle ils donnent le nom d'hiver. Le ſoleil agiſſant alors avec moins d'activité, & le ciel étant couvert de nuages, l'air ſe rafraîchit, & ce changement ſeul ſuffit pour occaſionner une condenſation ſenſible dans les vapeurs & les exhalaiſons qui ſortent de la terre & des eaux, ſur-tout dans des pays où l'évaporation eſt plus abondante que par-tout ailleurs. Ainſi à Lima & dans toutes les vallées du Pérou, pendant l'hiver, la terre eſt couverte d'un brouillard épais, comme d'un voile qui empêche les rayons du ſoleil de pénétrer juſqu'à elle : ce brouillard ne ſe borne pas à la terre, il couvre auſſi réguliérement l'atmoſphère maritime. Il ſe maintient ſur la ſurface des terres juſqu'environ midi : alors il s'éleve ſans ſe diſſiper entiérement, le jour devient plus clair ; mais on eſt également privé de la lumiere du ſoleil & de la clarté des étoiles pendant la nuit. C'eſt ce qui conſerve aux

vents

vents du pôle Auſtral qui ſoufflent
alors, toute la fraîcheur qu'ils ont
contractée, en paſſant ſur des terres
& des mers chargées de neiges, de
glaces & de brumes épaiſſes & froides.

Dans les Philippines & ſur-tout à
Mindanao, après que les terres ont
été détrempées par la ſaiſon pluvieu-
ſe, on voit des brouillards épais s'é-
lever dans l'air & l'obſcurcir tous les
matins, ils ſont ſur-tout plus ſenſibles & plus fréquens dans les vallées
& le long des montagnes, où les
vents d'orage qui regnent alors, contribuent à les condenſer; ils ſe main-
tiennent quelquefois huit jours de
ſuite, & ne ſont diſſipés que par des
tempêtes violentes accompagnées de
pluies & de tonnerres dont ils four-
niſſent la matiere; dès que ces tempêtes ont ceſſé, ces brouillards ſe re-
forment de nouveau, & durent juſqu'à ce que la ſaiſon ſéche ſuccèder à
la ſaiſon humide. Quoique l'air ne ſoit
pas plus ſain dans la plûpart des Antilles que dans l'Archipel Indien, les

brouillards n'y font pas fi communs,
ou font plutôt diffipés ; le foleil qui
s'élève perpendiculairement, acquiert
bientôt affez de force pour les réfoudre, la même raifon fait que l'on s'y
plaint peu du ferein ; mais comme
les ifles des Indes Orientales qui font
à la même latitude, devroient jouir
des mêmes avantages, c'eft moins à
leur pofition relativement au lieu du
foleil, qu'aux qualités du fol, &
peut-être aux difpofitions de l'air dans
un autre hémifphère, qu'il faut attribuer le peu de durée des brouillards
à Saint Domingue, à la Guadeloupe,
& dans les autres ifles voifines.

§ III.

Caufes de la formation des brouillards dans les divers climats.

L'uniformité d'action de la nature
fait retrouver par-tout les mêmes
effets des mêmes caufes : malgré la
différence des climats, les brouil-

lards ont toujours le même principe ;
& après avoir comparé les brumes
perpétuelles, froides & obscures des
pôles, aux brouillards passagers &
moins denses des pays situés sous la
ligne, si nous venons à examiner ces
effets de l'évaporation dans la zone
tempérée, nous les retrouvons fort
semblables & relatifs à la position des
pays, suivant qu'ils sont plus ou
moins éloignés de l'équateur, tour-
nés au nord ou au sud, & que le sol
en est humide ou sec. Nous voyons
que par-tout les vapeurs aqueuses &
les exhalaisons répandues à une certaine hauteur dans l'atmosphère sous
la forme d'un corps humide pénétrable & opaque, ou se résolvent en
une pluie fine, ou se condensent &
se glacent à la surface de la terre, ou
échauffées par l'action du soleil, se
raréfient, s'élèvent, & forment des
nuages d'abord légers, mais qui bientôt après se réunissent en assez grand
nombre pour devenir des nuées
épaisses, dont l'effet est plus ou
moins dangereux relativement à la

qualité & à la quantité des exhalaisons qui sont mêlées avec les molécules aqueuses. On remarque encore que la résolution des brouillards en pluie, en neige ou en glace, dépend de la température actuelle de l'atmosphère & de l'effet des vents. Dans les pays plus tempérés que les provinces que nous habitons, en Italie, particuliérement à Rome & dans les environs, les brouillards sont assez fréquens en hiver, sur-tout après les pluies ou les neiges : la terre qui se refroidit rarement en ces climats, où la végétation n'est jamais interrompue, conserve assez de chaleur & d'action, pour faire sortir de son sein des exhalaisons qui contribuent à donner quelque mouvement de raréfaction aux vapeurs aqueuses dont elle est couverte, & dont on ne peut estimer la hauteur ordinaire à plus de quarante toises, & souvent à moins. Ces brouillards sont épais, & répandent dans l'air une obscurité sensible : ils sont d'une odeur âcre & souvent fétide, ce que l'on doit attribuer à la

quantité d'exhalaisons sulfureuses &
salines, & aux fumées grasses qui se
décomposent & se mêlent avec les
molécules aqueuses. Ces brouillards
sont toujours dissipés à midi au plus
tard; le soleil en raréfie une partie
qui s'élève dans la région supérieure, tandis qu'une partie retombe en
pluie fine sur la terre. Quand on est
à quelque élévation au-dessus du niveau du Tibre, plus de deux heures
avant que le brouillard n'ait disparu,
on s'apperçoit du mouvement qui se
fait dans sa masse totale : la partie supérieure, en s'élevant, devient tout-
à-fait lumineuse & enfin insensible,
la partie inférieure se condense davantage, & paroît prendre la solidité
& la fluidité de l'eau ordinaire, jufqu'à ce qu'elle soit tout-à-fait réduite en pluie. Cette élévation des
vapeurs, tant que les vents de sud &
d'ouest dominent, fournit la matière à des pluies fréquentes, & fouvent à des orages accompagnés de
tonnerre & de grêle ; disposition de
l'air qui dure jusqu'à ce que les vents

G iij

d'eſt & de nord viennent la changer, & diſſiper les exhalaiſons & les
vapeurs qui, bien qu'elles ne ſe réuniſſent pas en un corps ſenſible, ne
ceſſent de s'élever, juſqu'à ce que le
ſoleil les raréfie, & les diſperſe
dans la partie de l'atmoſphère qui
couvre le ſol d'où elles ſortent.

La formation des brouillards, leur
durée & leur réſolution dans les régions tempérées, a beaucoup d'analogie avec la manière dont on les obſerve dans les régions les plus chaudes entre les tropiques. Il n'en eſt pas
de même des pays plus froids qui approchent du cinquantième degré de
latitude ſeptentrionale, & même en
deçà, ſuivant la poſition des terres,
où ſouvent les brouillards ſe ſoutiennent pluſieurs jours ſans interruption,
ſur tout dans les plaines, dans les
vallées, dans les terres baſſes & humides, dans les ſols marécageux &
aquatiques, ſur leſquels les vents ont
moins d'action, & peuvent plus difficilement rompre la maſſe des vapeurs & contribuer à leur raréfaction.

Ces effets deviennent plus fenfibles, à mesure que l'on s'approche davantage du nord. Nous pouvons les obferver dans nos provinces pendant les tems humides qui précèdent les grands froids de l'hiver, lorfque les vents de nord & de nord-ouest dominent. Après que le foleil du midi a favorifé l'évaporation, on voit quelque tems avant fon coucher, les brouillards arriver d'un mouvement proportionné à l'action du vent : ils font obfcurs & fi denfes, qu'ils fe divifent à l'approche des corps folides tels que les arbres & les maifons. Si le vent eft impétueux, & que le mouvement foit rapide, le brouillard laiffe quelque tems vide l'efpace qui fe trouve entre les différens corps folides, avant que de le remplir : ce qui eft une preuve de la denfité générale de l'atmofphère & de la ténacité des parties du brouillard qui forment enfemble un voile continu qui ne s'abbaiffe qu'autant qu'il cède à fon propre poids. C'eft ce que j'ai obfervé au mois de Décembre 1767, me promenant à côté d'un mur tourné au midi, pendant que le brouillard arrivoit du nord : la partie ouverte de la campagne en fut obscurcie & couverte long-tems avant l'endroit où j'étois, sur lequel le brouillard me sembla refluer en sens contraire à son mouvement direct, & avec assez de lenteur pour le voir s'approcher de moi, & sentir d'avance l'humidité & le froid s'augmenter. J'ai vu dans la même saison d'autres brouillards, couler comme un fleuve opaque à la surface de la terre, & occuper un grand espace de terrein sans s'arrêter, qu'ils ne rencontrassent quelque montagne contre laquelle ils se réunissoient ; dans ce cas il est presque sûr que le lendemain le vent souffle en sens contraire : c'est ce qui cause la plûpart des vents irréguliers & locaux, ainsi que nous l'expliquerons ailleurs.

L'élévation des vapeurs aqueuses & des autres exhalaisons qui forment les brouillards dans les climats glacés du nord, & pendant nos hivers, où souvent la température de l'air est aussi

rigoureuſe dans nos provinces que
dans les terres polaires, ſe fait plûtôt
en vertu du mouvement général imprimé à la matière, & par l'impulſion
du fluide ſubtil qui pénètre par-tout,
& dont l'action eſt rarement interrompue, que par la chaleur du ſoleil
qui ne conſerve alors preſque aucune
force. Auſſi les vapeurs ont-elles dans
cette ſaiſon une ſorte de ſolidité & de
conſiſtance qui ſemble leur aſſigner
une claſſe moyenne entre les météores aqueux proprement dits, & les
liquides dont elles tirent leur origine : leur état permanent & fixe, leur
denſité, le peu de lumière qu'elles
tranſmettent, leurs qualités conſtamment froides, en font un météore
ſingulier, qu'on ne peut comparer
qu'à lui-même.

Mais quoique l'évaporation ſoit
continuelle, il ne ſe forme cependant
pas toujours des brouillards dans la
partie de l'atmoſphère où nous vivons, quoiqu'en hiver l'air ſoit aſſez
froid, & en été la quantité des vapeurs aſſez abondante pour les pro-

duire. Ils ne paroiſſent que lorſque le froid de l'air & l'abondance des vapeurs concourent enſemble, ce qui arrive ſouvent le ſoir ou la nuit, lorſque la chaleur du jour a été médiocre : plus fréquemment au printems qu'en toute autre ſaiſon, même qu'en automne, parce qu'alors il y a moins d'égalité entre le chaud du jour & le froid de la nuit (a). Ces phénomènes ſont plus communs dans les lieux maritimes, ou dans les marais ſemblables au ſol de la Hollande, de la Lithuanie & d'une partie de la Ruſſie, que dans les terres ſéches ou éloignées de l'eau, ou dans les mers fort éloignées des terres, parce que l'eau perdant plus vîte ſa chaleur que la terre, rafraîchit l'air qui l'environne immédiatement, & dans lequel ſe condenſent les vapeurs qui s'exhalent abondamment des mers ou des terres humides & échauffées. Ils ſe forment ſur-tout dans les lieux où

____

(a) Deſcartes, traité des Météores. C. 5.

se termine le cours de deux ou plusieurs vents. Ces vents y accumulent
des vapeurs qui se condensent en
brouillards perpétuels, si l'air inférieur y est constamment froid, ainsi
qu'on l'observe aux deux points opposés du globe, également éloignés de
l'équateur. Dans les mers qui sont
au-delà de la terre de feu, & dans
celles qui sont entre l'Asie & l'Amérique Septentrionale, en tirant de
l'est au nord, les brumes sont continuelles : les tourbillons, les tempêtes & les variations subites des
vents y rendent la navigation très-
dangereuse & en quelque sorte impossible.

Si le cours des vents s'arrête à un
point où l'air inférieur soit plus chaud
que froid, les vapeurs s'élevent &
forment des nuages, parce qu'il n'y
a que l'air supérieur qui soit assez
froid pour les condenser; & si elles
acquièrent par leur réunion un poids
qui les force à s'abbaisser, la chaleur
principe de leur raréfaction cause un
mouvement local dans l'air qui pro-

G vj

duit ces espèces d'orages fréquens dans les mers d'Afrique, auxquels les Espagnols ont donné le nom de tornados, parce que l'agitation de l'air, alors très-violente, est circulaire. Ces tornados ne durent que jusqu'à ce que les vapeurs soient dissipées dans le vague de l'air, ils sont plus ou moins communs & toujours proportionnés à l'abondance de l'évaporation & au degré de la température dominante. Ces phénomènes sont propres à certains parages où on les trouve constamment; & ils sont utiles en ce qu'étant précédés de calmes assez longs, les vaisseaux qui se trouvent arrêtés dans ces mers alors si tranquilles, ne peuvent en sortir qu'à la faveur de ces tornados ou grains de vent, dont l'effet est de dissiper les vapeurs auxquelles ils doivent leur existence.

§ IV.

Différens degrés d'élévation des brouillards.

Après que les brouillards font formés, ils fe tiennent à une plus grande
ou à une moindre hauteur dans la région inférieure de l'atmofphère, tant
que le mouvement des molécules
aqueufes eft au point qu'elles ne peuvent pas fe réunir & former de groffes gouttes, ou s'atténuer en gouttes
très-légères; parce que dans la premiere modification fuppofée, devenues fpécifiquement plus pefantes
que l'air où elles nagent, elles retombent, dans la feconde elles s'é-
levent & fe diffipent; quoiqu'il arrive, fur-tout dans les plaines, que
chaffées horifontalement par le vent,
elles changent de place en confervant
la même hauteur & la même denfité
apparente. Mais parce que dans la
région inférieure de l'atmofphère, les
viciffitudes du froid, du chaud & des

vents font continuelles, les brouillards ne reftent pas long-tems dans
le même état, fi l'évaporation n'eft
pas foutenue & abondante. Si le vent
eft doux & léger, ils font tranfportés
en maffe d'un endroit à l'autre; s'il
eft violent, & qu'il porte avec lui
quelques caufes de chaleur, ils font
difperfés ou diffipés : fi l'atmofphère
s'échauffe ou par les rayons du foleil,
ou par les émanations du fluide ignée
terreftre, il eft néceffaire que les
brouillards s'atténuent & fe réfolvent
en particules infenfibles qui fe répandent dans l'air, comme il arrive
aux fumées les plus denfes & les
plus obfcures, & aux exhalaifons minérales raffemblées en maffe épaiffe
& fenfib'e. Ces colonnes de fumées
noires & épaiffes qui s'élèvent des
volcans, dont les parties font affez
ténaces pour porter à une très-grande
hauteur des corps durs & pefans,
qui interceptent tout d'un coup la lumiere du jour en fe répandant dans
l'air, fe raréfient au point de devenir
infenfibles. Les exhalaifons minérales

que les tremblemens de terre font
fortir tout d'un coup & en grand volume, font portées par la force d'une
évaporation extraordinaire dans l'atmofphère qu'elles obfcurciffent ; mais
à mefure qu'elles s'éloignent de leur
fource, elles fe divifent & s'atténuent au point que l'œil le plus pénétrant ne peut plus les diftinguer
dans la maffe de l'air. Les brouillards
ne font donc diffipés ou difperfés que
par un principe actif de raréfaction
qui fuppofe dans l'air un mouvement
accompagné de chaleur ; au contraire
le froid les condenfe & les épaiffit
fouvent au point de les rendre fixes
& durables en certaines contrées ,
tandis que dans d'autres il ne fait que
réunir leurs parties divifées qui fe
forment en gouttes affez pefantes
pour vaincre la réfiftance de l'air inférieur , & retomber en pluie ; ce qui
eft plus fréquent dans nos climats
tempérés, en automne & au printems,
que dans les terres ou fur les mers
voifines des pôles. Dans nos étés ordinaires les vapeurs & lesexhalaifons

que la force de la chaleur a fait sortir
pendant le jour de la terre & des
eaux, se condensent pendant la nuit
dans l'air rafraîchi par l'absence du
soleil. Les unes retombent promptement & presque aussi-tôt après le
coucher de cet astre, ce sont celles
qui n'ont pu s'élever bien haut ; parce
que la chaleur de la terre qui a été
médiocre pendant le jour, cesse dès
que le soleil disparoît. Ainsi au commencement du printems, dans les
endroits où l'évaporation est forte,
après le coucher du soleil, l'air est
d'autant plus humide qu'il a été plus
échauffé pendant le jour. Si les vapeurs se sont élevées plus haut, elles
retombent pendant le reste de la
nuit jusqu'au lever du soleil. Dans le
fort de l'été, c'est seulement une
heure ou deux avant ce moment, que
la région inférieure de l'atmosphère
devient humide, parce que la terre
ayant été fort échauffée à sa surface,
pendant le long séjour du soleil sur
l'horison, elle entretient long-tems
dans la nuit la chaleur de l'air qui

empêche la condensation des vapeurs.

Mais comme celles qui doivent retomber & humecter les plantes & la superficie du sol, ne font jamais à un haut degré d'élévation, & que cependant elles ont été fort atténuées, elles ne peuvent, dans le court espace qu'elles ont à parcourir, se réunir & s'accroître par le concours de beaucoup de molécules aqueuses, ce qui fait qu'elles ne font sensibles que par l'humidité qu'elles répandent dans l'air, ou après que s'étant rassemblées sur les feuilles des plantes, ou sur les surfaces des corps destinés à les recevoir, elles forment ces gouttes visibles auxquelles on donne le nom de rosée, dont nous parlerons dans la suite de ce discours. Ces vapeurs restent donc comme une couverture mobile étendue à une hauteur médiocre au-dessus de la terre, susceptible comme tout autre fluide d'un mouvement d'ondulation dans sa partie supérieure, tandis que la partie inférieure est tout-à-fait tranquille ; elles sont dans cet état jusqu'à ce que leurs particules infenfibles venant à fe réunir & à fe former en gouttes, elles retombent fur la terre par leur propre poids ; ou que le principe de chaleur qui les a élevées & divifées, & l'action du fluide fubtil qui les pénetre, étant fecondés par l'ardeur du foleil, elles en reçoivent un mouvement plus fort, une plus grande raréfaction qui les porte à la région fupérieure de l'air, où elles fe condenfent & prennent la forme de nuages ; à moins qu'elles ne foient entiérement diffipées & ne donnent naiffance à des vents paffagers, fi la raréfaction eft extrême & prompte.

Ainfi les brouillards ont une caufe conftante & reconnue pour être partout la même, elle n'a d'autres variétés que les modifications que lui donne la température des climats différens. Il faut cependant remarquer qu'ils ne couvrent pas toujours la furface de la terre, il arrive quelquefois qu'ils fe fixent dans la région moyenne de l'atmofphere, où ils forment une efpèce de zone moins opaque que les brouillards ordinaires, mais qui ne laisse pas d'y répandre une sorte d'obscurité sensible, quoiqu'elle reçoive encore un peu de lumiere, & même que l'on découvre à travers le disque du soleil, que l'on peut alors regarder fixement. Ce phénomène n'est pas commun, & pendant qu'il existe, ce que j'ai vu durer plusieurs jours de suite, la terre est si séche, qu'il semble être l'effet d'une évaporation dont la source est éloignée des lieux couverts par ce brouillard aérien. Il semble que l'on doive attribuer la cause de sa durée à la fraîcheur de la région supérieure de l'air qui tient les vapeurs condensées, à la sécheresse & au mouvement de la région inférieure qui les soutient à leur point d'élévation, & à l'action du vent qui regne sous la bande occupée par le brouillard, & qui resserre ses parties intégrantes les unes contre les autres : car j'observai il y a douze ou quinze ans qué les vents de nord soufflèrent de différentes pointes pendant quinze jours environ que dura cette obfcurité à la fin du printems, ce qui joint au peu d'action du foleil, répandoit une fécherefle froide dans l'air. Les plantes fouffroient davantage de cette température que de l'ardeur du foleil, parce qu'alors elles n'étoient point rafraîchies par la rofée de la nuit, & que rien n'adouciffoit l'aridité générale.

Un phénomène femblable, qui dura deux mois en Perfe, pendant l'été de 1721, jeta tous les efprits dans la confternation. Au travers des brouillards dont le haut de l'atmofphère étoit couvert, on voyoit le foleil d'un rouge obfcur que l'on prenoit pour de la couleur de fang. Les Aftrologues dont ce pays eft plein, en tirèrent les préfages les plus effrayans, & répandirent l'alarme & le découragement qui faciliterent la révolte des Aghuans, & les conduifirent fous la conduite du fameux Thamas-Kouli-Kan à la conquête du Royaume qu'ils firent peu après. La ville de Tauris qui avoit été renverfée le 26 Avril de cette année par un tremblement de terre qui avoit fait périr quatre-vingt mille personnes sous ses ruines, avoit déjà établi dans les esprits une disposition générale à la frayeur qui fut merveilleusement accrue par le phénomène que nous venons de rapporter, & que l'usur-pateur sut faire valoir habilement pour ses intérêts (*a*).

(*a*) Les mémoires de l'Académie des Sciences nous donnent quelques explications de la cause de ce phénomène & des dispositions de l'air où il a dû se former. » Le 31 Mars 1729, on vit du pied de la » colline de Montmartre le soleil si blanc, » si peu éblouissant & cependant si bien » terminé, qu'on l'eût pris pour la pleine » lune, quoique la lune fût alors nouvelle » & bien éloignée de pouvoir paroître sous » cette forme ; c'étoit précisément la même » chose que ce qui fut vu le premier Juin » 1721 pendant presque toute la journée, » au lieu que ce dernier phénomène ne fut » que de quelques minutes. Le soleil avoit » été souvent caché par des nuages tout le » reste du jour, & plus foible qu'à son or-» dinaire lorsqu'il s'étoit montré. A mesure » que le soleil approchoit de l'horison, sa

L'étude de la nature & la connoiffance de fes phénomènes ne font donc

---

» blancheur diminuoit, & il reprenoit fa
» couleur jaunâtre ; mais lorfque fon bord
» inférieur commençoit à fe cacher, fon
» difque devint confidérablement plus ellip-
» tique qu'il n'a coutume de l'être dans cette
» même pofition, feconde circonftance re-
» marquable de ce phénomène. Le dia-
» mètre horifontal ,, toujours plus grand
» que le vertical qui eft le feul que les ré-
» fractions accourciffent, étoit d'un quart
» plus grand, ou comme 5 à 4, au lieu que
» le plus fouvent cette différence n'eft qu'à
» peine fenfible ». Cependant M. de Mairan avertit que le P. Skeiner, le premier
qui ait apperçu & démontré cette ellipticité
du difque du foleil à l'horifon, a quelquefois obfervé que le diamètre horifontal étoit
au vertical comme 4 à 3, ce qui eft encore
plus fort.

» Il faut que le foleil, pendant le peu
» de tems qu'il a paru blanc, ait été dé-
» pouillé de fes rayons par un brouillard
» tranfparent & peu épais comme il le fut
» pendant tout le premier Juin 1721 : mais
» ce brouillard qui n'eut d'effet qu'à l'ho-
» rifon, & un effet fi court étoit beaucoup
» moins élevé que l'autre , & beaucoup

pas d'une médiocre importance pour le bonheur général des peuples, & pour arrêter les effets de mille craintes chimériques, produites par l'ignorance, & qui néanmoins peuvent causer les plus grands désordres. Quelle est la nation qui soit même à présent tout-à-fait exempte des préjugés populaires qui persuadent aux hommes qu'il doit s'opérer sur la terre des changemens relatifs à leurs intérêts personnels, lorsqu'il en arrive dans le ciel. J'ai entendu les raisonnemens auxquels donnoit lieu le brouillard aérien dont j'ai parlé, & on voyoit qu'ils étoient produits plutôt par l'inquiétude de ce qu'ils pouvoient an-

---

» moins étendu. Pour la grande ellipticité » du disque du soleil à son coucher, il faut » supposer de plus que la matière qui fait » les réfractions dans l'atmosphère, étoit » plus rassemblée & moins élevée qu'elle ne » l'est ordinairement, ou formoit une cou- » che plus épaisse.... les réfractions hori- » sontales en sont plus grandes, le reste » étant égal ».

noncer par rapport à l'état moral des chofes, que de leurs effets phyfiques. On peut juger de là combien il eft utile de s'appliquer à connoître les caufes, les modifications différentes, & les effets naturels de ces phéno- mènes, dans lefquels il entre tant de circonftances particulières qui ont part à leur formation; que ce n'eft qu'à force de remanier le même fujet que l'on arrive à en donner une expli- cation fatisfaifante. Il ne faut donc pas s'étonner fi l'on paroît tomber dans quelques redites, lorfque l'on en parle; fouvent elles font néceffaires, & amè- nent l'explication d'un fait en appa- rence peu confidérable, mais qui avance beaucoup la découverte de la vérité. S'en tenir à des propos vagues, & dire que certaines difpofitions de l'atmofphère & un concours de cir- conftances qu'il feroit fort difficile de marquer avec précifion, déterminent quelquefois les fuites de l'évapora- tion à paroître fous telle ou telle for- me, c'eft moins travailler à éclaircir les ténèbres de l'ignorance, qu'à leur

conferver

conserver toute leur obscurité. Ainsi nous n'avons pas craint d'entrer dans des détails plus précis, pour rendre notre ouvrage plus lumineux & plus utile.

§ V.

Action des vents dans la formation des brouillards.

Les vents contribuent beaucoup à la réunion des vapeurs & à la formation des brouillards. S'ils soufflent de haut en bas, ils abbaissent les vapeurs les plus élevées sur les plus basses : leur condensation est encore plus prompte, si les vents soufflent de divers points opposés : ils compriment alors de toutes parts les vapeurs interceptées. La même chose arrive, si elles sont poussées horisontalement vers le sommet des montagnes, où ne pouvant aller plus loin, celles qui suivent se joignent à celles qui sont arrivées les premieres; elles y acquierent quelquefois un tel degré de

Tome V. H

densité, qu'elles prennent la consistance, la forme & même les qualités d'un corps solide, sur-tout si le vent est fort. C'est sur les montagnes les plus hautes d'un pays, que ces phénomènes doivent se remarquer le plus souvent. Il n'y en a point en Angleterre d'une élévation considérable ; celle de Menneh-denni passe pour la plus élevée, elle est presque toujours couverte de brouillards ; mais ce qu'il y a de singulier, c'est que si l'on jette de haut en bas un chapeau, un bâton, un manteau ou quelqu'autre chose semblable, le vent & le brouillard résistent & les repoussent en haut, ils ne laissent tomber que les corps les plus pesans, tels que les pierres ou les métaux (a). On ne doit pas regarder cette observation d'un voyageur comme l'effet d'une cause constante ; nous ne la citons ici que pour donner une idée de la forte conden-

____

(a) Voyages historiques de l'Europe, Tome IV.

fation des vapeurs dans un pays où
l'air eft naturellement fort épais &
chargé de beaucoup d'exhalaifons.

Ce qui fait encore que les brouillards, ou fe raffemblent fur les montagnes, ou s'y forment fouvent &
très promptement, c'eft que d'ordinaire elles renferment dans leur fein
de grands réfervoirs d'eau, d'où fortent tant de fontaines, & qui fourniffent une matiere abondante à l'é-
vaporation. La chaleur concentrée
dans le fein de la terre, & augmentée par des effervefcences locales,
plus communes au fommet des montagnes que par-tout ailleurs, facilite
le mouvement des vapeurs & des
exhalaifons & les pouffe au-dehors.
Les rayons du foleil accélèrent encore
cet effet, leurs réflexions en tout fens
entre des rochers élevés & efcarpés,
font autant de caufes d'une chaleur
forte qui pénétrant dans des cavernes
humides, en tire des vapeurs abondantes, qui fe joignant à celles des
neiges qui fe fondent, fourniffent la
matiere à ces brouillards prefque con-

H ij

tinuels que l'on y voit en toutes les
faisons, & qui ne cessent que parce
que les causes de l'évaporation n'étant
pas continuelles, & n'agissant pas
toujours également, le tems de l'é-
ruption des vapeurs est incertain, de
même que leur quantité. Quelquefois elles sont si abondantes que le
sommet des montagnes est tout d'un
coup couvert de brouillards qui dis-
paroissent ensuite, à cause de leur légéreté qui cède aux premiers effets de
la raréfaction, ou à la moindre impulsion des vents. C'est ainsi que l'on
voit s'élever, de la surface du sol qui
couvre cette quantité de sources qui
coulent dans le haut du Montcenis,
des vapeurs légères qui tendent en
toutes directions aux sommets voisins
où elles se rassemblent jusqu'à ce
qu'elles se dissipent dans les airs,
ou que les vents les portent plus
loin. Quoique la température y soit
plus froide que chaude, à raison de
la hauteur de cette montagne, le soleil y conserve dans les jours sereins
assez de force pour dissoudre prom-

ptement ces fumées légères que l'on voit naître & s'évanouir après avoir parcouru quelque espace de terrein, comme je l'ai observé au commencement & à la fin de la belle saison, & même par des vents opposés. Si l'air y étoit moins vif, il est à présumer que l'évaporation y seroit plus abondante, ou au moins plus sensible, ainsi qu'il arrive dans des latitudes moins avancées & des terres moins hautes. La forteresse de l'isle de Tiné dans l'Archipel, qui est sur la roche la plus élevée du pays, est battue par un vent de nord qui y rend le froid très-incommode & très-vif : les brouillards y sont considérables en hiver & pendant une partie de l'année : c'est là que les anciens Grecs avoient placé la caverne d'Eole. On en voit la raison ; les montagnes élevées de cette isle, arides à leur sommet, les vents, les brouillards & le froid que l'on y ressent, la leur faisoient regarder comme le séjour du dieu des vents & des tempêtes si fréquentes dans les mers voisines. Ce qui n'empêche pas

que cette isle ne soit la plus fertile &
la mieux cultivée de toutes celles de
l'Archipel ; on y recueille des fruits
excellens, on y fait beaucoup de soie,
& l'air y passe pour fort sain : les
brouillards & les vents n'y causent
donc aucune intempérie.

Ce que nous voyons arriver dans
les plus beaux climats de la zone
tempérée se remarque de même dans
les régions les plus froides, sous le
cercle polaire arctique. Après que le
long séjour du soleil sur ces contrées,
a brisé les glaces, fondu les neiges
& ouvert le sein de la terre, & que
son action combinée avec celle du
fluide ignée terrestre facilite l'évaporation, on voit s'élever des forêts,
des plaines & des lacs, des vapeurs
abondantes qui couvrent de brouillards les montagnes, pendant toute la
belle saison. La terre & les eaux sont
alors dans le plus grand mouvement
dont elles soient susceptibles, la végétation s'y fait promptement, & ces
vapeurs en facilitent les progrès en
répandant des sucs nourriciers dans

toute la région inférieure de l'atmofphère. Les habitans du pays font tellement perſuadés de leurs effets bien-
faiſans, qu'ils les regardent comme
des eſprits auxquels le ſoin de leurs
montagnes eſt confié, parce que c'eſt
là ſur-tout qu'ils les voient ſe raſſembler & prendre une forme ſenſible,
& qu'ils ne les apperçoivent que dans
la belle ſaiſon. Pendant près de huit
mois ces terres battues par des vents
impétueux du nord, ſont couvertes
de glaces épaiſſes & de montagnes
de neiges, l'évaporation y eſt inſen-
ſible, & le froid le plus rigoureux
intercepte tout mouvement dans la
nature ; les hommes & les animaux
ont beſoin des plus grandes précautions pour réſiſter à ſes coups.

§ VI.

Causes locales & sensibles d'une forte évaporation & des brouillards fréquens.

L'évaporation n'est nulle part plus forte que dans les terres imbibées d'eau, dans les marais où les terreins qui leur ressemblent. On connoît la nature du sol de la Hollande, de la Zelande & de plusieurs autres contrées des Provinces-Unies qui sont inondées pendant quatre mois de l'année, & toujours couvertes de brouillards épais en hiver, & fort souvent dans les autres saisons. Il en est de même de toutes les terres où les eaux se répandent, parce qu'on n'a pas soin d'en faciliter l'écoulement, telles que plusieurs provinces du vaste empire de Russie; du continent qui environne la baie de Hudson, où les brouillards sont fréquens même dans le fort de l'été, parce que les terres, sur-tout celles qui sont à

l'oueſt, ſont remplies de grands lacs,
de rivieres & de forêts qui concentrent l'humidité ; de tous les pays bas
de l'Amérique Septentrionale, ſur
leſquels toutes les eaux des régions
voiſines plus élevées viennent ſe rendre. C'eſt là où les brouillards commencent à ſe former, & d'où ils ſe
répandent au loin. Lorſque le vent
les détermine à quelque mouvement
direct, il n'y a que les montagnes
élevées qui les arrêtent dans leur
cours. Pendant l'hiver de 1762, j'ai
ſouvent obſervé que les brouillards
qui couvroient toute la partie de Rome
bâtie entre les monts Mario & Pincio
des deux côtés du Tibre, commençoient à ſe former ſur les terres baſſes & toujours humides qui bordent
ce fleuve, & de là ſe répandoient ſur
le reſte de la ville : rarement ils s'é-
levoient juſqu'aux maiſons bâties dans
le quartier de la Trinité du Mont, où
ils y étoient ſi rares, qu'ils n'inter-
ceptoient ni la lumière, ni la vue des
objets élevés que l'on continuoit à
diſtinguer confuſément ; & lorſqu'en

viron midi, & quelquefois plutôt, ils s'y diffipoient entiérement. on les voyoit fe foutenir quelques heures après encore fort épais, le long du Tibreoù ils avoient commencé à paroî-re. C'eft auffi dans ces quartiers que l'humidité de l'hiver & le ferein de l'été font plus fenfibles. Il eft très-rare que dans notre zone tempérée, on voie des brouillards fe former dans les plai-nes en montagne dont le fol eft natu-rellement aride; s'il s'y en élève, c'eft lorfqu'il a été détrempé par des fontes de neiges abondantes : tous ceux qui s'y répandent d'ailleurs, y font ap-portés des forêts voifines, ou des ter-res baffes, par les vents de nord ou de nord-oueft, & rarement par les vents de fud & d'oueft.

L'évaporation n'eft peut-être en aucun autre endroit du monde auffi forte, auffi continuelle & auffi remar-quable qu'au grand banc de Terre-Neuve, dans la mer du nord. Ce banc eft une montagne cachée fous les eaux à près de fix cens lieues de France du côté de l'occident. Ce parage a des in-

commodités qui rendent sa navigation fort désagréable, le soleil ne s'y
montre presque jamais, & l'air y est
ordinairement couvert d'une brume
froide & épaisse qui fait connoître le
banc à ses approches. Le P. Charle-
voix, dans son journal historique,
prétend que c'est du grand banc que
viennent les brouillards dont l'isle de
Terre-Neuve est ordinairement couverte de ce côté, de même que le
cap Raze, qui cependant en est éloigné de trente-cinq lieues. Il observe
un autre signe du voisinage du grand
banc, c'est que sur toutes ses extrêmités que les navigateurs nomment
ses écorres, les vents y sont toujours
impétueux, & la mer glapissante: ne
pourroit on pas, dit-il, regarder cette
agitation comme la cause des brouillards qui y regnent, & penser que
l'eau dont le fond est mêlé de sable
& de vase, épaissit l'air & l'engraisse,
tandis que le soleil n'en attire que des
vapeurs grossières qu'il ne peut tout-
à-fait résoudre ? Si l'on demande d'où
vient cette agitation de la mer sur les

écorres du grand banc, tandis que
par-tout ailleurs & fur la barre même
il regne un calme profond : il répond
que dans ces parages on éprouve tous
les jours des coufans fort variés dans
leur direction, & que la mer irrégu-
liérement pouffée, heurtant avec im-
pétuofité contre les bords du banc,
qui font prefque par-tout à pic, en
eft repouffée avec la même violence.
Tous ces phénomènes qui paroiffent
avoir été obfervés avec foin, nous dé-
veloppent le méchanifme de cette
évaporation prodigieufe & continuelle ; nous y voyons des terres &
des fables chargés de bitumes & de
fels, continuellement détrempés par
les eaux qui viennent les agiter avec
violence. Ces mêmes eaux arrêtées
dans leur courfe par les terres hautes
qui les brifent & les divifent, réjail-
liffent à une grande hauteur dans
l'air, où fe fait une féparation continuelle de leurs particules intégrantes, qui fe répandent dans l'atmofphère d'autant plus aifément que le
fluide fubtil renfermé dans le fein de

cette montagne toujours humectée
par les eaux, ne trouve aucun obstacle à se porter au dehors, à agir sur
les molécules aqueuses, à mesure
qu'elles se détachent de la superficie
de la mer agitée, & à les répandre
au loin. Comme ces différentes causes combinées sont toujours subsis-
tantes & toujours en action, il en
résulte constamment le même effet;
un brouillard froid & d'autant plus
épais qu'outre les particules aqueuses
dont il est formé, il charrie avec lui
une multitude d'exhalaisons salines &
nitreuses qui le rendent plus obscur,
plus pesant, plus actif, & qui lui
communiquent une force de condensation capable de résister à l'action du
soleil & des vents qui tendent inutilement à le dissoudre. Ajoutons encore que la température regnante dans
ces latitudes étant continuellement
refroidie par les énormes glaçons qui
y descendent des eaux & des mers
voisines du cercle polaire, des détroits
de Davis & de Hudson, des côtes de
Groenland, il s'entretient dans l'at-

mosphère des qualités froides, très-
propres à conserver les vapeurs dans
leur état de condensation, & à y per-
pétuer ces brouillards épais.

§ VII.

Epaisseur des brouillards dans les terres & les mers voisines des pôles.

On a fait divers raisonnemens sur
l'épaisseur extraordinaire des mers
glaciales & des terres les plus voisines
du pôle. M. de Maupertuis, dans son
traité de la figure de la terre (a), dit
qu'il ne sait, si c'est parce que la présence continuelle du soleil sur l'horison fait élever des vapeurs qu'aucune
nuit ne fait descendre, mais que pendant deux mois qu'il passa sur les
montagnes de Laponie, le ciel en fut

______

(a) Paris, Imprimerie Royale, 1704,
pag. 19 in-8°.

toujours chargé jusqu'à ce que le vent
de nord vînt dissiper les brouillards.

Le célèbre Académicien a raison
d'attribuer ces effets d'une évaporation abondante, au long séjour que le
soleil fait sur l'horison dans ces pays
septentrionaux, qui sont remplis de
lacs, de rivieres & même de sources
chaudes, d'où il sort continuellement
des vapeurs que l'épaisseur de l'air &
sa fraîcheur naturelle conservent &
réunissent à une certaine hauteur de
l'atmosphère, jusqu'à ce que les vents
secs du nord les transportent plus
loin, & rendent l'air pur & le ciel
brillant. En vain on lui a objecté qu'en
certaines saisons on trouve aussi des
brouillards épais & presque continuels sur la côte de Coromandel,
dans les Philippines & en diverses
contrées des Indes Orientales, ce que
l'on ne peut attribuer au long séjour
du soleil sur l'horison, puisque dans
ces climats, il n'y a pas beaucoup de
différence pendant tout le cours de
l'année, entre la longueur des jours &
celle des nuits. Mais quand est-ce que

l'air de ces régions situées sous la zone torride est embrumé ? C'est dans la saison des pluies, lorsque les terres fortement humectées peuvent fournir une grande évaporation, d'autant mieux soutenue que le sol, par la chaleur habituelle dont il est pénétré, est toujours disposé à une transpiration abondante : le soleil qui y est alors perpendiculaire, a même dans cette saison, où il est presque toujours couvert, une action bien plus forte que dans des pays qu'il ne frappe jamais qu'horisontalement de ses rayons, lors même qu'il ne cesse de les éclairer pendant une longue suite de jours. On prétend encore que si la cause que M. de Maupertuis assigne aux brouillards de Laponie étoit bien réelle, il s'ensuivroit que dans le Spitzberg les brouillards devroient être d'une épaisseur extrême pendant que le soleil est à son plus haut point, & même pendant tout l'été de ce climat, puisque le soleil est continuellement sur l'horison. Cependant l'expérience prouve le contraire ; & Fréderic Martens obferve dans fon voyage au Spitzberg, que les pêcheurs de la baleine jouiffent alors d'un tems clair & ferein. Tout cela peut être vrai, parce que le Spitzberg a beaucoup moins d'eaux & de lacs que la Laponie, & que par confé-quent l'évaporation ne peut pas y être auffi forte, ni l'atmofphère auffi char-gée ; le fol en eft ordinairement fec & pierreux, & il paroît encore que ce pays eft plus ouvert aux vents du nord ; d'ailleurs on n'en connoît pas l'intérieur, & on ne juge que des cô-tes, qui par-tout font plus fujettes à être balayées par les vents, & à jouir d'un air plus pur & d'un ciel plus brillant.

• Les obfervations qu'a faites M. Ellis à la baie de Hudfon, où il a féjourné affez long-tems pour connoître les variations de l'air & fes phénomènes différens, font plus juftes, & fem-blent faites pour lever toutes les diffi-cultés. Il prétend, avec vraifemblan-ce, que les difpofitions habituelles du fond de l'air, que l'on doit attribuer à

la qualité des vapeurs & des exhalaifons dont il eſt chargé, ſuffiſent
pour condenſer les molécules aqueuſes, à meſure qu'elles s'élèvent, &
les tenir ſuſpendues près de la ſurface
de la mer ou ſur les terres voiſines.
Il en donne différentes raiſons : ſoit
parce que les brouillards ſont plus
épais & plus fréquens près des gros
glaçons où l'air eſt plus froid qu'ailleurs, ſoit parce que les vents d'eſt
& ſud-oueſt amenent avec eux des
vapeurs humides qui ſe changent en
brouillards dans les parties ſeptentrio-
nales, non-ſeulement par le froid de
l'air, mais encore par la diminution
de ſon élaſticité qui le rend incapable
de ſoutenir ces vapeurs. Ainſi, c'eſt
toujours le froid & l'humidité de l'atmoſphère qui condenſent les vapeurs,
à la baie de Hudſon comme en Laponie, dans les terres Auſtrales comme ſous la zone torride, puiſque la
diminution de la chaleur, l'abondance des pluies & l'obſcurciſſement
de l'air qui intercepte l'action du ſoleil, doivent reſpectivement à ces ré-

gions ardentes produire les mêmes
effets, qu'un froid plus constant & une
humidité habituelle occasionnent dans
les climats septentrionaux.

Mais M. Ellis ajoute que tous les
vents qui viennent de quelque point
du nord, amenent un beau tems, &
cela pour deux raisons; la premiere
que soufflant sur des lieux secs, ils ne
font point chargés de vapeurs; la seconde qu'augmentant l'élasticité de
l'air, ils lui donnent assez de force
pour soutenir les vapeurs divisées,
fans les laisser tomber ou flotter sur
la terre. Ces deux causes, qui peuvent être vraies par rapport à la baie
de Hudson, ne doivent pas faire la
base d'un système général : car quoiqu'il soit prouvé par l'expérience que
les vents du nord qui naturellement
font secs, purifient l'air, & le dé-
barrassent des vapeurs surabondantes
dont ils le trouvent chargé, comme
M. de Maupertuis l'a éprouvé en Laponie; il n'est pas moins vrai que
souvent dans notre zone tempérée,
les vents du nord couvrent notre

atmosphère de brouillards épais &
froids, qu'ils nous apportent de loin,
& qui durent jusqu'à ce que l'action
de ces vents soit assez forte pour
les dissiper, soit en les chassant plus
loin, soit en les congelant & en les
précipitant à la surface de la terre où
ils restent glacés, & où ils contribuent par le froid qu'ils y établissent,
à arrêter toute évaporation sensible;
aussi l'air, après que ces vents ont regné
quelque tems, devient-il pur & serein, & le ciel net & très-brillant.

§ VIII.

*Observations sur quelques qua-
lités des brouillards des mers
glaciales.*

Une remarque importante à faire
sur les brouillards des mers glaciales,
& qui peut conduire à des découvertes tres-utiles, c'est que, quoiqu'ils
y soient très-fréquens, & qu'ils répandent dans l'air une humidité cons-

tante, les métaux soient moins sujets
à s'y rouiller que dans tout autre climat. Cependant l'opinion commune
est que l'humidité produit la rouille,
plus promptement à la vérité dans
certains pays que dans d'autres. Dans
les Antilles, & sur-tout à la Barbade,
l'humidité est si active, qu'elle fait
rouiller en peu de tems les coûteaux
& les clefs dans les poches, & les
épées même dans les fourreaux ; tandis qu'à la baie de Hudson, non-seulement les métaux qui sont à couvert
de l'action immédiate de l'air, ne se
rouillent pas, mais même ceux qui y
sont exposés en sont à peine altérés :
ce qui prouve que l'humidité seule
n'est par la cause de la rouille, & que
pour la produire, il faut que les vapeurs aqueuses soient chargées de sels
acides ; or il se trouve peu de ces sels
dans les pays du nord, où l'eau, &
sur-tout la terre, étant presque toujours resserrées par le grand froid,
l'évaporation n'emporte guères que
les particules de l'eau les plus légères & les plus fluides. Une expérience

singulière appuye ce raisonnnement.
M. Halles distillant de l'eau salée pour
la rendre douce, trouva qu'une chaleur tempérée convenoit mieux qu'un
feu prompt & violent. L'eau tirée lentement & avec peu de feu, devint
parfaitement douce, tandis que celle
qui avoit été sur un grand feu, resta
saumache. De là nous voyons pourquoi l'évaporation est si forte & si active, chargée de tant de sels & de particules hétérogènes entr'elles dans les
pays chauds; la terre, toujours ouverte, dans un état de mouvement &
de fermentation continuelle, rend
une multitude d'exhalaisons qui fil-
trent avec les liqueurs, & qui se répandent dans l'atmosphère. Elles y
surabondent & font la matiere de cette
végétation étonnante qui n'est jamais interrompue, qui produit des
plantes & des fruits d'une grosseur extraordinaire, quelques-uns excellens,
mais dont il faut user avec la plus
grande modération, parce que formés
de sels & de sucs très-actifs, plus
doux qu'acides, ils portent dans les

corps auxquels ils s'aſſimilent, une prompte cauſe de la corruption à laquelle ils ſont ſujets. Les autres qui paroiſſent de même eſpèce que ceux dont on fait uſage dans les régions plus tempérées, ſont inutiles & même dangereux ; le volume prodigieux qu'ils acquierent, & qui de plantes ordinaires en fait des arbres très-élevés, annonce une matiere ſur-abondante, & ſans doute étrangere à leur nature, qui change tout-à-fait leurs qualités. Peut-être pourroit-on les rectifier & les rendre utiles par des leſſives ou d'autres préparations ; mais ils ſont inutiles dans l'état où la nature les préſente. Au contraire dans la zone glaciale, dont le ſol, toujours endurci & reſſerré par un froid habituel, n'envoie que peu d'exhalaiſons dans l'atmoſphère, on ne trouve que quelques-fruits petits & agreſtes, quelques eſpèces de bayes dures & peu ſucculentes. Les terres les plus favoriſées dans ce genre, ſont celles qui produiſent des fraiſes & des groſeilles qui ſont aſſez abondantes dans l'ifle de Terre-Neuve, à la baie de Hudfon & dans la plûpart des pays feptentrionaux, où elles feroient d'une grande reffource fi elles étoient plus multipliées. Ce n'eft donc que dans les pays tempérés, également à l'abri des excès du froid & du chaud, que la pofition du cap de Bonne-Efpérance, de l'ifle de Madère, de quelques ifles de l'Archipel, du Royaume de Naples, des provinces méridionales de France & d'autres régions parallèles, détermine à placer du trentieme au quarante-fixieme degré de latitude, que l'on peut fixer ce vrai milieu, cette évaporation moyenne qui n'envoie dans l'atmofphère que la quantité néceffaire de vapeurs & d'exhalaifons, pour établir une température égale & falutaire, & une fertilité conftante fans être exceffive, ainfi que nous l'avons remarqué dans les difcours fur la théorie de l'air. Il feroit curieux d'obferver dans les climats tempérés, à quel degré l'humidité agit fur les métaux; on pourroit par ce moyen acquérir une connoiffance

plus

plus exacte des qualités similaires ou dissimilaires de l'air.

La rouille comme on le sait, n'est qu'une solution des parties superficielles des métaux, un dérangement causé par l'action de quelque liqueur corrosive fortement agitée, dont les particules s'insinuent comme autant de petits coins dans les pores que laissent entr'elles les molécules intégrantes des métaux ; & comme ces pores sont plus petits dans l'acier & dans le fer lorsqu'il est trempé que lorsqu'il ne l'est pas, & qu'il est alors plus difficile à des corps étrangers de les pénétrer, il s'ensuit qu'ils sont moins sujets à la rouille. La preuve que l'action de ces sels corrosifs ne fait que séparer les parties des métaux sans les détruire, est que le vert de gris qui est la rouille du cuivre, peut de nouveau se convertir en cuivre (*a*) ; on en feroit sans doute au-

***

(*a*) Physique de Rohault, troisieme Partie, chap. 6.

Tome V,   I

tant de la rouille du fer , si on vouloit en tenter l'expérience. Mais tous les fluides n'ont pas cet effet; l'huile conserve les métaux plutôt qu'elle ne les dissout; en les garantissant de l'action immédiate de l'air , elle empêche que les matieres corrosives qui circulent avec les vapeurs aqueuses, n'y produisent la rouille , parce qu'elle en arrête l'effet : il faut donc que l'évaporation ne répande, à la baie du Hudson , aucun de ces sels acides dans l'atmosphère , ou en si petite quantité, que leur action ne soit presque pas sensible. Ou bien est-ce le froid qui agit sur les métaux, & ferme assez leurs pores , pour empêcher qu'ils ne reçoivent une assez grande quantité de cet esprit acide que la chaleur éleve dans l'atmosphère , & qui cause la rouille , pour en être altérés. On sait par expérience qu'une toise de fer exposée à l'air pendant les plus fortes gelées , étendue sur une pierre de liais à l'observatoire de Paris , & mesurée, exposée ensuite le 15 du mois de Mai sur une fenêtre au midi , l'air étant se-

rein & chaud depuis dix heures du matin jusqu'à une heure après midi, reti-
rée & mise à la même place où elle
avoit été mesurée l'hiver, fut trouvée
plus longue de deux tiers de ligne que
lorsqu'il geloit : la toise étoit fort
chaude dans la derniere expérience.
Supposons que la chaleur continuelle
qui regne entre les tropiques, porte
l'allongement des métaux, à un tiers
au-delà de l'expérience faite à Paris,
& que le froid les resserre d'autant
dans les zones glaciales ; une différence qui sera d'un 864° sur le total de
la masse, suffira-t-elle pour arrêter
ou accélérer l'effet des exhalaisons sur
les métaux, ou même pour l'empêcher ? Ce sont des observations propres à occuper le loisir de ceux qui se
trouveront sous ces latitudes différentes, & qui peuvent conduire à
une connoissance plus certaine des
qualités des vapeurs & des exhalaisons, & du plus ou du moins de salubrité de l'atmosphère.

§ IX.

Indices à tirer des brouillards de nos climats.

Nous sçavons par expérience que si les brouillards qui se répandent sur notre horison sont rares & légers, s'ils n'ont aucune odeur âcre ou fétide, si après les avoir respirés, on ne sent que cette douce fraîcheur que porte l'eau pure dans les corps, qu'elle pénetre insensiblement, ils n'ont aucune qualité malfaisante; ils peuvent avoir, à la longue, les effets du bain, jeter les fibres dans le relâchement, donner plus de souplesse aux corps & diminuer leur élasticité. Tels sont les brouillards de quelques plaines basses, traversées par de grandes rivieres, qui coulent sur un sable pur & qui ne renferment aucuns minéraux dans leur sein, où la fertilité est entretenue par une culture exacte; on les respire avec agrément, on sent qu'ils sont salutaires;

c'eſt un bain léger qui rafraîchit tous
les corps qu'il enveloppe & qui ne
pourroit y cauſer quelqu'altération,
qu'autant que l'on y reſteroit expoſé
trop long-tems : ils ne ſont compoſés
que de vapeurs aqueuſes & n'ont aucune odeur : il n'en eſt pas de même
s'ils ſont chargés d'exhalaiſons, qui ſe
manifeſtent par leur mauvaiſe odeur
& par une certaine âcreté qui prend
aux yeux. Alors ils ſont malfaiſans,
& on ne reſte pas long-tems expoſé
à leur action ſans en reſſentir les effets, tels ſont les brouillards noirs
& froids de l'hiver : leur odeur âcre
& pénétrante indique qu'ils ſont chargés d'une quantité de particules nitreuſes & acides, qui durciſſent les
ſolides, coagulent les liquides & ex-
poſent les corps à tous les inconvéniens, qui doivent réſulter d'un
changement d'état ſubit & forcé.

On voit quelquefois la terre couverte au printems & en été de brouillards, peut-être encore plus mal ſains.
Ils ſont plus fréquens dans les années humides que dans les tems ſecs,

dans quelques provinces que dans les autres ; ils incommodent sur-tout la Brie, la Sologne & les pays voisins, les laboureurs & les jardiniers donnent aux effets de ces brouillards le nom de rouille & de nielle. Ils causent un dommage général aux fruits. Les grains des épis de seigle qui en sont attaqués, deviennent noirs & s'allongent en forme de corne, & c'est pour cela qu'on leur a donné le nom d'ergot ou bled cornu (a).

(a) » La plûpart des épis s'en défendent » par leurs barbes ; dans ceux que cette » humidité maligne peut atteindre, & pé- » nétrer, elle pourrit la peau qui couvre » le grain, la noircit & altère la substance » du grain même. La séve qui s'y porte, » n'étant plus resserrée par la peau dans » les bornes ordinaires, s'y répand en plus » grande abondance ; & s'amassant irrégu- » liérement, forme une espéce de monstre » qui d'ailleurs est nuisible, parce qu'il est » composé d'un mélange de cette séve su- » perflue avec une humidité vicieuse ». (Voyez les Mémoires de l'Académie, Année 1710, Hist. pag. 62.

L'usage de la farine que l'on en tire est si pernicieux, qu'on lui attribue une maladie qui regne quelquefois dans les campagnes, sous le nom du feu Saint Antoine ; on prétend aussi qu'elle cause une gangrene séche, qui fait tomber les extrêmités du corps, sans presque sentir de douleur & sans hémorragie. On a vu à l'Hôtel-Dieu d'Orléans quelques malheureux attaqués de cette maladie, n'avoir plus que le tronc & vivre plusieurs jours dans cet état, parce qu'on n'avoit pas employé de bonne heure les remédes capables d'arrêter le cours de cette cruelle maladie. De bons observateurs ont soupçonné que cette altération des grains pouvoit être occasionnée par la piquure d'une chenille, qui fait du grain de seigle une espèce de galle : cependant le bled ergotté n'est jamais plus commun, qu'à la suite des saisons humides, où les brouillards ont été fréquens. La même température cause au froment, à l'orge & à l'avoine les maladies connues sous le nom de nielle & de charbon, qui commencent par une moisissure aisée à reconnoître dans l'épi naissant & qui se charge ensuite en une poussiere noire, d'une odeur pénétrante & désagréable, maladie d'autant plus dangereuse qu'elle se perpétue dans les grains qui en sont infectés. Ces brouillards & la plûpart de ceux qui sont mal sains, déposent à la surface des eaux tranquilles, une partie des exhalaisons dont ils sont chargés, qui y forment une pellicule épaisse & rougeâtre.

Dans les beaux jours de l'automne, jusques dans le mois de Novembre, lorsque la température est douce, si l'atmosphere est chargée le matin de brouillards, qui se dissipent lorsque le soleil est à une certaine hauteur & qui retombent en une pluie douce & insensible, le ciel est ordinairement découvert le reste du jour, l'air est pur & le soleil brille de tout son éclat. Cela vient de la condensation des vapeurs à la surface de la terre, qui, s'étant réfroidie pendant la nuit, ne peut plus leur communi-

quer affez de chaleur & de mouvement pour les porter bien haut. Les
premiers rayons du foleil venant à
les frapper, les agitent, divifent les
molécules aqueufes les unes des autres, de forte qu'étant atténuées par
ce mouvement & confervant néanmoins leur pefanteur fpécifique, qui
eft plus grande que celle de l'air qui
les environne, elles flottent çà & là
dans la partie inférieure de l'atmofphere, & ne s'élevent pas plus haut.
J'ai obfervé à la fin de Septembre,
dans tout le mois d'Octobre & même les premiers jours de Novembre,
dans la partie méridionale de la Bourgogne, cet effet de l'évaporation pendant plufieurs années de fuite : les
brouillards du matin nous annonçoient dans cette faifon une belle
journée, & un ciel pur & ferein.
Nous les voyons d'une éminence, répandus dans la prairie, à fix ou fept
toifes feulement de hauteur, flotter
au gré des vents, comme une mer
blanche qui réfléchiffoit une partie
des rayons du foleil, & qui perdoit

I v

infenfiblement de fa continuité, non en s'élevant dans l'air, mais en s'abaiffant fur la terre ; il fembloit que l'impulfion du foleil la repouffât au centre d'où elle étoit fortie.

Il n'en eft pas de même des brouillards d'été qui fe diffipent fubitement dans l'air au lever du foleil. On conjecture avec raifon que de cette prompte opération il réfultera de la pluie ou des nuées orageufes encore plus à craindre. Elle ne peut avoir été occafionnée que par une action extraordinaire du foleil, jointe à une grande chaleur répandue dans l'atmofphere inférieure, qui, continuant & augmentant à proportion que le foleil monte à fon midi, doit faire fortir du fein de la terre & des eaux une plus grande quantité de vapeurs & d'exhalaifons, qui fe répandent dans l'air, fe condenfent dans fa région fupérieure & fervent à former les nuées épaiffes qui paroiffent tout d'un coup, obfcurciffent une partie de l'atmofphere & répandent à grands flots fur un coin de la

terre toutes les vapeurs qui se sont
élevées de l'horison visible. Ces mêmes conjectures ont lieu, & sont suivies du même effet, lorsque dans
l'été, à la naissance du jour, la terre
& les plantes ne sont pas humides
de rosée.

§ X.

De la rosée & de ses causes effectives.

De tous les résultats généraux de
l'évaporation, de tous les Météores
aqueux, la rosée, est le plus doux &
le plus simple ; rien ne l'annonce que
sa propre existence ; il ne tombe pas
sous les sens tant qu'il est répandu
dans l'atmosphere, mais on sent sa
présence par ses effets bienfaisans. Il
amene avec lui les zéphirs, qui sement les fleurs sur leurs pas, enfin
il est un des premiers effets de la
douce température du printems. L'action de ce Météore est légere, & cependant elle renouvelle les forces de

la nature, que le triste hiver sembloit avoir anéanties ; la rosée ranime
les plantes & les embellit, elle est,
avec le soleil, la cause de cet éclat
admirable & varié dont elles brillent ;
le soleil les anime, la rosée les soutient, les nourrit & leur donne la
fraîcheur charmante de la jeunesse &
les graces de la beauté.

La rosée, telle que je la considere
ici, n'est d'elle-même qu'une vapeur
aqueuse fort légere, que la fraîcheur
de la nuit ou l'éloignement du soleil
condensent. Lorsqu'après un jour
chaud on vient à avoir une soirée
fraîche, si l'on est à la campagne on
voit sortir de la surface des eaux &
des terres humides, les vapeurs qui
s'élevent en maniere de fumée. Une
partie de ces vapeurs reste fort bas,
une autre partie parvient à une hauteur moyenne : le reste, par l'effet
d'une plus grande raréfaction, se
dissipe dans l'air. Mais ce qui s'arrête dans la région inférieure de l'atmosphere, étant arrivé à une certaine élévation, flotte lentement dans

l'air, tantôt montant, tantôt defcendant, jufqu'à ce qu'il retombe à la furface de la terre pour l'humecter & rafraîchir les plantes dont elle eft couverte ; ce qui fe fait lorfque les molécules aqueufes font réunies en gouttes, fi petites à la vérité, qu'on ne s'en apperçoit que par la fraîcheur générale qu'elles répandent dans l'air & non par leur volume, qui eft invifible. Elles s'attachent à la fuperficie des corps, fur-tout de ceux qui font les plus polis & les moins poreux, & ces gouttes d'abord infenfibles, s'accroiffent par l'acceffion de nouvelles particules, & acquierent un volume affez confidérable. C'eft ce que l'on remarquera fingulierement fur les feuilles de choux, dont la fuperficie plus compacte & plus graffe que celle des autres plantes, partagée en divers plans inclinés qui forment autant de petites concavités, eft très-propre à raffembler les gouttes de la rofée, qui y deviennent plus groffes, en fe réuniffant de tous côtés au centre auquel aboutiffent les di-

verſes lignes du plan incliné ſur lequel elles tombent. On peut de même ramaſſer la roſée dans des plats
d'argent ou d'autres métaux, de verre
ou de faïance. Il eſt vrai que pluſieurs auteurs connus ont rapporté
avec une eſpèce d'étonnement, que
la roſée ſembloit éviter certains corps,
tandis qu'elle s'attachoit facilement
aux autres : que le verre, la porce-
laine & quantité d'autres matieres ſe
mouilloient, mais que des morceaux
de métal poli, de quelqu'étendue
qu'ils fuſſent, reſtoient conſtamment
ſecs. Cette eſpèce de préférence,
diſent-ils, eſt ſi marquée, qu'un écu
placé au milieu d'un grand plat de
faïance ou de verre, ne reçoit pas la
moindre humidité, quoique le reſte
du vaiſſeau ſoit tout mouillé (a). Je
ne révoque pas ces faits en doute;
mais j'ai tant vu & tant fait d'expériences contraires, que je ſuis très-

------

(a) Mémoires de l'Académie des Sciences, Années 1736, pag. 312.

porté à croire, que l'écu placé au milieu du plat de faïance, étoit incliné
de façon à laisser couler plus bas toutes les gouttes de la rosée qui s'y rassembloient ; les métaux les plus polis la reçoivent & la réunissent, on
en voit sur le fer & sur le cuivre :
quand elle est abondante & active,
elle rouille les épées dans les fourreaux, au point qu'il est difficile de
les en tirer, ainsi qu'il arrive aux
Antilles, dans la Mingrelie & en
quantité d'autres pays où l'évaporation est aussi forte.

Pendant que j'écrivois ce discours,
j'ai voulu vérifier si les métaux re-
poussoient effectivement la rosée, &
j'ai fait à ce sujet plusieurs expériences dans le mois d'Août 1768, par
divers vents, mais lorsque le ciel étoit
net & serein & qu'il y avoit apparence que la rosée seroit abondante.
J'ai placé à l'air quelques plats de
faïance, & sur l'un d'eux, un écu,
une plaque de cuivre doré & une
plaque de cuivre rouge : j'ai éprouvé
à diverses fois que la rosée étoit aussi

épaisse sur ces piéces de différens métaux que sur les plats : un gobelet
d'argent en étoit également couvert
de tous les côtés. Ces piéces différentes étoient rangées sur une même
ligne, sur une vieille planche de sapin posée à plat ; une feuille de papier placée à un pied de la planche &
assujettie par deux petites plaques de
cuivre rouge, a été quelquefois moins
mouillée que la faïance, quelquefois
elle a été tout-à-fait trempée, & jamais je ne me suis apperçu que les
plaques de métaux fussent séches.
J'ai fait ces expériences en Bourgogne, à Chanceaux, qui est un point
de partage d'où les eaux coulent aux
deux mers, où le terrein est aussi
sec qu'il est élevé & sur une terrasse
couverte de grandes pierres, voûtée
par-dessous & plus haute que le sol
d'environ vingt pieds. De là je crois
pouvoir conclure, avec raison, que
s'il est vrai que la rosée sorte de la
terre & des plantes, il n'est pas moins
vrai qu'elle se répand dans l'air & en
retombe ensuite. Je conviens encore

qu'il doit y avoir une plus grande quantité de vapeurs en bas qu'en haut, eu égard au centre dont elles partent ; mais comme il peut arriver que l'évaporation & la chûte de la rosée se fassent en même-tems, il en résultera qu'un corps exposé aux deux effets, sera plus chargé de rosée que celui qui ne le sera qu'à un seul. Il ne faut donc pas inférer d'un petit nombre d'expériences que les choses se passent toujours de la même maniere ; il semble au contraire, par la diversité des résultats, que ces phénomènes soient sujets à de grandes variétés ; ce qui n'a rien d'étonnant, puisqu'ils dépendent des moindres agitations de l'air, du froid & de la chaleur, de la hauteur du vent, de sa force, de sa direction & d'une infinité d'autres causes, dont quelques-unes sont encore inconnues, & arrêtent les effets de l'évaporation, ou la rendent fort inégale en divers lieux peu éloignés les uns des autres.

L'amour de la nouveauté & quelques phénomènes particuliers ont fait

imaginer un autre ſyſtême ſur la cauſe
de la roſée, & peu s'en faut qu'on ne
l'ait donnée pour une loi générale de
la nature. On a prétendu que les
gouttes que l'on voit ſur les fleurs &
les plantes après une nuit ſéche &
ſereine, ne ſont pas proprement de
la roſée, ou des vapeurs aqueuſes d'a-
bord diſperſées dans l'air, & réunies enſuite ſous une forme ſenſible;
mais un effet de la tranſpiration des
plantes, qui eſt ſi abondante qu'on ne
ſauroit traverſer le matin une prairie
ſans avoir les pieds tout mouillés:
on explique cette forte évaporation
de la maniere ſuivante (a).

Lorſque le ſoleil échauffe la terre
pendant le jour, & qu'il met en mouvement l'humidité qui s'y trouve,
elle s'éleve & s'inſinue dans les racines des plantes contre leſquelles
elle eſt portée; après quoi continuant
de monter plus haut, elle paſſe par la

____

(a) Muſſenbrock, Eſſais de Phyſique,
§. 1533.

tige dans les feuilles, d'où elle est
conduite par les vaisseaux excrétoires
à leur surface, où elle se rassemble
en assez grande quantité, tandis que
le reste demeure dans la plante. Mais
cette humidité se dessèche promptement, lorsque l'air est échauffé par la
présence du soleil ; & comme il n'en
retourne alors que peu dans la tige &
vers la racine, toutes les plantes paroissent se faner vers le milieu du
jour, jusqu'à ce que de nouveaux
sucs les rafraîchissent & les rani-
ment ; ce qui arrive par une nouvelle circulation des liqueurs, qui en
vertu de l'action qu'elles ont reçues de
la chaleur du jour, continuant de se
mouvoir dans la terre pendant la nuit,
se rendent de même que pendant le
jour, contre les racines des plantes.
Elles y entrent comme auparavant,
& se portent à leurs extrêmités
extérieures : mais se trouvant alors
entourées d'un air plus froid & qui
dessèche moins les humeurs ; les
sucs qui s'écoulent des vaisseaux excrétoires, ne se dissipant pas après en

être sortis, se rassemblent insensiblement, & prennent la forme de gouttes qui sont le matin dans toute leur
grosseur, à moins qu'elle ne soient
dissipées par le vent ou par les premiers rayons du soleil.

Que l'on explique ainsi la circulation des liqueurs dans les plantes,
que ce mécanisme serve à faire concevoir les causes du développement
& de l'accroissement des germes ren-
fermés dans le sein de la terre ; que
l'on fasse entrer la transpiration des
plantes dans les effets de l'evapora-
tion générale, on trouvera dans ces
procédés des vues conformes aux opérations ordinaires de la nature, dont
la physique la plus saine reconnoît la
vérité : mais cette transpiration n'est
pas la seule cause à laquelle on doive
attribuer la formation de la rosée qui
se ramasse à la surface des plantes :
une explication encore plus détaillée
des principes que nous avons avancés
à ce sujet, soutenue de plusieurs observations, nous le persuadera.

C'est la chaleur du soleil, qui pen-

dant le jour agissant fortement sur les
eaux, les marais & les terres naturellement humides, les végétaux &
tous les corps sujets à la transpiration,
en tire ces vapeurs qui ne passent
presque jamais une certaine hauteur
de la moyenne région de l'air, &
qui souvent même ne parviennent
pas jusqu'au sommet des corps élevés & voisins de l'endroit où se
fait l'évaporation : aussi les rochers
qui couronnent les montagnes, les
terrasses même qui sont au faîte
des maisons élevées, sont bien
moins humides à la chûte de la rosée
que les jardins qui sont au bas; souvent même elle n'arrive pas jusqu'à
la cime des grands arbres dont les
feuilles se fanent & se dessechent,
tandis que les branches inférieures
rafraîchies par cette humidité salutaire, conservent bien plus long-tems
leur verdure & leur fraîcheur. Il ne
faut qu'ouvrir les yeux pour observer
les effets de la rosée & ce qui a rapport à son élévation.

Peu après que le soleil a disparu de

l'horifon, la fraîcheur de l'air condenfe les molécules aqueufes qui font
la matiere de la rofée : alors leur
propre poids les fait retomber infenfiblement au centre d'où elles s'étoient
élevées, parce que la chaleur de qui
elles tenoient leur mouvement & leur
raréfaction, venant à ceffer, elles fe
raffemblent, acquierent plus de
poids & d'étendue, & furmontent
plus aifément la réfiftance qu'elles
éprouvoient de la part de l'air où elles
flottoient. C'eft cette même fraîcheur
de l'air qui fouvent réunit les vapeurs
au-deffus des canaux, des rivieres &
des terres aquatiques, & les rend fenfibles fous la forme d'un brouillard
léger, qui dès qu'il eft un peu au-
deffus des endroits d'où il fort, fe
répand également de tous côtés : alors
la campagne eft bientôt couverte d'une
rofée qui non-feulement s'arrête aux
plantes qui couvrent fa furface, mais
qui s'éleve infenfiblement & humecte
tous les corps fur lefquels elle tombe.
Quand elle eft portée plus haut, elle
diminue la tranfparence de l'atmof-

phère ; ce qui eſt occaſionné par la groſſiéreté de ſes parties & la lenteur avec laquelle elles s'élevent. L'air étant alors chargé de quantité de matieres hétérogènes devient opaque, & l'eſt d'autant plus, que le mouvement de ces particules diverſes étant fort lent, elles ſe rapprochent entr'elles & ſe condenſent. Mais cette obſcurité n'occupe preſque jamais une grande partie de l'atmoſphère, elle ſe cantonne d'ordinaire & devient plus ſenſible dans les lieux bas & humides, au-deſſus des prairies & dans le voiſinage des rivieres que par-tout ailleurs : ſi elle s'étend plus loin, elle n'a plus pour ſeule cauſe la roſée qui remonte, elle eſt occaſionnée par d'autres principes de condenſation, tels que le froid de la région ſupérieure de l'atmoſphère qui réunit les effets de l'évaporation générale, & en forme des brouillards aériens fort étendus, ou des nuages qui couvrent une partie de l'horiſon.

La roſée vient donc de la terre & des eaux, s'éleve à une certaine hauteur, & retombe enfuite, puifque ceux qui fe promenent le foir ou le matin, en ont leurs cheveux & leurs habits humectés. Elle s'attache plus promptement & en plus grande quantité aux taffetas & aux toiles fines qu'aux plus groffes étoffes, parce que celles-ci prenant plus lentement que les autres la température de l'air qui fe réfroidit, la chaleur dont elles ont été pénétrées pendant le jour, & qui continue de s'en exhaler, emporte avec elle lés molécules aqueufes qui fe préfentent à leur furface. Pendant le jour ces molécules font agitées & fe foutiennent en l'air, la nuit elles s'épaiffiffent & deviennent plus pefantes : celles qui ont été portées plus haut, ayant plus de chemin à faire pour redefcendre, fe joignent dans leur route à différentes particules homogènes, & foit qu'elles retombent le foir ou le matin, c'eft fous la forme d'une pluie fenfible, dont les gouttes font fi fines, qu'elles ne caufent aucune obfcurité dans l'air, à caufe de leur mouvement direct & de leur rareté.

reté. Mais par-tout la rofée retombe à proportion de ce qu'elle s'eft élevée : Si le tems eft calme, elle eft fur-tout abondante le matin aux endroits qui en fourniffent la plus grande quantité pendant la nuit : & par la raifon contraire, elle n'eft prefque pas fenfible dans plufieurs contrées de la Perfe, dont le fol eft extrêmement aride, & l'air toujours fec quoique affez fain ; tandis que dans la Mingrelie, fur les bords de la mer Cafpienne & dans les provinces maritimes au midi de ce vafte empire, les rofées abondantes répondent à l'humidité du terrein, & font accompagnées de fréquentes intempéries. Dans un efpace plus borné, à l'ifle de Ceilan, les côtes méridionales font rafraîchies par une humidité falutaire qui paroît contribuer à la bonté de l'air ; & les terres au nord défolées par de fréquentes féchereffes, font encore expofées à un ferein dangereux formé par des exhalaifons arides & brûlantes. On peut dire la même chofe des villes par rapport aux campagnes, aux

Tome V.   K

prairies & aux terres voisines des rivieres, des lacs & des eaux de toute
espéce.

Si l'air que ces vapeurs ont à traverser, acquiert un degré de froid
supérieur à celui où il étoit lors de
leur élévation, elles se congelent,
leurs particules intégrantes se roidissent : les exhalaisons nitreuses & les
sels alkalis volatils qui se joignent à
la matiere de la rosée, en facilitent la
congélation, & unissant les particules
les unes aux autres comme autant de
filamens, elles s'attachent aux arbres
& aux plantes où elles prennent différentes formes ; ces concrétions sont
connues sous le nom de givre ou de
gelée blanche. On s'en apperçoit sur-
tout à la fin de l'automne, quand les
nuits commencent à être longues : la
terre a plus de tems pour se réfroi-
dir, & souvent alors sa surface & les
corps qui y sont placés sont assez froids
pour glacer les particules aqueuses
dont la rosée les couvre en tombant.
Au lieu de gouttes d'eau, on apperçoit sur les herbes, les arbres & la

couverture des maisons, une couche
de petits glaçons fort menus qui se
fondent & se dissipent, dès qu'ils sont
frappés par les premiers rayons du soleil. Ces vapeurs ou rentrent dans les
terres arides & les corps poreux qui
ont plus de disposition à les absorber
que l'air qui les environne, ou pénétrées d'un nouveau principe de raréfaction qu'elles peuvent recevoir
des modifications que communiquent
à l'air la chaleur du soleil ou l'action
des vents, elles se mettent en mouvement & s'élevent dans l'atmosphère.

Ces phénomènes rassemblés nous
apprennent encore que la ténuité de
ces vapeurs & leur peu d'élévation
sont cause qu'elles ne se réunissent
jamais en assez grande quantité pour
former des nuages sensibles, lorsque
le ciel est serein : mais s'il est couvert,
s'il regne quelque vent impétueux,
alors les vapeurs & les exhalaisons
ou sont dissipées à raison de leur ténuité, par la violence du vent qui les
répand dans le vague de l'air & les

emporte au loin, ou suivant la route
ouverte par celles qui ont formé les
nuages dont le ciel est obscurci, elles
s'y rejoignent ; dans ces occasions la
terre est seche, quoique l'évaporation soit forte, & d'ordinaire on ne
tarde pas à avoir de la pluie. On observe encore que lorsque le ciel est
serein, & que le vent est sensible,
les plantes qui en sont le plus agitées,
sont ordinairement seches, & ne reçoivent aucun rafraîchissement de la
rosée, pendant que celles qui sont à
l'abri du vent, sont couvertes de cette
humidité salutaire qui les soutient &
les renouvelle : ce qui prouve sensiblement que les vapeurs qui forment
la rosée, s'élevent peu, & sont d'une
légéreté à ne pouvoir vaincre la force
du vent.

Mais les vents qui privent de rosée
certaines parties de la terre, la rendent fort abondante dans d'autres. Il
y a des sols naturellement arides, rarement rafraîchis par les pluies, qui
sans les vapeurs qui s'élevent des
mers & que les vents répandent à leur

surface, seroient stériles & inhabitables. On sait de quelle utilité sont
les rosées qui humectent la plûpart
des terres situées sous la zone torride
& de grandes contrées de l'Afrique ;
il ne pleut presque jamais dans l'A-
rabie heureuse, la rosée seule y
suffit à l'entretien de la végétation &
à l'accroissement des plantes aroma-
tiques dont elle est couverte : elle a
les mêmes effets dans une partie du
Languedoc & de la Provence riche
en herbes odoriférantes, & où il pleut
rarement. Mais elle n'est nulle part
aussi sensible & aussi abondante que
dans les plaines du Pérou. Les vents
qui y ont regné pendant l'hiver, &
qui ont soufflé constamment entre le
sud & le sud est, rassemblent au-dessus de ces terres une quantité presque
inépuisable de vapeurs, qu'ils enlevent
de la surface des mers qu'ils traversent avant que de venir se briser contre
les Cordillieres. A la suite de l'hiver,
ces vapeurs se résolvent tous les jours
en bruine fort menue, en rosée dont
le sol est également & par-tout hu-

K iij

mecté. Les gens du pays nomment cette rosée *Garua* ; elle fait renaître la verdure & les fleurs sur les collines & les côteaux qui avoient paru arides tout le reste de l'année : les campagnes reprennent alors une face nouvelle & riante ; dès que le froid de l'hiver est passé, les habitans des villes s'empressent d'aller les peupler & de jouir des douceurs d'un air pur & des prémices de la fertilité. Jamais les *garuas* ne sont assez fortes pour gâter les chemins, à peine sont-elles capables de mouiller l'étoffe la plus légère qui y resteroit long-tems exposée ; & cependant elles suffisent pour humecter la terre, parce que le soleil dont les rayons sont alors interceptés par un brouillard plus élevé, ne peut pas la dessécher.

Tels sont les effets salutaires des rosées, plus communes & plus abondantes dans les terres voisines des mers que par-tout ailleurs ; elles sont destinées à y remplacer les pluies qui y sont assez rares. M. de Tournefort nous dit dans la relation de son voyage au Le-

vant qu'il vit pleuvoir à Baros pour la
premiere fois depuis son départ de
France. „ La terre étoit si séche qu'il
„ auroit fallu un petit déluge pour en
„ éteindre la soif; le coton, la vigne
„ & les figuiers qui sont la richesse
„ du pays, périroient sans les rosées
„ qui sont si abondantes, que nos ca-
„ pots en étoient tout mouillés lors-
„ que nous couchions en campagne,
„ ou dans des bateaux, ce qui nous
„ arrivoit fort souvent en passant
„ d'une isle à une autre : on a beau
„ partir dans la bonace, comme on
„ n'a point de boussole, il faut se re-
„ tirer dans la premiere cale lorsque
„ le vent se rafraîchit „. Pour peu que
l'on fasse attention à la configuration
extérieure des isles & des terres voisines de la mer, on concevra aisément pourquoi les vents y rassemblent avec tant d'abondance les vapeurs qui s'élevent des eaux. Toutes
les isles sont des sommets de montagnes cachées sous la mer, dont les
parties les plus élevées & qui ont été
découvertes les premieres, occupent

ordinairement le milieu : c'est contre ces pointes que les vapeurs s'accumulent, & c'est de là qu'elles refluent sur le reste des terres découvertes en suivant le mouvement de l'atmosphère qui les emporte ; sans cela l'évaporation d'un terrein aride & peu étendu ne fourniroit pas la matiere à des rosées si abondantes & si fréquentes , qui rafraîchissent la plûpart des isles de l'Archipel , & y entretiennent la fertilité ; car il y pleut rarement excepté pendant l'hiver, c'est-à-dire, depuis la fin de Novembre jusqu'en Février ; & s'il n'y a point de ruisseaux ou de fontaines qui fournissent de l'eau, les mares sont taries dès le mois d'Avril.

Dans nos climats, c'est au printems que les rosées sont les plus fortes ; la terre est alors plus humectée, les pluies de l'hiver & la fonte des neiges ont pénétré fort avant & répandu par-tout les eaux qui fournissent principalement à l'élévation des vapeurs. Les vents chauds, qui dans cette saison ouvrent la terre, & se-

condent l'action du fluide ignée &
la chaleur encore tempérée des rayons
du soleil, échauffent les vapeurs qui
s'élevent en grande quantité & accélerent leur chûte en les réuniſſant.
D'ordinaire il tombe plus de roſée
dans le mois de Mai qu'en tout autre
tems, parce que la terre qui commence à s'échauffer, communique
plus de mouvement aux ſucs qu'elle
renferme, & que le ſoleil a plus de
force pour faciliter leur élévation.
Cette roſée eſt plus aqueuſe que celle
de l'été, parce que la grande chaleur,
non-ſeulement volatiliſe l'eau, mais
encore les huiles & les ſels : ſouvent
même dans cette ſaiſon l'ardeur brûlante du ſoleil conſume les vapeurs
& les met dans une ſi grande raréfaction, qu'elles ſont trop atténuées
& trop diſperſées pour tomber auſſi
réguliérement qu'au printems ; à
moins que des pluiés fréquentes ne
continuent d'entretenir la matiere
d'une évaporation auſſi abondante ;
ſans quoi la terre deſſéchée par une
chaleur continuée pendant long-tems,

K v

fournit beaucoup moins de vapeurs que dans la température douce du printems, ou pendant l'automne, après que la terre qui conſerve encore une partie de la chaleur dont elle a été pénétrée dans le cours de l'été, a été rafraîchie par quelques pluies.

L'abſence de la roſée à la ſuite d'une longue ſéchereſſe, annonce preſque toujours de la pluie, & quelquefois des orages prochains, au moins dans les climats que nous habitons. Les vapeurs portées à une très-grande élévation, ſe réuniſſent enfin; ſoit par la fraîcheur de la région ſupérieure de l'air; ſoit parce que les vents qui ont emporté toutes les vapeurs à meſure qu'elles montoient de la terre, & même celles qui flottoient au loin dans l'atmoſphère, les accumulent les unes ſur les autres, ſoit encore par le mélange des exhalaiſons nitreuſes ſalines & ſulfureuſes qui les pénétrent, augmentent leur volume & leur denſité, les ſéparent de la matiere ſubtile qui les avoit tenues juſqu'alors dans une grande raréfaction, les raſſemblent & les condenſent ſouvent au point de changer leur deſtination ordinaire, & d'en former des météores funeſtes & deſtructeurs, ainſi que nous l'expliquerons dans la ſuite.

§ XI.

Qualités de la roſée.

La roſée tient toujours, quant à ſes effets, de la nature du terrein & des diſpoſitions des corps d'où s'élevent les vapeurs & les exhalaiſons : c'eſt ce qui fait qu'elle eſt ſalubre dans certaines contrées & peſtilentielle dans d'autres. Si elle eſt chargée d'exhalaiſons âcres, & putrides qu'elle entraîne dans ſa chûte, elle cauſe une eſpèce de galle aux beſtiaux que l'on mene paître trop matin, & la carie aux fruits ſur leſquels elle s'attache. Dans le voiſinage des terres marécageuſes & toujours chargées de végétaux & de reſtes d'animaux en putréfaction, il s'exhale de ces différens corps des sels corrosifs qui, mêlés avec les vapeurs aqueuses, pénétrent partout, & même accélerent la destruction des animaux les plus robustes en leur donnant des maladies cutanées, qui après avoir attaqué la superficie des corps, pénétrent jusqu'à l'intérieur, & y portent des principes actifs de putridité, qui aboutissent à un épuisement, & enfin à une dissolution totale.

La rosée n'est donc pas la même dans les différentes contrées de la terre : dans les pays aquatiques, où elle se trouvera toute composée de molécules aqueuses, elle n'occasionnera qu'une humidité douce & salutaire, dont l'excès seul pourra devenir nuisible. Mais si les terres sont grasses, sulfureuses, pleines de bois, d'animaux, de reptiles, si même les eaux sont poissonneuses, la rosée alors sera mêlée de diverses sortes d'huiles, de sels volatils, d'esprits subtils des plantes : si le terrein contient beaucoup de minéraux, la rosée chariera aussi des particules semblables ; enfin

elle sera saine ou dangereuse aux animaux & aux plantes à proportion
qu'elle sera plus ou moins chargée de
vapeurs & d'exhalaisons nuisibles ou
salutaires. C'est par ces mêmes causes qu'elle peut diminuer la fécondité
des terres lorsqu'elle est trop abondante. Ainsi sa quantité & sa qualité,
le degré de chaleur, les lieux d'où
elle s'éleve, les plantes même d'où
elle transpire, peuvent varier ses effets & les rendre très-actifs. Un événement singulier me l'a fait éprouver.
Voulant arracher au mois de Juillet
1768, à midi environ d'un jour assez
chaud, des plants de ciguë qui avoient
cru en abondance dans une partie
négligée d'un jardin, & sur laquelle
le soleil n'avoit pas encore donné : je
les trouvai couverts d'une rosée forte
déjà échauffée, qui rendoit une odeur
âcre & si pénétrante qu'elle me prit à
la gorge & au nez où l'impression
m'en resta quelque tems. Environ
deux heures après je ressentis des
étourdissemens & des maux de cœur,
enfin un mal-être que je ne pus attri-

buer qu'à l'effet des exhalaisons mal
saines de cette plante, dont j'avois
été frappé, ce qui dura tant que cette
odeur me fut présente, quoique j'eusse
bien lavé la main dont j'avois arraché
la ciguë; l'eau de melisse fit cesser ces
petits accidens. Que l'on juge de là,
combien la transpiration des plantes
influe sur les qualités de la rosée, en
quelques endroits! Ce qui prouve encore qu'elle n'est pas de l'eau pure,
c'est qu'elle dépose & se corrompt
lorsqu'on la garde dans des bouteil-
les : on lui attribue la formation de
ces matieres grasses & visqueuses qui
se font remarquer par leurs couleurs
d'iris à la surface des eaux dorman-
tes, après plusieurs jours d'un tems
serein, pendant lequel on ne voit
tomber du ciel, rien autre qui puisse
produire cet effet : il est plus sensible dans le voisinage des villes & des
fourneaux à cause des fumées qui se
répandent dans l'air & le chargent de
matieres grasses, pesantes ou minérales, qui déposées à la surface des
eaux, s'y remarquent plus aisément

que sur les terres; quoique l'on puisse
regarder encore les dépôts que laissent les insectes sur les eaux stagnantes, comme une des causes de ces
pellicules colorées dont nous venons
de parler. Il y a d'autres circonstances
particulieres où la partie aqueuse de
la rosée est encore moins abondante;
c'est ce qui arrive dans la production
de certaines gommes & des mannes
dont la médecine fait usage; les sucs
qui exsudent des arbres sur lesquels
on les recueille, font en bien plus
grande quantité; mais si la rosée n'entre pas dans leur composition, au
moins elle facilite leur éruption,
elle lui est même si nécessaire, que
l'abondance de cette récolte est toujours proportionnée à celle de la rosée,
quoique les mannes ne prennent la
consistance à laquelle elles doivent
être pour se conserver, qu'après que
l'humidité du matin s'est évaporée.

C'est de la rosée que les plus anciens Alchymistes faisoient la base de
leur prétendu breuvage d'immortalité; le secret de faire de l'or n'étoit

pas, selon eux, un objet digne des recherches & de l'application d'un vrai sage ; il étoit d'une toute autre importance de parvenir à la connoissance de l'art le plus parfait & le plus caché, de découvrir cette composition merveilleuse qui assuroit l'immortalité à ceux qui en faisoient usage. Plus de cent ans avant l'ere chrétienne, on vit à la Chine, sous le regne de Vu-ti, cinquieme Empereur de la cinquieme famille royale, des Charlatans qui se faisoient nommer Vansui, c'est-à dire, dix mille ans, parce qu'ils osoient se vanter que par leur secret, ils pouvoient prolonger la vie humaine, jusqu'à un pareil nombre d'années. L'empereur, qui avoit donné dans leurs chimères, fit construire par leur conseil un palais de bois de senteur, dont l'odeur se répandoit à quelques milles de distance ; au milieu de ce palais, on avoit élevé une tour de cuivre de vingt perches de hauteur, recouverte & terminée par un grand entonnoir destiné à recevoir la rosée du ciel. Il

faisoient dans cette rosée une dissolution de perles d'un grand prix, qui
devoient servir à leur teinture d'immortalité. Ces longues préparations
n'aboutirent à rien qu'à détromper le
prince trop crédule, & à convaincre
les imposteurs qui l'avoient abusé.
Ven-ti, son ayeul, avoit poussé encore plus loin la même foiblesse, il
se crut immortel sur l'assurance que
lui donna un Alchymiste des propriétés d'un breuvage qui devoit perpé-
tuer la durée de ses jours ; il ordonna
que l'on commenceroit de ce tems, à
compter les années de son empire
éternel : cette garantie ne l'empêcha
pas de mourir à quarante six ans.
Malgré tant d'expériences fameuses
qui auroient dû constater la fourberie
de ces charlatans qui abusoient avec
trop d'impudence de la crédulité des
princes, il paroît qu'ils ont conservé
leur crédit à la Chine pendant une
longue suite de siècles, puisqu'environ l'an 1560, sous le regne de Xi-
Çum, douzieme Empereur de la
vingt-unieme famille, on lui adressa

un mémoire anonyme, où entr'autres reproches, on l'accusoit d'accréditer de nouveau l'imposture du breuvage d'immortalité. Peut-être les adeptes modernes ont-ils encore la même folie, & prétendent-ils trouver dans la rosée la base de cet élixir admirable.

Mais laissons à l'abus de la chymie le ridicule de chercher dans le plus simple des météores des secrets si merveilleux, contentons nous de le considérer quant à ses effets naturels & ordinaires. Jusqu'à présent nous n'avons vu la rosée que comme une émanation de la terre & des eaux, qui retombant d'une maniere insensible, porte dans les terreins les plus arides une humidité bienfaisante, y soutient la végétation dans ses progrès, & est une des causes principales de leur fertilité : quoiqu'elle conserve toujours la même forme, elle n'a cependant pas toujours les mêmes effets; & le serein qui n'est, à proprement parler, qu'une espèce de rosée que l'on distingue par un autre nom,

eſt ſouvent auſſi pernicieux, que la roſée ſimple eſt ſalutaire.

§ XII.

Du ſerein. En quels climats & en quelles ſaiſons il eſt dangereux.

Les vapeurs qui tombent lorſque le ſoleil s'abbaiſſe à l'horiſon ou après ſon coucher, en certains tems & en certains pays, ſont mêlées avec les exhalaiſons qui ſortent des plantes, de la terre, des minéraux, & qui à raiſon de leur peſanteur, s'étant peu élevées dans l'atmoſphère, retombent promptement. L'air chargé de ces corpuſcules ſe nomme ſerein, parce que c'eſt le ſoir, au coucher du ſoleil, ou peu après, que les vapeurs chargées de ces exhalaiſons ſe répan-dant dans la région inférieure de l'at-moſphère, ont des effets ſi pernicieux pour les hommes, ſouvent pour les animaux & même pour les plantes. Les molécules aqueuſes avec leſquel-

les elles font mêlées, en les rendant
plus fluides & plus pénétrantes, ne
font qu'augmenter le danger. Quantité de particules falines, minérales &
animales de divers genres, & d'exhalaifons végétales, terreftres & fulfureufes s'infinuant dans les pores de la
peau relâchés par la chaleur du jour
ou par les organes de la refpiration,
portent dans les corps le germe de
plufieurs maladies, foit en refferrant
les voies de la tranfpiration, foit en
communiquant des qualités vicieu-
fes au fang & à la lymphe, fuivant
leur action plus ou moins pernicieufe.
De là tant de maux qui en réfultent,
comme les engourdiffemens, les rhu-
matifmes, les fievres & les fluxions
de toute efpèce, dont l'habitude du
climat ne peut les garantir; combien
doivent-elles être plus funeftes aux
étrangers. Cependant le ferein n'eft
pas toujours auffi nuifible, il y a des
conrées où ces exhalaifons n'ont aucun effet marqué ou conftant, comme
dans d'autres où il eft toujours redoutable : il n'eft pas inutile de dévelop-

per ce que la physique nous apprend
à ce sujet d'après les observations les
plus exactes.

Il est constant que le serein est une
humidité invisible & froide qui n'est
sensible qu'après le soleil couché : on
peut croire qu'elle sort de la terre plutôt qu'elle ne tombe de l'air ; la preuve
en est que plus les lieux sont bas &
humides, plus le serein y est abondant : il paroît encore que plus le sol
est léger & chargé de sels & de soufres, plus le serein y est pénétrant &
dangereux. Ces terreins vivement
échauffés par la chaleur du soleil & à
une assez grande profondeur, dès
qu'ils sont dans un état de repos,
éprouvent de fortes transpirations,
& chargent toute la région inférieure
de l'atmosphère de l'affluence des vapeurs qu'ils rendent. On ne peut
mieux comparer l'effet du feu du soleil sur la terre, & le grand mouvement qu'il y excite, qu'à celui de la
fievre sur le corps humain. Ce n'est
pas dans l'ardeur de l'accès & pendant le mouvement impétueux du

fang & des liquides que le malade transpire, il faut que cette agitation se rallentisse, & que la machine tombe dans le relâchement : alors les nerfs & les fibres se détendent, le feu intérieur cherche à trouver une issue, & se répandant au dehors par tous les pores du corps, il entraîne avec lui une partie des humeurs, dont le mélange dans le fang avoit causé la fermentation & la fièvre qui en est la suite. Il en est de même par rapport à la terre dans certains climats, tels que les provinces méridionales de la France, la plaine de Tofcane qui s'étend depuis l'Arno aux environs de Pife jusqu'à la mer, toute la campagne de Rome & plusieurs cantons du Royaume de Naples ; les environs de Porto-Bélo & de Carthagéne en Amérique, les terres basses des Antilles, quelques contrées des Indes orientales, sur les bords du golfe Persique & du golfe de Bengale.

Quand toute la surface extérieure de la terre a été long-tems & vivement frappée par les rayons du soleil

qui l'ont dépouillée de tout l'humide
radical qu'elle avoit reçu, par la chûte
des pluies & la fonte des neiges pendant l'hiver & au printems : lorfqu'elle eſt deſſéchée & diviſée à une
certaine épaiſſeur, les rayons du ſoleil la pénétrent & y excitent une fermentation interne, qui ſans doute
communique ſon mouvement & ſes
effets encore à une plus grande profondeur. Tant que ce mouvement
dure l'effluence n'eſt point ſenſible,
les exhalaiſons & les vapeurs ſont
arrêtées par l'agitation même de la
ſurface : mais dès que le ſoleil a diſ-
paru, les exhalaiſons chaſſées par le
fluide ignée terreſtre, s'ouvrent aiſément un paſſage à travers un ſol ſec,
très-diviſé & réduit en pouſſiere. C'eſt
alors que les particules ſulfureuſes,
minérales, ſalines, arſénicales ou renfermées dans le ſein de la terre, ou dans
les reſtes des plantes & des animaux,
que la fermentation à ſéparées & atténuées, s'élevent avec les vapeurs humides qui leur ſervent de véhicule,
pénétrent tous les corps expoſés à leur

action, & souvent y portent le même principe d'inflammation qui les a produites.

Le serein dans les climats méridionaux de l'Europe, n'est bien sensible & ne passe pour très-dangereux que dans les mois de Juillet & d'Août, & au commencement de Septembre. La terre qui a été vivement échauffée pendant plusieurs mois de suite, & qui est en quelque sorte épuisée tant par les effets de la végétation auxquels elle a fourni, que par une grande évaporation, dépouillée de toutes ses productions qui la garantissoient de l'action immédiate des rayons du soleil, en est alors trop fortement frappée & tombe dans un état violent qui se communique bien au-delà de sa surface : on peut le comparer avec d'autant plus de raison à la fièvre, qu'elle semble sortir de son sein, & que l'effet du serein sur ceux qui en sont incommodés, est ordinairement une fièvre violente & inflammatoire, à laquelle on résiste difficilement si l'on n'est pas d'un tempérament

pérament robuste, & si l'on n'évite dans ce tems toute espèce d'excès capable d'occasionner le plus petit dérangement dans la santé. Les étrangers sur-tout en sont souvent la victime ; à s'en rapporter aux épitaphes qu'on lit dans les églises, & dans les cimetieres de Rome & de Pise, on voit que les voyageurs indiscrets & trop ardens à satisfaire leur curiosité & leurs passions périssent dans les mois de Juillet & d'Août. Les habitans du pays redoutent plus encore que les étrangers les attaques de ce terrible serein ; tous ceux qui peuvent quitter la ville, se retirent à la campagne, & choisissent de préférence les endroits élevés tels que Frascati & Tivoli, parce qu'on les croit hors de la portée des influences mortelles du serein. A Rome même quelques terreins exhaussés passent pour en être à l'abri ; toute la partie du mont Pincio qui domine sur la place d'Espagne & sur les quartiers voisins, est un lieu privilégié de la nature, où l'on peut, quoique dans le tems

Tome V. L

de la canicule, se promener impunément le soir & le matin, & jouir
pendant la nuit de la fraîcheur de l'air:
circonstances très-propres à persuader
que le serein ne s'éleve qu'à une certaine hauteur au-dessus de la terre, &
ne tombe pas du haut de l'atmosphère.

Dans les terreins bas, dans les
les grandes villes situées en plaine
le long des fleuves ou dans le voisinage des marais, les effets du serein
sont pernicieux : ils inspirent une
crainte habituelle que l'on pourroit
appeler superstitieuse, & qui ne contribue pas à en diminuer le danger.
Ceux à qui leur état ou leur fortune
permettent de prendre les précautions
nécessaires pour se garantir de l'intempérie, choisissent une habitation
fixe, & n'en changent point, couchent toujours dans la même chambre & le même lit, évitent les fati-
gues du corps & l'action de l'air extérieur, sur-tout au lever & au coucher
du soleil : mais le peuple qui est obligé
d'agir & de se fatiguer pour se procu-
rer les moyens de subsister, en évite

difficilement les impreſſions & leurs ſuites, quoiqu'on ait alors une attention marquée à ne rien entreprendre qui puiſſe lui cauſer du chagrin ou du trouble ; il n'eſt pas permis dans ce tems au propriétaire d'une maiſon d'en faire ſortir un locataire inſolvable : les fièvres chaudes ſont très-communes, l'ame participe aux déſordres du corps, toute la machine eſt dans une irritation continuelle. On dit même que les aſſaſſinats ſont alors plus frequens à Rome qu'en toute autre ſaiſon, & que le Gouvernement n'y fait preſque aucune attention, parce qu'il les regarde comme une ſuite malheureuſe de la fermentation où eſt le ſang. Il n'y a qu'un tempérament très-robuſte, ou une grande tranquillité & un uſage continuel des rafraîchiſſemens, ſur-tout des acides tirés des végétaux, qui puiſſent ſauver des effets funeſtes du ſerein. On a vu des étrangers les reſſentir dès la premiere attaque, pour avoir voulu profiter, mal à propos, de la fraîcheur du ſoir, & en devenir bientôt les victimes s'ils continuoient à s'y expofer.

La nature a fourni au peuple de Rome un remède fimple & très-actif, dont il a coutume d'ufer dans le tems que l'intempérie eft la plus forte ; il le trouve dans les eaux de la fontaine appelée *aqua acetofa* qui eft à deux milles environ hors de la porte du peuple, en tirant du nord au levant ; cette eau eft légere & acidule, & a quelque chofe de favonneux & de doux, ainfi qu'on l'éprouve au goût & au tact. Tous les ans à la fin du mois de Juillet, pendant celui d'Août & au commencement de Septembre, il y a grand concours pour en boire. Les gens de tout état fe rendent au foleil levant à cette fontaine, font remplir des flacons, & boivent en fe promenant au foleil & à découvert, parce qu'il faut être en mouvement & avoir très-chaud pendant que ces eaux paffent ; on en boit jufqu'à ce qu'elles fortent du corps prefque auffi limpides qu'elles y entrent ; ainfi la dofe de ce purgatif qui devient très-violent n'est point fixée. Il y a des jours où l'on voit jusqu'à cinq ou six cens personnes en même tems qui boivent ou qui cédent à l'effet de la purgation en plein air, le long des prés qui avoisinent cette fontaine, & tous évitent l'ombre quelque chaleur qu'ils éprouvent ; car s'ils prenoient le moindre frais pendant l'opération de ces eaux, ils courroient risque d'être saisis de la fiévre que l'on regarde comme très-dangereuse & souvent mortelle dans ces circonstances. La purgation affoiblit au point que les hommes les plus vigoureux se trouvent hors d'état de marcher, après avoir bu la dose, & l'avoir rendue (*a*). On assure que cette eau n'est vraiment active que dans la saison des grandes chaleurs, quoiqu'elle conserve toujours son même goût ; c'est à la médecine à expliquer comment elle entraîne les levains de corruption que

—————————

(*a*) V. la Description historique & critique de l'Italie, Tome VI, 1765.

l'intempérie porte dans les corps, quelques précautions que l'on prenne pour s'en garantir.

Aux environs d'Ostie, à douze milles de Rome au midi, les effets du serein, peut-être aussi dangereux, se manifestent d'une maniere toute différente : ils rendent l'air pendant la nuit d'une pesanteur & d'une épaisseur sensibles. J'ai oui raconter au curé de cette petite ville, qui y résidoit depuis trois ou quatre ans, que dès que les chaleurs commençoient à se faire sentir, il n'osoit plus se coucher, ni rester long-tems dans la même place ; que s'il lui arrivoit de dormir deux ou trois heures de suite, il se sentoit pressé de toutes parts d'un poids considérable qui le jetoit dans l'engourdissement, & rendoit la respiration pénible ; ce qui seroit suivi d'accidens plus considérables, si l'on ne changeoit point de place, & si l'on ne faisoit pendant quelque tems des mouvemens forcés, pour rendre aux humeurs leur fluidité & aux membres leur souplesse ordinaire. Le

teint & l'état habituel du peu d'habitans que l'on rencontre dans ce pays,
prouvent que l'air y est d'une qualité
pernicieuse : aussi n'est-il peuplé que
de criminels ou de gens sans aveu,
qui y sont à couvert des poursuites
de la justice, qui les abandonne aux
influences du mauvais air, auquel on
prétend qu'on ne peut résister long-
tems.

Le serein de quantité de pays des
Indes occidentales, aux Antilles &
sur-tout à la Jamaïque, a beaucoup
de rapport dans ses effets avec celui
d'Ostie dont je viens de parler. Pendant la saison chaude, dans les intervalles où les brises soit de terre,
soit de mer ne rafraîchissent pas l'air,
la chaleur est étouffante, & sur-tout
le soir jusqu'à ce que le vent de terre
se leve, ce qui n'arrive souvent qu'à
minuit & même plus tard. De là
vient que la plûpart des Européens
qui se trouvent dans ces parages, lorsqu'ils vont se coucher, se mettent
nuds & à l'air sur le tillac; c'est la
coutume des matelots. A l'ordinaire

quand le vent de terre commence à
souffler, on se garantit par une couverture & par l'oreiller qu'on tient
sur l'estomac entre ses bras : mais les
matelots, après avoir bien travaillé
toute la journée, passent souvent la
nuit entiere à l'air, nuds & sans couverture, sur-tout quand ils ont un
peu bu. Le lendemain à peine peuvent ils bouger étant tout engourdis
de froid : de là vient le défaut de
transpiration qui est suivi du flux de
sang dont quantité périssent, sur-tout
s'ils ont fait quelques excès des fruits
du pays (*a*). On conçoit aisément que
ce n'est pas le vent seul qui peut avoir
de si funestes effets ; on doit les attribuer plutôt aux exhalaisons dont l'atmosphère est chargée, & qu'il ne
rend que plus pénétrantes.

Il en est de même du serein de tous
les endroits où il a des suites nuisibles
& marquées : ce qui fait qu'on est bien

(*a*) Voyages de Dampier, Tome II,
traité des vents, chap. IV.

fondé à le regarder comme un amas d'exhalaisons séches dont l'action est plus fâcheuse que celle des vapeurs humides, & qui est d'autant plus per-nicieuse que la sécheresse est plus grande. Ces exhalaisons étant respec-tivement plus pesantes que les autres matieres hétérogènes répandues dans l'air, il n'est pas probable qu'elles soient portées bien loin, ni qu'elles s'élevent bien haut; si on a cru les reconnoître & les distinguer dans l'air sous la forme d'un nuage d'une pous-siere très-fine & de diverses couleurs, on a dû juger qu'il n'étoit pas possible que ces poussieres ne retombassent bientôt vers le centre d'où elles s'é-toient élevées. Ainsi comment a t-on pu imaginer & écrire que les sueurs violentes & l'état d'abattement que l'on éprouve à Venise dans les tems, de l'été les plus secs & les plus chauds, étoient les effets d'un air chargé des exhalaisons pestilentielles qui sortent des marais pontins, & qui sont em-portées dans l'air à travers une lon-gue suite de provinces traversées par

L v

des montagnes élevées, sur lesquelles
on ne s'est jamais apperçu que ces
exhalaisons causassent aucune intempérie. La Sabine, l'Ombrie, la Haute
Marche d'Anconne & le duché d'Ur-
bin jouissent constamment d'un air
pur & sain dans toutes les saisons, &
cependant ces exhalaisons prétendues
devroient nécessairement parcourir
leur atmosphère & l'infecter, traverser ensuite un long espace du golfe
avant que d'arriver à Venise. Il n'y
avoit qu'à jeter les yeux sur des
terres bien plus voisines de cette
ville, sur les marais que les inondations du Pô ont formés aux environs
de Ferrare & de Ravenne, sur la nature même du sol gras, humide &
très fertile qui borde les lagunes au
sud & à l'ouest, pour reconnoître la
source des exhalaisons dont l'air que
l'on respire à Venise est chargé dans
le fort de l'été, lorsque les vents
chauds ouvrent le sein de la terre, &
donnent lieu à une forte évaporation.
D'ailleurs on n'y reconnoît en rien
les effets des exhalaisons des marais

pontins : le sang y est géneralement
si beau, les denrées si saines, & les
hommes assez vigoureux y vivent trop
long-tems, pour que l'on puisse faire
en quelque saison que ce soit, aucune
comparaison juste, entre les qualités
de l'air, de ces deux pays, si éloignés
l'un de l'autre.

Ces exhalaisons sont donc tout-à-
fait locales & plus abondantes dans
certains endroits que dans d'autres :
elles ont un écoulement tantôt plus
fort & tantôt moindre, même dans
les lieux où il se fait ordinairement.
Dans la campagne de Rome, on ne
sauroit coucher ni se tenir long-tems
à l'air dans le tems des grandes chaleurs, sans en être au moins perclus ;
la raison en est que les terres abandonnées & incultes, couvertes d'une
couche épaisse de végétaux pourris,
les édifices ruinés, & les eaux stagnantes exhalent des vapeurs mortelles,
mais dont l'effet est local & sensible.
Les Religieux Feuillans qui habitent
à Saint-Sébastien hors des murs à deux
milles de Rome sur la voie Appienne,

L. vj

font obligés d'abandonner leur maifon dans le tems de l'intempérie &
de fe retirer à la ville : cependant
il y a quelques fermes répandues dans
la même campagne, dont les culti-
vateurs ne craignent pas cette intempérie, & n'en paroiffent pas incommodés, peut-être eft-elle moins forte
dans la partie qu'ils habitent. Il peut
fe faire encore que les catacombes
ou fouterrains fort étendus qui environnent la maifon des Feuillans, donnent plus de jeu au fluide ignée terreftre, & rendent l'évaporation de cet
endroit plus facile & plus abondante.
Il en eft de même de l'Abbaye de
Montmajour près d'Arles ; les marais
dans le voifinage defquels elle eft
conftruite, exhalent des vapeurs fi
malignes, que les Religieux font
obligés d'aller paffer l'été dans la ville,
fans quoi ils périroient tous, ou feroient au moins très-incommodés.
On n'eft pas exempt de cette intempérie dans quelques lieux maritimes
de France, tels que le voifinage de
Montpellier & les côtes du bas Lan-

guedoc ; combien de petites portions de la terre y font expofées ? combien de maladies épidémiques qui affectent des villages & même des villes, & qui n'ont pas d'autres principes que les mauvaifes qualités de l'air qui dominent plus ou moins de tems , & dont les caufes, toutes les fois qu'elles reparoiffent, font fuivies des mêmes effets ?

Le ferein fe fait donc fentir par-tout, plus ou moins, à la fuite des grandes chaleurs & tant qu'elles durent : car fi elles font interrompues par des pluies, fi l'action du foleil eft interceptée par des nuages épais, s'il regne des vents impétueux & froids, la terre ne tranfpire plus auffi abondamment, & le cours des exhalaifons eft arrêté. La preffion de l'atmofphère & l'humidité extérieure condenfent le fluide ignée dans les entrailles de la terre, & empêchent qu'il ne fe porte au dehors : mais fon action n'eft pas fufpendue pour cela , il tire des corps les plus durs & les plus folides, des parties ténues , volatiles & infen fibles, qui fe répandront dans l'air lorfqu'elles n'y trouveront aucun obftacle. Car aucun corps, quelque pefant & quelque compact qu'il paroiffe, n'eft dans un repos abfolu : les expériences de l'électricité nous ont appris que les métaux les plus durs font pénétrés d'un fluide fubtil, qui agit fur toutes leurs parties, tant à l'intérieur qu'à l'extérieur. Les corps vivans trouvés dans le centre des blocs de marbre, nous avoient déjà fait connoître que ce fluide traverfoit toute leur épaiffeur & alloit entretenir la vie & le mouvement de ces animaux ; d'où il réfulte que les molécules organiques des corps les plus durs ne font pas fi parfaitement adhérentes entr'elles, qu'elles n'éprouvent des mouvemens inteftins occafionnés par la circulation de ce fluide ; que fa force étant augmentée par la preffion de l'atmofphère, par l'action d'un autre liquide ambiant, ou par quelque fermentation voifine, il agit plus fortement & entraîne dans fon cours des particules de ces corps, très-légeres à

la vérité, mais qu'il répand dans l'air,
& qui font plus ou moins nuifibles, à
raifon de leur abondance & de leurs
qualités. Si elles font fulfureufes, falines, métalliques ou animales, &
unies entr'elles par quelqu'humidité
dominante dans l'atmofphère, alors
elles ont plus de poids & d'activité,
elles fe diffipent plus difficilement :
c'eft ce qui arrive dans les régions où
le ferein eft d'une nature fi dangereufe. Si le pays eft élevé, fec & montueux, elles font rarement nuifibles,
les vents les difperfent ordinairement,
& on prend d'autant moins de précautions pour fe garantir de leurs effets, qu'il eft plus rare de s'appercevoir qu'ils aient rien de funefte.

C'eft ce que nous éprouvons dans
la plûpart de nos provinces de France,
dans tous les pays élevés dont le fol
eft plus fec qu'humide, & même dans
plufieurs plaines telles que celles qui
font aux environs de Paris, où le ferein n'eft occafionné que par des vapeurs aqueufes, qui ne font chargées
d'aucune exhalaifon redoutable. L'hu-

midité feule y peut occafionner quelque incommodité relative aux difpofitions des fujets qui s'y trouvent expofés ; mais en général elle n'a point
d'effets pernicieux marqués, & on
prend l'air frais du foir & de la nuit,
fans crainte & prefque fans autre précaution que celle de fe garantir d'un
froid qui pourroit arrêter trop promptement la transfpiration établie pendant le jour. Il en eft à-peu-près de même de la Mingrelie où l'humidité de la
nuit eft extrême. Dans la faifon où
les bords de la mer Cafpienne font
habitables, le ferein & la rofée y font
d'une telle abondance, qu'en mettant un drap à l'air pendant la nuit,
il dégoutte d'eau le matin fans qu'il
ait tombé de pluie ; & quoique la
rouille qui en réfulte foit fi foudaine
& fi active que Chardin dit y avoir
vu fes armes rouillées quatre heures
après qu'on les avoit huilées & né-
toyées ; l'atmofphère ne contracte
pour cela aucune qualité pernicieufe ;
ce n'eft même que dans ce tems qu'il
fait bon habiter ce pays, depuis le mois

d'Octobre jusqu'en Avril : au lieu
que pendant les sécheresses de l'été,
lorsque la terre, après avoir été
épuisée par cette forte évaporation,
vient à être échauffée par les rayons
du soleil, l'air y est très-dangereux,
& la plus grande partie des habitans,
pour se soustraire aux intempéries,
sont obligés de se retirer dans les
montagnes. Ces phénomènes semblent prouver que ces rosées ne sont
chargées au plus que de particules nitreuses & salines, qui excitent à la
surface des métaux cette prompte dissolution dont les voyageurs se plai-
gnent, & qui ne fait aucune impression dangereuse sur les corps. L'usage
du pays apprend encore que cet effet
est général : la seule arme dont les
Persans voisins de la mer Caspienne
se servent alors, est la hache, les arcs
sont tellement relâchés, qu'ils ne
conservent plus aucun ressort, les armes à feu deviennent inutiles, & les
sabres se rouillent dans les fourreaux,
au point qu'il est impossible de les en
arracher.

Le ferein eft dans certaines faifons
très-dangereux, le long du golfe Per-
fique ; dans d'autres il n'a que les
qualités d'une rofée rafraîchiffante &
falutaire. On la connoît au goût, lorfqu'elle eft falée, on peut s'y expofer
fans crainte ; c'eft ce qui fait que les
habitans de l'ifle d'Ormus qui eft au
27ᵉ degré de latitude, à l'entrée de
ce golfe, font dans l'ufage de coucher fur des tapis au haut de leurs
maifons expofés à l'air fans aucun
préjudice pour leur fanté : tant que
l'humidité domine, & que les particules des fels dont leurs rochers font
couverts, & qui fe répandent dans
l'air, font délayées dans une grande
quantité de vapeurs aqueufes, ils peuvent jouir en fûreté de ce bienfait de
la nature ; mais dès que cette efpèce
d'évaporation ceffe, & que les chaleurs ardentes de l'été portent dans
l'atmofphère une abondance d'exhalaifons différentes qui abforbent &
anéantiffent les effets de ces fels fur
l'eau, en un mot, lorfqu'ils s'apperçoivent que la rofée n'eft plus falée,

alors le serein devient dangereux &
mortel, il faut l'éviter avec le plus
grand soin. Lorsque les chaleurs font
à leur plus haut point, les habitans
d'Ormus qui ne peuvent trouver
dans leurs maisons ardentes aucun
lieu assez frais pour y goûter quelque
repos, se retirent dans les forêts voisines, ou dans des bains où ils se
tiennent dans l'eau jusqu'au cou ;
peut-être usent-ils de la même précaution que les Egyptiens qui mettent beaucoup de nitre dans leurs
bains, ce qu'ils regardent comme un
remède éprouvé contre les intempé-
péries si fréquentes dans leurs pays.
N'est-ce pas encore par cette raison
que ceux qui se baignent dans la mer
& qui remettent leurs habits sur leurs
corps encore humides, ne font jamais
attaqués de rhumes ? Des observations exactes sur les effets du sel mêlé
dans les bains, pourroient conduire
à des découvertes d'autant plus utiles,
qu'elles assureroient la santé à quantité de gens, que leur état oblige à
être exposés aux effets de l'humidité
de la nuit.

Il n'eſt donc pas étonnant que le ſerein ſoit plus dangereux dans certaines contrées que dans d'autres. Toutes les effluences conſervent l'odeur, la ſaveur, la teinte même des corps mixtes d'où elles ſortent. Elles ont les mêmes accidens, la même force, les mêmes propriétés; ſi leurs effets ſont diverſifiés, ils ſont toujours analogues à la cauſe qui les a produits: quelques-unes même ſont inaltérables, elles ſe conſervent après avoir paſſé dans d'autres corps où elles s'inſinuent par leurs pores, & ſur-tout dans les animaux qui les reçoivent par la reſpiration & avec les alimens. Ceux qui ſont d'un tempérament robuſte & ſain, qui n'ont dans eux aucun principe vicieux qui puiſſe faciliter le développement de ces exhalaiſons peſtilentielles, les rejettent promptement, & n'en ſont point affectés; ce qui arrive à ceux qui échappent aux épidémies. C'eſt par la même raiſon que les plantes les plus fortes & les arbres les plus vigoureux réſiſtent à la carie qui peut être occa-

fionnée par le ferein, & à la putréfaction qui en eft la fuite ; quoiqu'il
femble que par rapport au genre vé-
gétal, ces effluences le nourriffent,
le foutiennent & lui donnent plus de
vigueur, fi cependant une nourriture
furabondante & une végétation trop
prompte, ne font pas la caufe de fon
peu de durée. C'eft ainfi que l'on voit
le long des marais pontins, dans la
campagne de Rome, dans quelques-
unes des Antilles, à la Guyane, dans
les baffes terres des Indes orientales,
les arbres & les autres végétaux dans
un état floriffant quoique paffager,
tandis qu'une pefte endémique fait
continuellement fentir fes ravages aux
hommes & à la plûpart des animaux
qui habitent ces contrées. Je cite ces
pays comme plus connus que les autres par les effets dangereux des vapeurs qui s'en exhalent & du ferein
qui en réfulte ; mais n'avons-nous
pas des cantons en France dont les
peuples font foibles, décolorés, de
petite ftature, & vivent très-peu,
quoiqu'ils habitent des régions fer-

tiles, & qu'ils soient dans une abondance que ne connoissent pas les habitans des montagnes ; ceux-ci, quoique mal nourris, sous un ciel dur, où le sol aride ne produit rien qu'à force de travaux, sont néanmoins forts & vigoureux, d'une plus haute taille, & poussent ordinairement leur carriere plus de vingt ans au-delà de celle des premiers, ce que l'on ne peut attribuer qu'à l'action des vapeurs & des exhalaisons dont est chargé l'air dans lequel vivent les uns & les autres, & à la qualité des alimens qui ont été nourris dans ce même air. Les exceptions particulieres que l'on alléguetoit, ne peuvent pas détruire la vérité de cette assertion générale. On trouve des personnes foibles & mal saines sur les montagnes, comme on voit des hommes robustes & bien faits dans les plaines les plus marécageuses ; mais c'est le petit nombre.

§ XIII.

Digreſſion ſur le miel & ſur les matieres qui ſervent à ſa compoſition.

Autrefois on mettoit le miel au rang des Météores, & on le regardoit comme un effet précieux de la roſée, réunie dans le fond du calice des fleurs, préparée & cuite par la chaleur du ſoleil (*a*). Ce ſyſtême a

---

(*a*) Pline, Liv. XI, chap. XII, dit préciſément que le miel vient de l'air, qu'il ne commence pas à ſe former avant le 23 de Mars *vergiliarum ortu*; mais qu'il n'eſt jamais plus abondant que dans la canicule *ipſo ſirio exſplendeſcente*, que c'eſt le matin qu'il ſe raſſemble, *ſublucanis temporibus*; il regrette beaucoup qu'on ne le puiſſe avoir dans toute ſa pureté & tel qu'il coule de l'air, dont il eſt l'expreſſion la plus pure; *utinamque eſſet purus ac liquidus & ſua natura qualis primò defluit*... Cependant tel qu'il eſt, malgré les altérations qu'il éprouve, il eſt encore une ſource de plaiſirs purs qui tien-

été long-tems suivi, mais on l'a entierement rejeté depuis que l'on a cru reconnoître dans le calice des fleurs des espèces de glandes pleines d'une liqueur miellée: c'est de là que l'on prétend que les abeilles tirent le miel, qui se façonne ensuite dans leur estomac. M. Linneus a le premier fait cette observation, on l'a suivi; & pour ôter tout crédit au sentiment des anciens, qui faisoient passer le miel pour un présent du ciel; on a prononcé que la rosée & les pluies sont très-contraires à la formation de la matiere mellifique, & on a cité en preuve le procédé même des abeilles, qui ne travaillent à leur récolte qu'après que l'humidité de lá rosée ou de la pluie a été dissipée par la chaleur du soleil, & qui n'en font aucune par les tems constamment humides. Mais n'est-ce pas la rosée dont

---

nent de sa nature céleste; *totiesque mutatus, magnam tamen celestis natura voluptatem affert.....*

les

les gouttes font réunies dans le fond du calice des fleurs, qui forme ces veſicules où ſe trouve le miel? Pour prouver le ſentiment oppoſé, il faudroit élever des fleurs nectarifiques dans un endroit couvert, où la roſée ne pût pénetrer, & ne les expoſer à l'air qu'après qu'elle s'eſt inſinuée dans les plantes ou qu'elle s'eſt évaporée par l'action du ſoleil. Alors ſi les glandes pleines de la liqueur miellée s'y trouvent auſſi abondamment fournies que dans les fleurs qui ont été expoſées à l'influence de la roſée, le ſyſtême de M. Linnæus devra l'emporter ſur l'ancienne opinion; mais juſqu'à ce que cette expérience ait été fidélement faite, il me paroît que l'on peut continuer à regarder le miel comme un préſent du ciel & une production de la roſée, perfectionnée par la chaleur du ſoleil.

Quantité de ſubſtances analogues à celle du miel, telles que les mannes que l'on trouve ſur la feuille des arbres dans la ſaiſon la plus chaude, lorſque la roſée eſt le plus abondante

& que l'on ne peut recueillir ni dans le tems des pluies, ni lorsque le ciel est couvert de nuages ou que l'air est agité par des vents impétueux, sem-blent conserver à l'ancien sentiment sur la formation du miel, toute sa force. C'est dans les mois de Juillet & d'Août que se font ces récoltes en Calabre & en Sicile; c'est dans la même saison que les feuilles du Mé-lése des Alpes se chargent d'une es-pèce de manne; c'est aussi dans ce tems que les feuilles des frênes & des hêtres de nos provinces septen-trionales sont couvertes d'un suc glu-tineux, fort agréable au goût & qui tient de la nature du miel.

Où trouve-t-on le miel en plus grande abondance, & dans quelles saisons? Dans les pays les plus secs, les plus chauds ou les plus élevés & par conséquent dans ceux où les ex-halaisons qui forment la rosée, moins chargées de vapeurs aqueuses, sont plus propres à prendre la consistance nécessaire à la production du miel. On n'en trouve nulle part autant qu'en

Abiffinie, fur la côte occidentale de l'Afrique & en Guinée, dans les ifles des Indes orientales, dans les régions les plus méridionales de l'Europe, en Sicile & en Grece : les abeilles y réuffiffent aifément pour le peu qu'on veuille s'appliquer à les multiplier ; les monts Himette & Hybla font encore de nos jours auffi fertiles en miel qu'il y a deux mille ans. Dans les régions feptentrionales, fi elles font élevées & féches, telles que la plûpart des provinces de Suéde & la Ruffie méridionale, on y fait d'abondantes récoltes de bon miel ; on le trouve même en grande quantité dans les forêts & dans les troncs d'arbres de quelques côtes élevées qui bordent la mer.

Ceux donc qui n'ont pas adopté le fyftême du célebre naturalifte Suédois, laiffent le miel dans la claffe des Météores, & continuent de dire que la rofée eft fa matiere premiere : par où il faut entendre certaines exhalaifons mêlées & cuites enfemble, que l'évaporation & la chaleur du foleil font fortir principalement des végétaux, que la fraîcheur de la nuit condenfe, qui retombent fur les fleurs & fur les feuilles, s'y attachent & fe ramaffent, fur-tout dans le fond de leurs calices, où les abeilles trouvent la matiere de leurs travaux utiles mieux préparée; quoiqu'on les voye en receuillir fur les petales des fleurs, fur des feuilles & même à la furface de différens corps, où cette matiere s'eft attachée.

Voici comment ils expliquent ce procédé de la nature. Les exhalaifons glutineufes & terreftres font plus propres à la formation du miel que celles qui s'élevent des eaux. Ce n'eft pas dans les terreins aquatiques & marécageux qui ont une fraîcheur habituelle, que les exhalaifons font plus abondantes, mais dans les terreins fecs fur lefquels le foleil agit avec plus de fuccès & détache plus aifé-ment les particules graffes & tenaces convenables à la production du miel. Les abeilles même ne vont pas faire leur récolte dès le grand matin, elles

attendent que le soleil ait diffipé toute
la vapeur aqueufe & réuni la matiere
mellifique. Cette matiere condenfée
par le froid de la nuit & retombant
fur les végétaux ou fur les autres
corps qu'elle rencontre dans le mouvement de fa chûte, s'y attache par
fa qualité glutineufe, y refte mêlée & fouvent couverte de vapeurs
aqueufes d'un plus grand volume,
dont elle eft débarraffée par le foleil
après qu'il a paru de nouveau fur
notre horifon, & que fa chaleur a
augmenté la confiftance & la ténacité
naturelle de cette matiere en la ma-
cérant.

Mais comme chaque terrein a fes
propriétés particulieres, on ne doit
pas efpérer de trouver par-tout des
exhalaifons également propres à la
formation du miel, eu égard à la différente qualité des végétaux qui fourniffent la matiere premiere de ces
exhalaifons, & qui ne font que plus
propres à les recevoir enfuite, à les
conferver & à contribuer à leur préparation. Il y a tel pays où les abeilles

M iij

trouveroient à peine de quoi se nourrir, bien loin d'avoir de quoi fournir a d'abondantes récoltes de miel. Le plus ou le moins de succès de leurs travaux dépend encore de la température des saisons. A la suite des étés humides, on trouve souvent les ruches vides & les abeilles mortes, sur-tout si le froid de l'hiver a été long & violent : mais il y a des contrées où la nature les favorise de succès continus & immanquables ; le miel de l'Attique est encore aussi précieux & aussi abondant que dans les siécles les plus florissans d'Athenes ; il y a long-tems que celui du Bas-Languedoc est d'une qualité excellente.

Dans d'autres régions, il est très-commun & en même tems fort dangereux, c'est une espèce de poison pour ceux qui en mangent. On trouve sur les bords de la Mer Noire, dans le voisinage de Trebisonde, un miel plus rouge & plus pesant que le miel ordinaire. Ceux qui en ont mangé, au rapport de Pline, (L. 21, C. 13,) suent pro-

digieusement, se couchent à terre &
ne demandent que des rafraîchissemens. Les abeilles, dit-il, le ramassent sur la plante *Aegolethron*, qui
est une espèce de *Chamerhodendros*
ou de laurier rose à fleurs jaunes,
distingué du laurier rose ordinaire à
fleurs rouges ou blanches. Pline ajoute encore que ce miel rend insensés
ceux qui en mangent & que les abeilles le ramassent sur la fleur du *Rho-*
dodendros, qui se trouve communément dans les forêts de la province
du Pont. Si cet arbuste diffère réelle-
ment du laurier rose commun, comme le prétend M. de Tournefort, il
en approche pour les qualités, peut-
être que cet habile Botaniste ne sça-
voit pas que les feuilles de notre laurier rose ordinaire, quoiqu'elles ne
soient pas aussi actives dans nos climats que dans le levant, font un vo-
mitif très-violent & même un poison, quoique bouillies dans le lait.
Les fleurs de l'*Aegolethron*, ou laurier
rose à fleurs jaunes, acquierent dans
les printems humides une qualité fort

dangereufe lorfqu'elles fe flétriffent, dit Pline, ce qui n'arrive pas toujours, & c'eft fans doute ce qui rend les fucs que les abeilles en expriment alors, fi pernicieux. Le P. Lambert, Miffionnaire Théatin, appelle cet arbriffeau *Oleandro giallo*, laurier rofe jaune, qui eft le *Chamerhodendros Pontica maxima*, *Mefpili folio*, *flore luteo* des Botaniftes ; il dit que fa fleur tient le milieu entre l'odeur du mufc & celle de la cire jaune, & que le miel que les abeilles fucent fur cet arbriffeau eft dangereux & fait vomir.

Ce n'eft pas de nos jours feulement qu'il caufe ces accidens. Lorfque l'armée des dix mille commandée par Xénophon, approcha de Trebifonde, il lui arriva un accident étrange & qui caufa la plus grande confternation. Comme il y avoit plufieurs ruches d'abeilles, les foldats n'en épargnerent pas le miel, & il leur prit, après en avoir mangé, un dévoiement par haut & par bas, fuivi de rêveries, en forte que les moins malades reffembloient à des hommes

ivres, & les autres à des moribonds
ou à des furieux : on voyoit la terre
jonchée de corps comme après une
bataille : personne néanmoins n'en
mourut, & le mal cessa le lendemain, environ à la même heure qu'il
avoit commencé, de sorte que les
soldats se leverent le troisieme & le
quatrieme jour, mais en l'état où on
est après avoir pris une forte médecine. Les Turcs, quelque ignorans
qu'ils soient, sçavent par la tradition
des gens du pays, que la fleur de cet
arbuste est nuisible au cerveau, qu'elle
excite des vapeurs & cause des ver-
tiges, que le miel recueilli dans les
cantons où il domine parmi les autres
plantes, étourdit ceux qui en mangent & leur donne des nausées, ce
que l'on ne peut attribuer qu'à la
qualité des vapeurs & des exhalaisons
dont cette fleur se charge & aux modifications qu'elles y prennent. Il en
est de même du miel de quelques cantons de la Mauritanie Cesarienne, aujourd'hui la république d'Alger, dont
quelques rayons sont empoisonnés,

M v

tandis que ceux qui font au-deſſus ou au-deſſous ſont très-ſains ; Pline avertit qu'on les reconnoît à leur couleur obſcure.

Toutes ces obſervations s'accordent à prouver que la ſubſtance que les abeilles & même les hommes recueillent ſur les fleurs & ſur les feuilles, & à laquelle on donne le nom de miel, y eſt attachée ſous la forme de la roſée; qu'elles en ſont chargées de préférence du côté d'où vient le vent, lorſqu'il n'eſt pas impétueux, car il la ſupprime alors : ce qui indique qu'elle y tombe plutôt qu'elle n'en ſort, ſans quoi les feuilles en ſeroient indifféremment couvertes de tous les côtés. Quant à ce que les abeilles ne recueillent pas le miel ſur toutes les fleurs & les plantes, c'eſt qu'elles ne ſont pas toutes également propres à recevoir les exhalaiſons, à les conſerver & à les cuire. On ne doit pas même apporter en preuve du ſyſtême moderne, que le miel conſerve l'odeur & le goût de certaines fleurs abondantes dans les pays

qu'elles habitent : il faut du travail
& de la force de la part de ces insectes industrieux pour tirer le miel
des plantes sur lesquelles il est attaché :
ne peut-on pas supposer en consé-
quence qu'elles en arrachent les parties les plus légeres qui, se mêlant
avec le miel, fermentent avec lui &
lui communiquent leur odeur. Il
n'est pas douteux encore que le miel,
tel qu'on le tire de la ruche, ne soit
différent du miel élémentaire, tel
qu'il existe d'abord sur les fleurs :
celui-ci est plus doux, plus fluide,
peu coloré ; l'autre change de qualité & se perfectionne, si l'on veut,
par la chaleur de la ruche, que l'on
sçait être à un degré assez considérable, & c'est cette chaleur qui
change la couleur, le goût & l'odeur
du miel. On peut en juger par celui
que l'on trouve à l'extrêmité du calice de quantité de fleurs, sa saveur
est douce & simple, c'est un suc préparé par une filtration continuelle &
fort active dans la plûpart des fleurs,
ainsi que l'annonce leur odeur. Les

M vj

parties d'exhalaisons qui coulent au fond du calice, jointes à celles que la plante fournit, y sont macérées par l'action de la chaleur & du principe vital qui anime la plante, & mises ensuite en dissolution. De là on peut rendre raison de la couleur jaune du miel, de sa saveur & de la viscosité qu'il acquiert, elles viennent de la même cause.

Le phlogistique repandu dans toute sa substance & parfaitement divisé, pénetre toutes les parties des sucs végétaux dont elle est composée : il les macere & les atténue au point de n'en laisser aucune qu'il n'enveloppe. Ce même phlogistique doux & coulant fait qu'elles ne conservent plus aucune âcreté : c'est par ce moyen que les fruits, dont la substance approche le plus de celle du miel, acquierent en mûrissant une saveur si douce, que l'on n'y sent plus rien d'âcre ou de crud : ils sont fort agréables au goût, mais non pas aussi sains que ceux qui conservent quelque chose d'agreste, c'est ce que l'on éprouve en mangeant

les fruits excellens qui croissent dans
la plûpart des pays situés sous la ligne
ou entre les tropiques, dont il faut
user très-sobrement si l'on ne veut
pas en être incommodé. Enfin le
phlogistique abondant dont le miel
est pénetré, est cause qu'il fermente
si aisément, qu'une chaleur modique
le fait fortement écumer; ce que l'on
doit attribuer plus à sa viscosité qu'à
sa fluidité, il présente une plus grande
résistance à l'action du feu, & il est
susceptible d'une telle raréfaction,
que l'on peut, par l'ébullition, le
réduire en ses parties élémentaires,
& le rendre presqu'en entier à l'air
d'où sa matiere premiere est tombée.

Ce systême, moins absolu que
celui de M. Linnæus, n'exclut point
le suc naturel a certaines plantes, de
concourir à la formation du miel : il
en est même quelques-unes, dont
on en tire sans peine ; mais ne doivent-elles pas cette propriété à la
nourriture qu'elles tirent des rosées
abondantes, qui, mêlées avec les

émanations qui leur sont propres, contribuent à la formation du miel qu'elles renferment.

Je me suis arrêté sur cet article, moins parce qu'il tient en quelque façon à mon sujet, que pour faire voir que la plûpart des systêmes nouveaux sont plus spécieux que réels, & que l'on y donne pour un effet général de la nature ce qui n'est propre qu'à quelqu'uns de ses individus. Mais c'est l'usage du grand nombre des écrivains qui jouissent de quelque réputation & qui aspirent à la gloire des génies créateurs ; ils veulent absolument faire passer leurs idées empruntées pour de nouvelles découvertes, quoiqu'ils ne les doivent qu'aux indications qu'ils ont trouvées dans les écrits de ceux qui les ont précédés dans la même carriere : s'ils ont été plus loin, c'est en profitant de leurs travaux & des facilités que l'on acquiert tous les jours pour observer ; les avantages de leur position, l'assurance avec laquelle ils les font valoir, l'éclat même de leur nom, les exemptent-ils du juste tribut de reconnoissance, auquel ils sont obligés envers ceux à qui ils doivent les principes de leurs connoissances ?

§ XIV.

Observations sur la matiere à laquelle l'Ambre doit son existence.

Ne seroit-ce pas pousser nos prétentions trop loin, que de dire que l'ambre est un effet de l'évaporation générale, une modification éloignée de la rosée & des exhalaisons, déjà bien déguisées sous la forme du miel, & encore moins reconnoissables dans les masses dures & compactes d'ambre que l'on trouve dans les différentes mers.

Si les anciens ont eu quelques idées sur la vraie matiere de l'ambre, elles ont été si obscures, si enveloppées, que l'on a peine à y découvrir quelque apparence de vérité. L'ingénieux Ovide négligeant de s'instruire des secrets de la nature, pour se livrer aux prestiges d'une imagination brillante, avança dans la fable du changement des sœurs de Phaëton en peupliers, que l'ambre n'étoit autre chose qu'une gomme, que l'ardeur du soleil faisoit sortir des branches & des feuilles encore tendres de ces arbres plantés sur les bords du Pô (a). Cette fiction eut un succès étonnant, & plusieurs siécles après son auteur, on la débitoit encore comme une vérité enveloppée sous les ornemens dont l'avoit couverte une imagination trop riche, mais qu'il étoit aisé de reconnoître : quoique Pline l'ancien & plusieurs autres naturalistes eussent déjà entrevu la vérité sur l'origine de

______

(a) *Indè fluunt lacrima, stillataque sole*
    rigescunt
De ramis electra novis, qua lucidus
    amnis
Excipit & nuribus mittit gestanda latinis...
    Ovid. L. II, Métam. Fab. III, v. 364.

l'ambre & sa formation. Pline, sans les assigner, dit expressément que dans les terres qui bordent le Pô, il ne se trouve aucun arbre d'où il distille, que les peupliers ne produisent point de gomme qui approche de la nature & des qualités de l'ambre, que l'on n'en trouve même point dans les Isles de la mer Adriatique, qui sont à l'embouchure de ce fleuve, mais qu'il vient de la mer d'Allemagne & que l'on en trouve sur les côtes d'Angleterre. Lucien qui avoit parcouru toute l'Italie, dit que l'on n'a jamais trouvé d'ambre sur les bords du Pô. Cependant long-tems après nous voyons que S. Ambroise (*Hexameron*, l. 2. c. 15.) regarde l'ambre comme une gomme produite par quelques arbres que l'on trouvoit assez communément sur le bord des fleuves, réunie en masse & durcie par la fraîcheur des eaux : ce qui le portoit à le croire, c'est qu'on voyoit dans cette substance précieuse des feuilles d'arbre & des insectes qu'il supposoit s'y être attachés lorsqu'elle couloit encore de l'arbre. Claudien ne paroît pas en avoir douté (a). Ainsi ce qui auroit dû conduire à la connoissance de la matiere premiere de l'ambre, donna lieu à une fable qui ne servit qu'à obscurcir d'avantage la vérité. Comme alors une grande partie du commerce de l'Italie, se faisoit par la mer Adriatique & le Pô; que c'est de là qu'on tiroit presque toutes les marchandises qui venoient du nord, il ne fut pas difficile de faire croire que l'ambre étoit une des productions de ce pays; il ne faut donc pas s'étonner que Pausanias, quoique contemporain de Lucien, ait écrit que l'on ne ramassoit l'ambre que dans les sables du Pô: cet habile Grec, dont la critique est si judicieuse lorsqu'il s'agit de comparer entr'eux les monumens antiques, ne s'étoit jamais appliqué à

______

(a) *Et Phaëtontaeas solita deflere ruinas,*
Roscida frondosa revocant electra sorores.
Claud. *de* 3° *Honorii Consulatu*...

l'étude de l'histoire naturelle. C'est
cette rareté de l'ambre qui faisoit regarder la statue d'Auguste de cette
matiere, placée sous les portiques de
la place Trajane, comme l'ornement
le plus rare & le plus précieux de ce
monument si riche & si magnifique.
Si l'on veut être plus au fait de tout
ce que les anciens poëtes & même
quelques naturalistes ont débité sur
l'origine de l'ambre & ses propriétés,
il faut lire le chapitre 2 du 37e livre
de Pline, on y voit la vérité enveloppée sous quantité de fables de
formes différentes, mais dont le fond
est toujours le même & se rapporte
à la vraie cause de cette substance.

Dans des siécles plus récens, les
uns ont dit que c'étoit un excrément
de baleine, d'autres la fiente de certains oiseaux, fondue & réunie en
masse par les eaux de la mer, quelques-uns ont avancé que c'étoit un
bitume qui couloit du sein de la terre
dans la mer, qui se condensoit par
sa fraîcheur & dont les masses prenoient d'ordinaire une forme arron-

die, en roulant au gré des flots ; &
comme cette matiere eſt tendre tant
qu'elle eſt ſous l'eau, & qu'elle ne
ſe durcit qu'à l'air, il n'eſt pas étonnant que l'on y trouve mêlés des
pierres, des os, des coquilles, des
feuilles & d'autres ſubſtances hétérogènes ; il ſeroit plus ſingulier
que l'on y reconnût de la cire,
du miel & même des rayons tout
formés, ſi l'ambre devoit ſon origine à une autre ſubſtance que le
miel.

Les ſentimens des Orientaux ſur
la formation de l'ambre, ſont à peu-
près les mêmes que ceux que nous
venons de rapporter, & les plus inſ-
truits d'entr'eux regardent le miel
comme ſa matiere modifiée par les
eaux de la mer. Les Arabes ont prétendu que l'ambre gris eſt une émanation de ſources cachées dans la mer
& ſemblables à celles de naphte, de
bitume & d'autres matieres inflammables aſſez communes dans les régions ſituées entre les Tropiques. Ces
matieres s'étant coagulées par la fraî-

cheur des eaux de la mer, sont poussées vers les rivages différens par les
vents, les marées & les courans.
D'autres l'ont regardé comme une
production de l'écume de la mer,
chargée de la semence des grands
poissons : si cela étoit, l'ambre seroit
beaucoup plus commun, & on en
trouveroit dans toutes les mers. Quelques Indiens disent que l'ambre gris
est une gomme odoriférante de même nature quecelles que produit l'A-
rabie & qui en sort ; que les torrens
l'entraînent à la mer dans la saison
des pluies d'où elle est portée sur les
côtes d'Afrique, qu'elle suit en flot-
tant jusqu'au Cap de Bonne-Espérance ; que de là les vents la font refluer jusqu'aux rivages de Madagascar & des autres isles des mers d'A-
frique : ce raisonnement est fondé sur
ce que l'on trouve de l'ambre dans
toutes ces régions. Chardin nous raconte quelque chose de plus exact sur
la formation de l'ambre, qu'il dit
avoir appris d'un Seigneur Persan,
établi à la Cour de Golconde, & qui

faifoit fa principale occupation de
l'étude de l'hiftoire naturelle. Selon
cet obfervateur illuftre, que le voyageur nous dit avoir été un des plus
fçavans hommes des Indes, l'ambre
n'étoit que de la cire & du miel con-
gelés : il en avoit raffemblé des morceaux précieux par leur groffeur & leur
choix, & dont quelques-uns étoient
poreux en dedans & prefque femblables à des éponges, forme qui fe
rapproche beaucoup du travail des
abeilles. Il prétendoit que ces infectes
faifoient en Afrique leur miel dans
des rochers & de vieux troncs d'arbres, ainfi que dans plufieurs régions
plus connues & affez peuplées, telles
que la Mingrelie & la Circaffie, où
le miel eft fort commun ; que les torrens de pluie emportoient fouvent
leur ouvrage brut & encore frais dans
la mer, où la matiere fe durciffant &
acquérant de nouvelles qualités par
le mêlange des huiles & des bitumes
qui lui font analogues, elle contrac-
toit enfin l'odeur excellente que l'on
y eftime tant. Quant à la différence

qui se trouve entre l'ambre gris &
l'ambre noir, dont on fait moins de
cas, on ne doit l'attribuer qu'aux qualités du miel & à sa couleur, qui
n'est pas toujours égale (*a*). On sçait
que par-tout le miel noir ou qui approche de cette teinte obscure, n'est
pas aussi bon ni autant estimé que le
miel blanc ou d'un jaune léger &
transparent. Chardin a encore observé que l'ambre nouvellement pêché
a une odeur forte & désagréable,
mais qui se passe avec le tems : sans
doute que les sels & les huiles trop
abondantes qui causent cet effet, s'é-
vaporent à la longue & ne laissent
plus à l'ambre que les sels fixes &
essentiels à la conservation des qualités que l'on y recherche. On voit
par ces détails que les opérations de
la nature se présentent presque par-
tout sous le même aspect à ceux qui,
écartant les préjugés vulgaires, ne

(*a*) Voyages de Chardin, tome IV,
édition in-12, 1711.

l'étudient que dans ses véritables effets.

O na cru , presque de nos jours,
que l'ambre jaune qui se trouve dans
la mer de Dantzick, étoit une gomme
que certains arbres situés sur le bord
de cette mer produisoient & qu'ils y
laissoient couler. On en trouve, dit-
on , dans le sein de la terre, en
Prusse & en Poméranie ; les principales mines en sont sur les côtes de
Sudwic, & souvent même la charrue
en enleve des morceaux , qui sont ordinairement dans une terre bitu-
mineuse , formée des débris des végétaux & des immenses forêts qui couvroient autrefois le pays : l'ambre si
commun dans les mers qui baignent
la Prusse Ducale, sort des rochers &
des collines que leurs flots battent &
détruisent insensiblement. En admettant la vérité de toutes ces observations , il n'en sera pas moins constant que l'ambre jaune de Prusse tire
son origine du miel fondu & durci
dans les eaux. On sait que les Abeilles s'établissent d'ordinaire dans les
arbres

arbres, ce qui fait que le miel est si commun & si abondant dans toutes les forêts du nord : il se peut faire que lorsque l'on a entrepris de défricher des terres couvertes de bois, on y ait mis le feu ; le miel que la chaleur n'aura pas entiérement dissipé, aura coulé dans des terreins humides, dans des mares d'eau, où il se sera rassemblé en masse, & cette eau imprégnée des sels, des soufres, des bitumes même qui seront restés après l'incendie des arbres, aura eu le même effet sur le miel que les eaux de la mer, & l'aura changé en ambre jaune de la même couleur que le miel du nord, qui étant moins pur & moins délicat que celui des pays plus chauds, est d'une teinte plus foncée. Ainsi les arbres qui sont sur le bord de la mer de Dantzick, peuvent fournir la matiere prochaine de l'ambre qui s'y trouve, sans que pour cela on ait droit de dire que ce soit originairement une gomme minérale ou végétale durcie dans la mer.

Sur ce qu'il se trouve de l'ambre

jaune sur les côtes de Provence & aux environs de Marseille, dans les fentes dés rochers les plus dépouillés & les plus stériles, on a cru que c'étoit une substance minérale ; mais sa couleur, son odeur, ses qualités, les mouches entieres que l'on y trouve, n'annoncent-elles pas que la matiere en est par-tout la même ? Ne peut-on pas observer aisément que les cavités de ces roches arides, exposées au midi fournissent des ruches naturelles & très-favorables au travail des abeilles, qui de là se dispersent aisément dans des campagnes couvertes de fleurs de toute espéce, où elles trouvent en abondance la matiere nécessaire à leurs ouvrages. Les particules salines, grasses & bitumineuses dont est formée l'écume de la mer, peuvent encore leur convenir. Je ne sais si elles n'y trouvent pas les matériaux de la cire tout préparés. J'ai observé tout nouvellement qu'elles se rassembloient en grand nombre sur des fresques que l'on peignoit à l'huile, & suivoient les traces du pinceau avec une avidité singuliere ; elles s'arrêtoient sur les couches les plus fraîches de couleur, & toutes s'en retournoient fort chargées, & revenoient promptement faire une recolte nouvelle. Elles n'abandonnerent ces peintures que lorsqu'elles furent trop seches, pour qu'elles en pussent rien enlever.

L'ambre gris est très-commun sur la longue côte d'Ajan, bordée par tout de rochers peuplés d'abeilles qui y font du miel en grande quantité, & on ne doute pas que cet ambre ne soit formé de ce même miel qui, fondu par l'ardeur du soleil brûlant de l'Afrique, coule dans la mer dont la fraîcheur le coagule ; on voit souvent des mouches, des fourmis & d'autres insectes qui recherchent le miel, & s'en nourrissent, enfermés dans des morceaux d'ambre gris. Comme on trouve par-tout du miel de différentes ; qualités plus ou moins pur, de même les mers les plus éloignées les unes des autres roulent dans leurs eaux des masses d'ambre de diverses nuances qui, cependant

tiennent toutes du jaune ou du gris.
Toutes les relations des voyageurs en
font foi : trois aventuriers Anglois,
sur la fin du seizieme siecle, trouve-
rent entre les rochers, dont est environnée l'isle de Saint-Georges, l'une
des Bermudes, une masse d'ambre
gris d'une seule piéce, du poids d'environ quatre-vingt livres, la plus
grosse que l'on eût encore vûe ; on
continue d'y en trouver, & l'ambre
gris fait partie du commerce de ces
isles. Le navigateur Dampier (tom I,
chap. II) dit qu'un Anglois trouva de
son tems sur la côte d'une baie sablonneuse d'une des isles de Hondu-
ras, un morceau d'ambre gris d'une
grosseur si considérable, que l'ayant
porté à la Jamaïque, il trouva qu'il
pesoit plus de cent livres. Après l'a-
voir tiré du sable & mis secher dans
une place où la mer ne pouvoit arriver dans la plus haute marée, il y
remarqua quantité d'insectes ; il étoit
de couleur foncée tirant sur le noir,
dur à-peu près comme un fromage &
d'une très-bonne odeur. Le peu de

dureté de cette masse d'ambre prouve,
ou qu'il n'y avoit pas long-tems qu'elle
avoit été formée, ou qu'elle venoit
seulement d'être jetée à bord par le
flot : sa couleur brune n'a rien d'extraordinaire, souvent des accidens particuliers tels qu'une chaleur excessive
accompagnée d'humidité, ou le mêlange de quelque substance étrangere,
donnent au miel une teinte très-
obscure ; ne voyons-nous pas des gâ-
teaux sortir des ruches presque noirs.
Quant à ce que Dampier ajoute qu'il
n'a pas appris qu'il se trouvât de l'ambre gris ailleurs qu'aux isles Bermudes, à Bahama dans les Indes occidentales & dans cette partie de la
côte d'Afrique & des isles voisines,
qui s'étend du Mozambique jusqu'à
la mer rouge ; cela prouve seulement
que l'on n'avoit pas fait de son tems
autant d'observations que l'on en a fait
depuis environ un siécle. On ramasse
de l'ambre gris sur les côtes des isles
de Bourbon & de France à l'orient
de Madagascar ; il n'est pas moins
commun dans les mers des Indes

orientales ; on en trouve beaucoup
autour des isles Moluques, & il est
probable qu'il s'en forme dans les
eaux de la mer, par-tout où il y a du
miel à portée d'y couler & de servir
de matiere à cette production qui
long-tems a été mise au rang des
concrétions les plus précieuses, &
que l'on employoit à différens ouvrages qui ne font plus de mode que
dans les cabinets des curieux : mais
on continue d'en tirer, fur-tout du
fuccin ou ambre jaune mis en pouffiere fur les charbons, une fumée falutaire & d'une utilité reconnue pour
les maladies du cerveau & de l'estomac. Les Orientaux en font un très-
grand ufage, & croient que l'esprit
volatil qui en fort, est propre fur-tout
à ranimer les vieillards, & à prolonger leur carriere.

§ XV.

Comment se forment les nuages & les nuées.

Les mêmes causes qui forment les brouillards & les dissolvent, forment & détruisent les nuages. On peut même dire que les nuages ne sont autre chose que des brouillards qui s'élevent très-haut dans l'atmosphère. Cependant il y a quelque différence entre ces deux météores, quoiqu'ils aient une matiere commune, & que leurs modifications se rapportent en bien des choses : les nuages portés à une si grande hauteur de l'atmosphère, doivent être formés de particules très-minces, d'une même pesanteur spécifique avec l'air dans lequel elles s'arrêtent ; car l'air étant d'autant plus pur & plus raréfié qu'il est plus haut, il ne peut soutenir qu'une matiere très-légere.

Cette matiere, quoique réunie & condensée au point de se présenter

comme un corps opaque & continu,
n'est qu'un assemblage de vapeurs &
d'exhalaisons : les vapeurs sont froides & humides; les exhalaisons sont
séches & chaudes & presque toutes
inflammables de leur nature. Les unes
& les autres au sortir des lieux d'où
elles s'exhalent, sont séparées en de
trop petites parties pour être apper-
çues ; elles ne sont sensibles que
lorsqu'élevées dans la moyenne région de l'air, elles se trouvent dans
une température froide qui les resserre & les rend obscures par la réunion de leurs parties. La chaleur du
soleil, celle qui est renfermée dans
le sein de la terre, l'action du fluide
éthérée répandu dans toute la nature,
les séparent des différens mixtes, les
mettent en mouvement , & leur
donnent la force de s'élever. On n'èn
doutera plus à présent que l'on sait
que la pesanteur n'est pas essentielle
à la matiere, & qu'il est en quelque
sorte visible, que les corps qui tendent vers un point déterminé, y sont
poussés par d'autres corps qu'une force

connue porte à agir fur eux. L'impulfion générale & l'action de tous les
corps les uns fur les autres, n'eft plus
un myftère; c'eft le principe du méchanifme & de l'harmonie de l'Univers, entretenus par le mouvement
d'une matiere plus fubtile que celle
du feu, qu'elle foutient & qu'elle
anime.

Comme les fluides préfentent
moins de réfiftance à cet agent uni-
verfel que les folides, les exhalaifons
font en moindre quantité que les vapeurs, & les nuées fe réfolvent plutôt en pluie qu'en grêle ou en neige.
Les tonnerres, les foudres & les
éclairs font des phénomènes rares
dans la nature, comparés à la fré-
quence des pluies & à leur abondance :
ainfi ce font les vapeurs aqueufes qui
forment principalement la fubftance
des nuages, les exhalaifons qui y font
toujours mêlées, peuvent n'y être
confidérées que comme accidentelles,
eu égard à leur petite quantité, & relativement au volume d'eau dans lequel elles font confondues.

N v

Ces vapeurs se réunissent & se forment en nuées plutôt ou plus tard, plus ou moins haut, suivant la grandeur & l'abondance de leurs molécules, & suivant la température de l'air plus ou moins froide. Les plus grandes molécules, parce qu'elles sont spécifiquement plus pesantes, s'arrêtent plus bas ; si les plus petites se rapprochent, elles deviennent bientôt plus considérables par leur réunion, ce qui est occasionné par le froid qui souvent dans la moyenne région de l'air & toujours dans la supérieure, est tel que les molécules aqueuses s'y changent aussi-tôt en particules de glace, & se roidissent, quoiqu'elles nagent encore séparément ; il faut penser la même chose des exhalaisons qui parviennent à cette hauteur, sur-tout si on les suppose enveloppées de particules aqueuses.

Ainsi les nuages en général, au moins les plus élevés, ne sont pas formés de gouttes d'eau, mais de particules de glace ; leur couleur & leur forme, vues de près, le persuadent. Il eſt certain que la région de l'air où leur matiere s'arrête & ſe condenſe, eſt plus froide ou au moins auſſi froide que la température du ſommet des plus hautes montagnes, où les neiges ne ſe fondent pas, même dans le plus fort de l'été ; & comme, plus les vapeurs s'élevent, plus elles trouvent une cauſe prochaine de condenſation dans l'air froid qui les environne, ſi elles ne ſont point preſſées par l'action des vents ; les parties les plus hautes des nuages ne ſont que des filamens glacés aſſez éloignés les uns des autres, & que l'on peut comparer à des tas de coton : plus bas il ſe forme des petites pelottes velues qui deviennent plus groſſes à meſure qu'elles s'abaiſſent d'avantage, juſqu'à ce qu'elles ſe fondent en gouttes ſenſibles de pluie, lorſqu'elles arrivent à la région inférieure de l'atmoſphère qui naturellement eſt moins froide que la ſupérieure (*a*). C'eſt pour cela que les

____

(*a*) Deſcartes, Traité des Météores, c. V.

nuées qui s'y forment, se diffolvent d'autant plus promptement qu'elles ne font qu'un amas de molécules aqueufes, d'exhalaifons & de vapeurs qui fe réuniffent & deviennent fpécifiquement plus pefantes que l'air qui les foutient ; à moins que par un froid extraordinaire, elles ne fe durciffent, ne fe congelent, & ne prennent une confiftance femblable à la matiere des nuages les plus hauts : dès-lors elles fe foutiennent plus long-tems, & retombent enfin fous la forme de neige, de grefil ou d'autres frimats, ainfi qu'il arrive au commencement du printems lorfque l'évaporation eft forte, & que l'atmofphère inférieure n'étant que médiocrement échauffée, ne communique pas fa chaleur bien haut. Il peut arriver encore que l'atmofphère étant tranquille ou agitée d'un mouvement égal par les vents ; ces gouttes d'eau ou ces particules de glace répandues au large & fans ordre, reftent & fe foutiennent dans l'air à une certaine hauteur ; de forte que l'état des nuages ne differe en rien de celui des brouillards.

On ne fera donc pas étonné que les nuages du plus grand volume ref- tent fufpendus en l'air, & s'y arrê-, tent long-tems, dès qu'on fera at- tention à la ténuité de leurs parties & à leur rareté. Il ne font compofés que de très-petites gouttes congelées qui ne peuvent augmenter de poids que très-difficilement ; leur modifi- cation actuelle étant un obftacle à leur union, qui eft encore empêchée par les exhalaifons atténuées qui fe font glif- fées entr'elles, de même que par des molécules aqueufes fi petites qu'on les peut regarder comme élémen- taires, & qui s'étant condenfées avant que de s'approcher les unes des au- tres, n'ont pu s'unir & former des gouttes de quelque poids ; enfin par l'air proprement dit qui étant par fa nature rare & compreffible au plus haut degré imaginable, donne lieu à tous ces différens petits corps pouffés & agités de fe mouvoir fans fe join- dre, parce qu'il fe gliffe entre tous leurs intervalles, & occupe auſſi-tôt l'eſpace que l'un d'eux laiſſe libre, quelque mince qu'on puiſſe le concevoir. Ces matieres différentes ſe mettant à la ſuite les unes des autres, il s'en forme des eſpèces de traînées ou de franges diverſement hériſſées par des poils ou filamens qui s'étendent en tout ſens, ſuivant le rayon d'incidence ſous lequel ils s'uniſſent à une particule quelconque. Cette modification admiſe, on conçoit quelle doit être la rareté de la matiere des nuages, & combien elle eſt propre à empêcher que ces molécules légeres n'acquierent plus de poids en devenant plus compactes, & ne forment entr'elles une maſſe plus peſante. C'eſt pourquoi cette matiere rendue ſolide par la congélation ſans acquérir un poids plus conſidérable, ſe conſerve très-longtems dans le même état, dans une région très-froide à raiſon de ſa hauteur, & dès-lors peut être ſoutenue par un fluide auſſi léger que l'air, mais dont l'enſemble ne peut pas être rompu par un corps qui eſt beaucoup

plus léger, quoiqu'il paroisse solide,
& qu'il soit assez opaque pour intercepter la lumiere du soleil & des astres.

Il ne faut donc pas être surpris
si dans certaines parties du ciel, celles sur-tout qui sont au-dessus des
régions voisines des pôles, on voit
des nuages qui y paroissent fixes &
constans, soit qu'ils soient toujours
les mêmes ou qu'ils soient renouvellés par les effets d'une évaporation
toujours égale. On observe dans l'hémisphère austral deux grandes taches
blanchâtres, que l'on marque d'ordinaire exactement dans les cartes cé-
lestes, sous le nom du grand & du
petit chêne : outre cela, il y a deux
grandes taches noirâtres que l'on n'y a
pas encore marquées. La premiere est
de figure presque rhomboïde, & suit
immédiatement la croix du sud ; la
pointe qui est tournée vers le pôle
austral, est irréguliere, s'étendant
plus que celle qui lui est opposée, &
se recourbant un peu vers le trian-
gle : l'autre tache n'est pas si bien
marquée ; elle est d'une figure plus

irréguliere & composée de petits nuages accumulés les uns sur les autres,
qui se confondent par leurs bords avec
une partie de la voie lactée qui se répand jusques-là avec beaucoup de
clarté (a). Le Pere Acosta avoit vu de
même vers le pôle antarctique, deux
taches noires fort remarquables, qu'il
oppose à la couleur lumineuse de la
voie lactée (b). On prétend encore
que ces nuages ou taches disparoif-
sent en présence de la lune : mais s'ils
sont aussi fixes dans cette partie du
ciel qu'on le suppose, il peut y avoir
dans cette observation quelque illu-
sion d'optique, causée par une réflexion des rayons de la lune, qui
empêche qu'on n'apperçoive pas alors
ces nuages.

Il peut arriver que la chaleur du
soleil, à l'élévation où l'on voit les
nuages, conserve encore assez de force

(a) Mémoires de l'Académie des Sciences,
tome VII, partie II, pag. 205.
(b) Hist. Naturelle des Indes, Liv. I,
chap, II.

pour diffoudre la partie de la furface fur laquelle tombent fes
rayons : alors il s'y fait un changement remarquable, le côté éclairé par
le foleil devient plus denfe, par la
réunion qu'il caufe de fes parties, en
les fondant : mais la température dominante ne tardant pas à fe faire fentir, il fe forme une croûte de glace
très-mince, qui réfléchiffant plus de
rayons, rend la partie tournée du côté
de la terre plus obfcure : ainfi on voit
un même nuage fixé dans un point
de l'atmofphère, d'abord affez lumineux, devenir infenfiblement tout-à-
fait fombre. Cette modification acci-
dentelle eft un effet de la chaleur,
dont le propre eft de condenfer la
neige ou tout autre corps rare de même nature, parce qu'en amolliffant la
roideur de leurs parties les plus minces, elle détruit les obftacles qui s'op-
pofoient à leur réunion. Ainfi lorfque
la terre eft couverte de neige, nous
voyons le froid de la nuit glacer ce
que la chaleur du jour avoit fondu à
la fuperficie, donner plus de folidité

à toute la maſſe de la neige, ſans en
augmenter le poids, & réfléchir plus
vivement les rayons de la lumiere :
c'eſt ce qui fait que les nuages vus de
haut en bas, paroiſſent blancs & fort
éclairés. Cette croûte glacée augmente quelquefois le poids du nuage
qui alors s'abaiſſe peu à peu, juſqu'à
ce qu'il ait aſſez condenſé l'air qui le
ſoutient, pour ſe trouver d'une même
peſanteur ſpécifique avec lui.

§ XVI.

Légéreté des nuages.

Si nous voulons nous faire une idée
de la légéreté des nuages, examinons
les à leur naiſſance, lorſque l'élévation des vapeurs & des exhalaiſons ſe
fait ſur les plus hautes montagnes, ou
même dans des terreins plus bas qui
ont été vivement échauffés par l'action du ſoleil. Sur les parties les plus
élevées des Alpes & de l'Apennin,
on voit ces vapeurs ſi légeres dans
leur origine, ſe raſſembler en différens

points des montagnes, comme une
fumée transparente & souvent immo-
bile; le plus léger mouvement excité
dans l'air suffit pour les rapprocher,
alors il est aisé de voir qu'elles acquierent plus de solidité : elles deviennent plus épaisses, plus blanches,
& réfléchissent une partie des rayons
de la lumiere qui les éclaire. Leur direction est toujours de bas en haut :
on voit ces amas de vapeurs ramper
le long de la montagne jusqu'à ce
qu'elles en aient gagné la cime où elles
se rejoignent, se forment en nuages,
& restent immobiles souvent en masse
assez considérable, semblant attendre
que les nouvelles vapeurs qui continuent de s'élever dans la même direction, soient venues s'y réunir.

Cette élévation des vapeurs est encore plus sensible sur les montagnes
échauffées par un feu intérieur. Peu
après une pluie abondante, sur-tout
après la chûte de la neige & des frimats qui sont bientôt fondus sur un
terrein chaud & absorbant, tel par
exemple qu'est celui du Vésuve ; on

voit cette montagne fillonée par différens petits nuages qui fe forment
des vapeurs & des exhalaifons abondantes qui en fortent. Ces nuages
font comme autant de cordes de différens diamètres, ils gliffent de bas
en haut jufqu'à ce qu'ils foient parvenus à l'orle fupérieur du volcan;
alors ils fe joignent à la fumée qui les
entraîne dans fon coûtant. Quelquefois le vent les détache de la montagne avant qu'ils foient arrivés
jufqu'au fommet; en ce cas ils flottent dans l'atmofphère à peu d'élévation, parce qu'ils font comprimés par
l'air qui eft renfermé entr'eux & la
couche que forme plus haut la fumée
du volcan. Ils continuent ainfi dans
la même direction, jufqu'à ce que la
fumée devenue moins compacte, par
une fuite de la raréfaction à laquelle
elle doit fon élévation & fon mouvement, gravite moins fur les petits
nuages inférieurs qui s'élevent alors
& s'uniffent à la fumée dont ils fem-
blent augmenter la difpofition à s'é-
tendre dans l'air : car en obfervant

ces nuages & cette fumée aussi long-
tems qu'il est possible, on les voit devenir plus rares à mesure qu'ils s'éloignent de leurs sources, & se dissiper
enfin dans le vague de l'air, si le ciel
continuant d'être serein, ils ne trouvent pas dans un nuage plus épais un
point d'appui auquel ils se rassemblent.

Il en est à-peu-près de même des
vapeurs qui sortent des terres basses
& humides, leur élévation est sensible pendant la nuit & au lever du
soleil, dans les climats tempérés, dès
qu'ils commencent à être échauffés
assez vivement par ses rayons. On
voit pendant la nuit ces vapeurs condensées d'espace en espace, former
un fluide continu & blanchâtre de
quelques toises d'épaisseur au-dessus
de la surface du sol, mais qui est sensiblement humide, & dont l'odeur
répond à la qualité des exhalaisons
dont il est chargé. La partie supérieure de ce fluide léger, éclairée par
la lune, laisse voir le faîte des bâtimens & la cime des arbres qui pa-

roiſſent ſortir d'une grande étendue d'eau. On traverſe alors cette eſpèce de mixte; mais on ne s'apperçoit pas de ſa continuité, ce n'eſt qu'à quelque diſtance qu'elle eſt ſenſible; & c'eſt la cauſe pour laquelle on ſe fatigue beaucoup plus en marchant la nuit que le jour. On a plus de peine à vaincre la réſiſtance que préſente alors l'air extrêmement condenſé, l'atmoſphère eſt plus épaiſſe & chargée d'un poids extraordinaire : tous les corps qui en ſupportent une partie, les animaux les plus robuſtes, auſſi-bien que les hommes ſentent la peine qu'il y a à traverſer ce milieu, dont l'épaiſſeur, quoiqu'imperceptible, devient à la longue très fatigante; outre que ces vapeurs abondantes répandues dans l'air étant très-pénétrantes, elles portent trop d'humidité dans l'économie animale, & jettent les muſcles & les fibres dans un relâchement ſemblable à celui que l'on éprouve au ſortir du bain, tems où l'élaſticité naturelle des corps eſt fort affoiblie.

Dans les climats tempérés dont je

parle, en Italie & sur tout dans la campagne de Rome, au mois de Mai, dès que l'aurore paroît, cette masse d'exhalaisons & de vapeurs commence à perdre sa densité, un mouvement sensible de raréfaction l'atténue : les premiers rayons du soleil naissant la mettent dans un plus grand mouvement, à l'instant elle devient lumineuse & colorée, elle s'éleve & se dissipe, ne laissant après elle qu'une fraîcheur délicieuse, des perles liquides & des sillons brillans qui réfléchissent la lumiere. C'est dans ce spectacle noble & agréable que les poëtes puisoient ces idées gracieuses qui leur faisoient retrouver dans cette lumiere inégale & douce, les traces de la route que quelques déesses bienfaisantes avoient tenue en retournant de la terre au ciel : c'est dans cet appareil que Vénus regagnoit l'Olympe, après avoir comblé Anchise de ses faveurs. Le poëte instruit flattoit agréablement son héros, en trouvant dans la peinture d'un phénomène salutaire & brillant qui se renouvelloit tous les jours, une allégorie heureuse, qui servoit à rappeler son origine céleste aux peuples soumis à son empire.

§ XVII.

Causes particulieres de la formation des nuages.

Quoique l'évaporation soit continuelle, & que sans cesse les exhalaisons se répandent dans l'atmosphère, on ne voit cependant pas toujours des nuages se former dans sa région supérieure, où néanmoins le froid est assez constant pour condenser les vapeurs. Il faut de plus que les vents d'ouest s'opposant à leurs cours ordinaire, les rassemblent & les condensent dans les lieux où il se termine; ou que deux vents en direction contraire les pressent & les accumulent entr'eux; ou qu'un seul vent les pousse contre une nuée déjà formée; ou enfin que les vapeurs s'élevant de la terre, rencontrent la partie inférieure d'un nuage contre laquelle elles

s'accumulent

s'accumulent d'elles-mêmes & par la force qui les porte de bas en haut (*a*). Telles sont les causes générales & premieres que le restaurateur de la vraie philosophie assigne à la formation des nuages. Il ne faut que développer ces premieres vues pour sentir combien elles sont justes. En effet un nuage qui paroît suspendu dans l'air le plus calme, dans une espèce d'équilibre, a cependant une direction naturelle peu sensible, quoique continue, d'orient en occident, si rien ne l'empêche de la suivre. La cause de cette tendance est le mouvement diurne du soleil & de la lune qui se communique à l'air & aux nuages, à la mer même & à tous les grands fluides qui suivent cette direction, entraînés par une force douce & insensible, mais continuelle & invariable; il n'est pas douteux encore que ce mouvement ne soit commu-

____

(*a*) Descartes, Traité des Météores, chap. V.

Tome V. O

niqué à l'atmosphère par l'air supérieur ou éther, qui recevant sans interruption & d'une maniere toujours
égale sa direction du soleil, le suit
nécessairement dans son cours. Cette
hypothèse, dont la vérité est démon-
trée, étant admise, il est aisé de concevoir comment les vapeurs & les
exhalaisons, à mesure qu'elles s'élevent, & même dans leur état de
condensation, suivent cette direction ; puisque n'ayant par elles-mêmes d'autre mouvement, que celui
qui leur est imprimé par la chaleur &
le fluide subtil répandu entre leurs
molécules & dans toute la masse
de l'air ; & la tendance naturelle de
ces causes de leur mouvement, étant
d'orient en occident, elles ne peuvent d'elles-mêmes en avoir une
autre ; plus elles sont abondantes,
plus il doit être sensible & décidé,
parce qu'agissant les unes sur les autres, elles se compriment davantage,
& leur mouvement doit être accé-
léré en raison de leur densité.

Il est même à croire que cette direction d'orient en occident feroit toujours la même, si quantité de causes particulieres ne la changeoient dans les différentes contrées de la terre ; ces causes font l'inégalité de la surface du globe terrestre, la qualité & l'abondance des vapeurs & des exhalaisons, le voisinage de la mer, la différence des températures & des saisons. Une partie de l'année les vents cessent en Perse au point qu'ils ne sont sensibles d'aucun côté ; on voit néanmoins l'air chargé de gros nuages qui passent doucement d'orient en occident sans être poussés par aucun mouvement de l'atmosphère dont on puisse s'appercevoir ; & on ne doit attribuer la cause de cette direction qu'à l'évaporation qui se fait sur des montagnes chargées de neige à trois journées à l'ouest d'Ispahan, qui suffit pour établir par son poids un courant dans l'air inférieur, contraire à celui que le cours du soleil établit dans l'air supérieur. Mais c'est sur-tout dans nos climats que la violence & la diversité

O ij

des vents, ou leur action & leur durée font toujours incertaines, caufent des variations infinies dans les produits de l'évaporation, qu'il n'eft pas poffible de prévoir, & qui ne permettent de juger des caufes que par leurs effets.

Il n'en eft pas de même dans les régions où les vents font alifés ou annuels ; il eft aifé de voir ce qui change le mouvement général pour en établir un tout contraire, auquel répondent les viciffitudes des faifons dans les pays où ces vents dominent. La grande prefqu'ifle de l'Inde en deçà du Gange eft partagée dans toute fa longueur, depuis le Royaume de Cambaye jufqu'au cap Comorin, du fud au nord, dans un efpace de plus de deux cens lieues par la chaîne élevée des montagnes des Gattes : elles féparent le Malabar de la côte de Coromandel. Cette chaîne à l'orient du Malabar eft fort épaiffe, & s'étend de l'eft à l'oueft à foixante lieues : elle va en diminuant d'épaiffeur à mefure qu'elle s'approche du cap Comorin;

de forte que le Malabar & le Coromandel fe touchent prefque à cette extrêmité, & ne font pas à plus de douze ou quinze lieues l'un de l'autre. Cependant ces pays éprouvent dans le même tems une température tout-à-fait différente. Pendant près de fix mois, depuis Mai jufqu'en Octobre, les habitans de Coromandel ont un été brûlant, & ceux du Malabar ont leur hiver, quoique dans ce même tems, au moins depuis la fin de Mars jufqu'en Juillet, le foleil y foit vertical ; mais alors l'air eft chargé de nuages épais qui interceptent les rayons du foleil ; les pluies y font très-abondantes & prefque continues pendant quatre mois de fuite. A la côte de Coromandel le ciel s'obfcurcit en Octobre, les pluies fuivent de près & amenent avec elles l'hyver ; tandis que le Malabar célèbre le retour du foleil, & jouit de tous les avantages que procure fa préfence ; les fruits fe mûriffent, les récoltes fe font, car ce pays eft l'un des plus riches & des plus fertiles des Indes orientales.

La caufe d'une température fi différente, dans ces deux contrées qui fe
touchent, eft fondée fur la difpofition des montagues des Gattes & fur
le retour conftant des vents annuels,
qui foufflent en directions contraires.
Ces montagnes refferrent à l'orient
le Malabar entr'elles & l'océan Indien, & laiffent moins d'efpace qu'il
n'y en a entr'elles & le golfe de Bengale qui les borde du côté oppofé. Il
fouffle au printems un vent du fud-
oueft, dont le courant vient fe brifer
contre le fommet des Gattes, au-
deffus du Malabar ; il y raffemble
les vapeurs & les exhalaifons qui s'y
condenfent, & forment ces nuages
épais, d'où fortent des pluies abondantes & prefque continuelles pendant plufieurs mois de fuite, qui
changent la température du Malabar,
au point qu'au lieu des chaleurs brûlantes de l'été de la zone torride, il y
regne une faifon humide & froide
que l'on appelle hiver : pendant que
la côte de Coromandel expofée à découvert à l'ardeur du foleil, eft dans

un air si brûlant, que si l'on se tourne
du côté du nord d'où le vent vient, il
semble respirer la vapeur d'une four-
naise ardente : les pierres & les bois
sont brûlans, & la chaleur est telle
que depuis neuf heures du matin jusqu'à trois heures après midi, on n'ose
sortir dans la crainte d'en être suffoqué (*a*). Mais au commencement
d'Octobre, les dispositions de l'air
changent, il s'éleve un vent de nord-
est qui accumule les nuages de l'autre
côté de ces montagnes, & occasionne
tout le long de la côte de Coromandel un hiver anticipé, pendant que le
Malabar jouit alors d'un printems
agréable & fort long.

Le simple récit de ce phénomène
nous instruit de la cause physique de
ces nuages, & de la différence de
température dans deux pays si voisins, qui sont sous le même climat,
où le soleil est vertical & éloigné dans

____

(*a*) Géographie générale de Varenius,
chap. XXVI.

le même tems, & qui en quelques
endroits ne font pas à plus de vingt
milles de diftance l'un de l'autre ; de
forte que le même jour, on peut aller
de la côte où le ciel eft ferein & l'air
fort chaud, à celle où il eft froid &
pluvieux. Au retour du foleil & pendant tout le printems, les vapeurs
qui s'élevent en abondance de ces
terreins détrempés par de longues
pluies, reftent dans un état de raréfaction qui eft foutenu par la chaleur
de l'atmofphère pendant une partie
de l'été; elles ne fe rapprochent &
ne s'épaiffiffent qu'après que l'action
continue des vents alifés les a raffemblées, & en a formé des nuages qui
s'accumulent les uns fur les autres,
deviennent d'une plus grande pefanteur que l'air qui les foutient, & fe
diffolvent en pluie. Ce qui occafionne
leur continuité & la longueur de l'hiver, c'eft que tant que le vent fouffle
dans la même direction, il ne ceffe
d'y accumuler de nouvelles vapeurs,
qu'il entraîne dans fon cours, & qui
fourniffent à l'entretien des pluies

auffi loug-tems qu'il dure. Le tems
où il règne décide encore de la durée
des pluies & de leur abondance :
pendant la faifon humide, les montagnes du Malabar font toujours couvertes de nuages, & les bouffées de
pluies y font plus violentes qu'au
Coromandel dans la même faifon,
où les montagnes font prefque toujours découvertes & fous un ciel pur
& ferein ; ce qui vient fans doute de
la différence des vents, ceux du nord
& de l'eft qui amenent la faifon pluvieufe au Coromandel étant toujours
plus fecs que ceux de fud & d'oueft
qui regnent pendant l'hiver du Malabar ; de là peut naître encore le plus
ou le moins de fertilité de ces deux
pays. Le Malabar étant conftamment
couvert de nuages pendant que le foleil eft à fon zénith, le fol n'y eft pas
épuifé par l'évaporation forcée qu'occafionnent les grandes chaleurs ; il ne
commence à reffentir l'effet de fes
rayons que lorfqu'il eft affez humecté
pour ne pas craindre qu'une féche-

O v

reſſe trop longue l'épuiſe & arrête les progrès de la végétation ; auſſi eſt-ce le pays le plus beau, le plus fertile & le mieux peuplé des Indes en deçà du Gange ; on n'y connoît ni la neige, ni la grêle, ni les gelées, & les arbres y ſont toujours verts ; tandis que le Coromandel deſſéché par une chaleur exceſſive, eſt d'une aridité qui rend le pays ſtérile pendant une partie de l'année. Il eſt vrai que les habitans de cette côte ne ſont point expoſés aux maladies contagieuſes qui ſont preſque continuelles dans le Malabar, à Goa, à Baçaim & dans les pays voiſins, & qui ont pour principe les exhalaiſons & les vapeurs d'un ſol fertile, détrempé à une grande profondeur ; ainſi par-tout les avantages ſont compenſés par quelque déſavantage.

Dans les deux ſaiſons on peut donc conſidérer ces deux pays ſi voiſins, comme ayant chacun une atmoſphère particuliere qui ne participe en rien aux qualités de l'autre. Les montagnes interpoſées arrêtent toute com-

munication, & leurs températures ne
changent que lorsque les vents cessent,
que les nuages sont dissipés, & que les
rayons du soleil peuvent agir librement, & donner à l'atmosphère le
degré de raréfaction qui fait la séré-
nité de l'air & la beauté de la saison :
pourvu cependant que la chaleur ne
soit pas aussi excessive qu'elle l'est au
Coromandel & dans quelques autres
régions de la zone torride, où elle a
les effets les plus incommodes & les
plus nuisibles à la végétation & même
à la santé des animaux, lorsqu'elle est
accompagnée d'une humidité sensible, qui semble en diminuer la force,
mais qui ne la rend que plus dangereuse.

§ XVIII.

Nuages différens, vus en même tems à diverses hauteurs.

Il est évident par tout ce que nous
venons de dire que les nuages se
forment à différentes distances de la

terre, suivant que les vapeurs s'é-
levent plus ou moins, avant qu'elles ne
soient réunies & qu'elles ne forment
un corps opaque & sensible; c'est ce qui
fait que nous les voyons s'accumuler
les uns au-dessus des autres, sur-tout
dans les montagnes où l'action de la
chaleur étant inégale, elle porte les
vapeurs à différentes hauteurs. Ainsi
la température générale de l'air est la
cause de cette élévation plus ou moins
grande des vapeurs; parce que, ou
elles se dissolvent promptement après
leur sortie de la terre & des eaux,
ou les particules similaires dispersées
trouvent plus ou moins de facilité à
se réunir autour de ces petites molécules & à se condenser avec elles:
quoi qu'il en soit, comme elles reçoivent leurs modifications de l'état
actuel de l'air, il est nécessaire que
partie de ces vapeurs s'arrêtent dans
l'étage le plus bas de la moyenne région de l'atmosphere, que d'autres
s'élevent au plus haut, & d'autres se
tiennent à une hauteur moyenne,
suivant leur pesanteur & leur qualité

comparées avec la rareté de l'air. Les
particules les plus legeres, qui font
portées par le vague de l'air au haut
de la moyenne région, servent à former des nuages purement aqueux
où qui ne contiennent que très-peu
d'exhalaisons; car celles-ci ne pouvant s'élever fans le secours des molécules aqueuses, s'en séparent dès
que l'agitation & le mouvement se
continuent jusqu'à une certaine hauteur; alors privées du véhicule qui
les soutenoit, elles retombent sur
d'autres vapeurs, dont elles accélerent
la condensation, dans une région plus
basse de l'atmosphere. C'est là où se
forment ces nuées épaisses & pesantes, chargées d'exhalaisons, qui
ayant bientôt vaincu la résistance
qu'elles trouvent dans l'air inférieur,
le traversent sous la forme de quelque Météore aqueux, tels que la
pluie, la grêle ou la neige; c'est de
ces nuées que sortent souvent les tempêtes, les tonnerres & la foudre, relativement à la qualité des exhalaisons qui y dominent & à la tempé-

rature de l'air. Les nuées ne peuvent donc pas être toutes également élevées, parce que devant toujours être en équilibre avec l'air dans lequel elles flottent, & que plus ce fluide est éloigné de la terre plus il est rare, les vapeurs les plus subtilisées peuvent se soutenir à une hauteur, où les plus grossieres se trouveroient trop pesantes, & c'est pour cela que les nuées qui sont prêtes à se fondre en pluie, sont ordinairement fort bas.

Cette réunion des vapeurs & la formation des nuages à diverses distances de la terre, suivant la grandeur & le poids de leurs particules intégrantes, font que souvent on les voit suspendus les uns au-dessus des autres, d'une maniere fort distincte. J'ai observé jusqu'à quatre rangs de nuages allant en même direction du sud au nord & fort séparés les uns des autres. Le rang inférieur étoit à peine condensé, il ressembloit à un brouillard emporté un peu au-dessus de la terre, par piéces détachées, qui se rejoignoient successivement, son mouvement paroissant se rallentir à mesure qu'il s'approchoit du nord, le quatrieme rang d'en haut étoit éclairé par le soleil, qui venoit de quitter l'horison, les deux autres étoient denses & obscurs, & avoient plus d'épaisseur que le premier & le quatrieme; il avoit plu une partie de la journée, & l'air avoit été chaud & épais.

Les nuages prennent encore différentes routes sans se mêler; & sont portés, les uns plus haut, les autres plus bas, par les vents qui soufflent en directions opposées; si on les considére par une ligne tirée de l'œil à un point fixe du ciel, on voit qu'en y passant ils se cachent réciproquement, & si on les suit dans leur course, on les voit reparoître à divers points opposés. Je rapporterai à ce sujet une observation que je crois avoir faite avec exactitude. Le 21 Août 1768 après midi, au-dessus des plus hautes plaines de la Bourgogne septentrionale, il y eût deux vents,

ou plutôt deux courans demi-circu-
laires, établis & sensibles dans l'air,
tous les deux en même tems pendant
plus de six heures, le premier sud &
sud-ouest étoit le plus haut & avoit
duré la matinée, par un ciel découvert & un soleil excessivement chaud,
qui avoit occasionné une grande évaporation ; le second ne devint sensible qu'à deux heures après midi, il
étoit nord-ouest ; l'un & l'autre rassembloient circulairement les nuages
par le sud & le nord à l'est. Il y eut
plusieurs orages, accompagnés de
tonnerres, d'éclairs & de grêle, depuis deux heures jusqu'à huit, & qui
paroissoient déterminés par des
émanations & des brouillards, qui
sortoient continuellement des bas
fonds & des bois qui couronnent en
partie les côteaux & les hauteurs qui
les dominent, au-dessus desquels les
nuages circuloient jusqu'à l'est, où
après s'être réunis, ils se fondirent
depuis sept heures & demie jusqu'à
neuf heures du soir, sur une plaine
en montagne, presque toute couverte

de bois, à près de cinq lieues du point d'où ils paroiſſoient ſortir. Je vis depuis ſix heures environ juſqu'à la nuit, très-diſtinctement, la route que tenoient les nuages, ayant vis-à-vis de moi leur point de réunion ; des deux côtés la pluie tomboit à ſi peu de diſtance du chemin que je tenois, que je la voyois, ſans qu'il y eût aucun autre obſtacle qui empêchât les nuages de ſe joindre, que les deux courans qui les emportoient. Je dois remarquer encore à ce ſujet qu'il a grêlé pluſieurs fois dans cette année, dans l'eſpace de trois ſe-maines environ, ſur ces mêmes can-tons, d'où l'on peut inférer qu'à l'ap-proche de certains nuages, l'air com-primé facilite la ſortie des exhalai-ſons des terres & des bois où elles ſont concentrées, qui, venant à ſe réunir au courant ſupérieur, ſe for-ment auſſi-tôt en grêle, ainſi qu'on l'a vu ſenſiblement dans ces occa-ſions, & qu'on pouvoit en juger le 21 Août après midi, par une odeur forte de ſoufre & de nître répandue

dans l'air, la chaleur étant alors étouffante.

Sur les plus hautes montagnes, les
nuages présentent un autre spectacle;
on les voit s'accumuler les uns sur
les autres & souvent rouler en divers
sens, comme autant de globes séparés. On trouve dans la géographie générale de Varenius (a) , une excellente observation à ce sujet, faite par Da-
vid Frélichius, sur les monts Kra-
paks, qui séparent la Hongrie de la
Pologne; leurs sommets élevés & effrayans s'apperçoivent de fort loin;
ce sont des rochers nuds & chauves
ou couverts de neige, qui l'emportent sur ceux des Alpes, d'Italie, de
Suisse & du Tirol, pour être escarpés
& pleins de précipices : ils sont presque impraticables & personne n'en
approche, à l'exception de ceux qui
sont curieux d'admirer les merveilles
de la nature. Quand Frelichius fut à

(a) Géographie générale , chap. XIX,
prop. 42.

une certaine hauteur, toutes les fois
qu'il jetoit les yeux sur les vallées
au-deſſous qui étoient couvertes d'arbres épais ; il n'y appercevoit que
comme une nuit noire ou du moins
une couleur de bleu céleſte, telle
qu'on la voit ſouvent dans l'air quand
le tems eſt beau, car les objets vi-
ſibles à cauſe de leur grande pente,
ſembloient diminués & confus. Mais,
ajoute-t-il, lorſque je montai encore
plus haut, j'arrivai dans des nuages
épais, & les ayant traverſés, je m'aſ-
ſis pendant quelques heures, je n'é-
tois pas alors bien loin du ſommet ;
je voyois diſtinctement les nuages
blancs dans leſquels j'étois, ſe mouvoir au-deſſous de moi, & j'apper-
çus clairement au-deſſus d'eux l'étendue de quelques milles de pays au delà
de celui de Sépus, où étoient les montagnes.. Je vis auſſi d'autres nuages,
les uns plus hauts, les autres plus
bas, & quelques-uns également éloignés de terre, d'où je conclus trois
choſes, 1°. que j'avois paſſé le commencement de la moyenne région de

l'air ; 2°. que la diſtance des nuages à la terre varie en différens lieux, ſelon les vapeurs qui s'élevent ; 3°. que la hauteur des nuages les plus bas n'eſt pas de 72 milles d'Allemagne, comme quelques-uns l'ont prétendu, mais ſeulement d'un demi mille & ſouvent bien moindre encore. J'ai vu des nuages ſe former & ſe diſſoudre ſous mes yeux, tout au plus à deux cens toiſes de hauteur, ainſi que je le rapporterai lorſque je parlerai de la grêle & des phénomenes différens qui précédent ou ſuivent la formation de ce Météore.

Quand je fus arrivé au ſommet de la montagne, continue l'obſervateur, l'air étoit ſi délié & ſi calme, qu'on n'auroit pas vu remuer un cheveu, quoique j'euſſe ſenti un fort grand vent ſur les montagnes au-deſſous, d'où je trouvai que le ſommet le plus haut du mont Krapack a un mille de hauteur, à prendre depuis ſa racine la plus baſſe juſqu'à la plus haute région de l'air, où les vents ne montent jamais.... Il grêle ou neige preſ-

que toujours sur ces hautes montagnes, même dans le cœur de l'été,
c'est-à-dire, aussi souvent qu'il pleut
dans les vallées voisines : j'en ai fait
l'expérience ; il est fort aisé de distinguer les neiges des différentes années, par leur couleur & la fermeté de
leurs surfaces. Il y a quelques réflexions à faire sur cette observation ;
il n'est pas toujours vrai que les vents
ne s'élevent pas jusqu'aux sommets
des plus hautes montagnes ; les Académiciens François en firent l'expérience contraire dans les sommets de
la Cordiliere, plus hauts du double
que ceux des monts Krapacks, rien
ne les incommoda autant que les
vents froids & impétueux qui y regnent ; & lorsque les Espagnols entreprirent de passer du Pérou au Chili
par ces mêmes montagnes, la plûpart d'entr'eux & les Indiens de leur
suite périrent par la seule action de
ces vents excessivement froids qui les
glacerent. Toutes les pointes des plus
hautes montagnes sont ordinairement
couvertes de neiges & de glaces ; les

vapeurs s'élevent donc jusques-là &
même plus haut, s'y condensent &
s'y forment en nuages, d'où sortent
les eaux qui se convertissent en glace,
& les neiges dont elles sont couvertes. Je sçais que les anciens n'ont pas
été de ce sentiment : Pomponius Mé-
la a cru que le mont Athos surpassoit
de beaucoup les nuages les plus élevés & que par cette raison il n'y
pleuvoit jamais ; cette opinion étoit
fondée sur ce qu'un monceau de
cendre laissé sur un autel élevé à son
sommet, fut retrouvé long-tems après
dans son entier. Sans entrer dans aucun détail pour réfuter une preuve
aussi foible, on imagine aisément
comment la pluie, loin de dissiper un
tas de cendres, contribue à le conso-
lider au point de ne plus laisser de
prise aux vents, ainsi cette raison,
bien loin de prouver qu'il ne pleut
jamais sur le mont Athos, annonce
le contraire. Aristote & plusieurs
autres anciens assuroient que le mont
Olympe étoit si haut que jamais il ne
pleuvoit à son sommet, & que l'air

y étoit toujours parfaitement tranquille; ils en apportoient pour preuve
que des caracteres tracés sur des
cendres y étoient restés des années
entieres sans être ni dérangés ni ef-
facés, d'où ils concluoient que cette
montagne étoit élevée au-dessus de
la seconde région de l'air; cette preuve est à peu près de même valeur, que
celle sur la hauteur du mont Athos,
& ne mérite pas plus d'attention. Les
anciens Grecs, quelque habiles qu'ils
fussent, avoient peine à ne pas donner dans le merveilleux, sur-tout
lorsqu'il s'agissoit de relever les pré-
rogatives de leur pays, & le mont
Olympe en étoit une partie célebre &
connue; c'est à ce sommet, que leurs
poëtes plaçoient le séjour des Dieux:
il étoit tout simple que leurs philo-
sophes l'imaginassent au dessus des
vents, des tempêtes & des pluies,
qui sont souvent si désastreuses dans
des régions plus basses: ils ne con-
noissoient que leur pays, & jugeoient
du reste du monde par ce qui se pas-
soit sous leurs yeux.

Le pic de Teneriffe que l'on peut regarder comme une fois auſſi élevé que les montagnes dont nous venons de parler, dont le ſommet eſt inacceſſible, moins par rapport à ſa hauteur, que parce que l'air y eſt ſi vif & ſi pénétrant, qu'il eſt à peine reſpirable, eſt cependant couvert en partie de neiges & de glaces; ainſi les vents y font ſentir leur action, les vapeurs de la terre & des mers s'y élevent, de même que ſur les plus hautes montagnes du Pérou, & y laiſſent des monumens éternels de leur préſence.

§ XIX.

Obſervations ſur la vraie hauteur des nuages.

De là nous pouvons nous former une idée juſte de l'élévation des nuages, & dire que les nuées épaiſſes & pluvieuſes, celles qui couvrent & obſcurciſſent une partie de l'horiſon, s'élevent rarement au-deſſus des montagnes

tagnes les plus hautes, quoique l'on voye souvent des nuages legers, ou les vapeurs lorsqu'elles commencent à se condenser, monter jusqu'à la pointe des sommets les plus élevés; & peut-être font-ce ces nuages si rares en apparence, qui, condensés par le froid de la nuit, y portent la matière des neiges & des glaces dont ils sont ordinairement couverts; matière qui se renouvellant sans cesse, empêche qu'on n'apperçoive aucune diminution dans ces glacières qui paroissent aussi anciennes que le monde: à quoi on peut ajouter que ces glaces & ces neiges contribuent elles-mêmes à leur conservation, par l'évaporation qui leur est propre, & qui sert à entretenir la fraîcheur de leur atmosphère immédiate, à leur réunir les vapeurs que le mouvement de l'air y apporte d'ailleurs, & à les y fixer. Ce sont là les qualités occultes que quelques anciens ont admises dans les montagnes; ils ont prétendu qu'elles attiroient les pluies, la neige & les frimats de préférence aux plaines: sou-

venr ils ne savoient comment expliquer les phénomènes les plus ordinaires dont ils ignoroient les causes , &
le mystère des qualités occultes venoit à propos pour les tirer d'embarras, dans l'esprit du vulgaire plus
ignorant & plus crédule qu'eux.

Les observateurs modernes plus
exacts & plus instruits, qui ont parcouru les plus hautes montagnes,
ont presque toujours vu les nuées
flotter au-dessous d'eux. Il est rare
qu'elles se montrent au-dessus : on
les voit se former & souvent se dissoudre , ou être emportées par les
vents , & s'abaisser plutôt dans l'atmosphère que s'y élever. C'est ce
que j'ai observé plusieurs fois dans
les Alpes, en Italie le long des montagnes qui bordent le chemin de
Rome à Naples , entre Piperno &
Terracine, & même dans quelques
parties de la Bourgogne. La Physique
nous apprend pourquoi les nuées
s'abaissent plutôt quelles ne s'élevent
avant que de se dissoudre. L'air est
ordinairement plus pesant dans les

vallées & les terres basses, que les vapeurs qui en sortent : par conséquent il est plus propre à les soutenir que l'air léger que l'on respire sur le haut des montagnes : ainsi l'on voit les vapeurs agitées & réunies par les vents, ou par une autre cause propre à produire le même effet, se condenser en nuages ou en brouillards, & tomber, emportées par leur gravité spécifique, jusqu'à ce qu'elles rencontrent un air assez épais pour les soutenir. Pour peu que l'on ait voyagé, & que l'on ait ouvert les yeux sur les phénomènes journaliers de l'air, on a vu des nuages chassés par le vent d'un côté d'une montagne à l'autre, s'en détacher & s'étendre dans un plan incliné, jusqu'à ce qu'ils soient en équilibre avec l'air de la région inférieure de l'atmosphère. Alors leur plan, d'oblique qu'il étoit, devient horisontal, & ils sont emportés par le vent qui domine, souvent bien loin du point d'où ils sont partis, avant que de se dissoudre. Quelques-uns même s'évaporent & se dissipent dans l'air, si la chaleur s'y trouve réunie à un mouvement vif & soutenu. Je me souviens très-bien d'avoir vu en plein jour, peu avant midi, à la fin du mois d'Août 1750, une petite nuée de cette espèce, & fort basse, se condenser d'une manière sensible contre la montagne que traverse le grand chemin de Châlon-sur-Saone à Tournus. Elle étoit chassée par un vent du nord-est, & passa assez promptement d'un côté de la montagne à l'autre, sous la forme d'un brouillard épais & peu humide, sans aller jusqu'à son sommet. je la traversai dans cet intervalle. Je la vis ensuite s'en détacher, s'étendre à peu de hauteur du sol inférieur, & cependant être emportée par le vent, fort loin avant que de se dissoudre, quoique la fermentation y fût très-grande. Sa surface supérieure, que l'on voyoit à découvert du haut de la montagne, étoit agitée d'un bouillonnement violent ; on y entendoit le tonnerre, & les éclairs serpentoient continuellement d'un bout de la nuée

à l'autre, de l'oueſt à l'eſt, & de l'eſt
à l'oueſt alternativement ; elle étoit
beaucoup plus longue que large. Le
vent n'étoit cependant pas bien fort,
la nuée étoit emportée avec une
rapidité extrême ; & dans moins
d'une demi-heure je l'eus perdu de
vue, quoiqu'elle fût très-remarqua-
ble par ſon obſcurité, & ſous un ciel
éclairé par le ſoleil preſque à ſon
midi. Cette obſervation prouve que
les nuées ſont ſouvent très-baſſes :
celle dont je parle n'étoit pas à plus
de deux cens toiſes au-deſſus du niveau de la Saone, & ſon mouvement
n'en étoit pas moins rapide. Dans un
demi quart d'heure elle avoit parcouru plus de deux lieues.

Souvent encore ces vapeurs nagent
ſéparées dans l'air, s'y mêlent & ſe
diſperſent, ce qui rend bientôt le
Ciel clair & ſerein : mais ſi avant que
d'être parvenues à ce degré de raréfaction, elles trouvent ſur les montagnes un air plus léger, alors elles
retombent les unes ſur les autres, ſe
réuniſſent en gouttes ſenſibles, & ſe

P iij

fondent en pluie ſur la montagne même. Ceux qui ont voyagé ſur les hautes montagnes de l'Aſie & du Pérou, nous apprennent que lorſqu'ils étoient à leurs ſommets, ſouvent ils ont été ſurpris par des pluies violentes, des neiges ou des brouillards épais, tandis que ceux qui étoient dans les vallées voiſines jouiſſoient d'un ciel découvert & d'un ſoleil brillant. Ce ſont les pluies & les neiges, réſultat des vapeurs que les vents aliſés raſſemblent à certains points, qui cauſent les débordemens réglés des fleuves de l'Aſie & de l'Afrique. Dans notre zone tempérée on voit quelquefois les mêmes effets de la même cauſe; mais comme ils ne ſont point réglés, qu'ils tiennent à l'incertitude des vents & aux ſuites inégales d'une évaporation locale, on ne peut ni les prévoir, ni s'en garantir; c'eſt ce qui fait que ceux qui voyagent en Italie, dans l'Apennin ou dans les plaines voiſines, voient tout d'un coup groſſir des rivieres qui deviennent impraticables, quoi-

que l'air soit pur & serein, & le ciel
sans nuages. Mais s'ils peuvent découvrir l'horison à une certaine distance, ils apperçoivent les montagnes
chargées de nuées qui se fondent, &
causent l'inondation qui les arrête.

Le Jésuite Riccioli a calculé que
les nuages les plus hauts ne s'élèvent
qu'à environ cinq mille pas ; & il
paroît qu'il n'a fait ses observations
que dans la plaine de Lombardie &
dans le voisinage de Boulogne où il
demeuroit. Les deux chaînes de montagnes qui bordent cette plaine au
nord & au midi ont pu causer quelque erreur d'optique qui l'ont trompé
dans ses mesures : car il n'est pas
probable que dans ce pays où il ne se
trouve aucune montagne qui ait un
mille de hauteur, & où cependant on
en voit plusieurs arrêter les nuages, il
y en ait, quelque légers & raréfiés
qu'on les suppose, qui s'élèvent cinq
fois autant. Ce qui se passe journelle-
ment auroit dû le persuader du contraire. On voit les nuages descendre
du sommet des Alpes, & s'abaisser

fort au-deſſous, lorſqu'ils s'étendent ſur l'atmoſphère de la plaine : quelquefois ils ſont ſi bas , qu'il n'y a qu'une très-petite diſtance entr'eux & le ſommet des édifices les plus élevés de Milan , de Bergame , de Breſſe & des autres villes ſituées dans cette direction. Il eſt vrai que les exhalaiſons plus ſubtiles , telles que la matière phoſphorique des aurores boréales , peuvent s'élever plus haut , & même prendre une forme apparente de nuages ; mais ces phénomènes ſont rares , ſur-tout dans nos climats , & exigent une diſpoſition particulière de l'atmoſphère dont nous parlerons ailleurs. M. Mariotte regardant les obſervations de Riccioli comme inconteſtables , a cru pouvoir établir qu'il y avoit des nuées d'un mille en quarré : s'il n'a voulu parler que de leur ſurface , il y en a qui ont beaucoup plus d'étendue. Mais s'il a prétendu qu'elles euſſent un mille d'épaiſſeur , c'eſt une ſuppoſition gratuite , que je ne crois pas que l'on puiſſe jamais appuyer d'aucunes ob-

fervations certaines, quand même on
les feroit entre les tropiques, où les
nuées font fi épaifses, & les pluies fi
abondantes & fi continues dans la
faifon humide. Mufschenbroeck me
paroît avoir plus approché de la vérité, en eftimant le diamètre des
nuées les plus épaifses par la quantité
d'eau de pluie qui en fort. Il avoit
obfervé dans un tems d'orage qu'il
étoit tombé un pouce d'eau de pluie
dans l'efpace d'une demi - heure; d'où
il concluoit que cette nuée avoit au
moins cent pieds d'épaifseur : encore
avoit-il eftimé qu'elle ne s'étoit pas
toute fondue, & qu'il en étoit bien
autant pafsé plus loin, qu'il en étoit
tombé dans le lieu où il obfervoit.
Or, les nuées les plus épaifses font
celles d'où fortent les orages ; elles
font le réfultat d'une évaporation
très-abondante, & fouvent le ramas
de toutes les vapeurs qu'un vent impétueux rafsemble dans un même
point de l'atmofphère ; ces fortes
de nuées font ordinairement peu élevées, ainfi que l'on en peut juger

P v

par la condensation sensible qu'elles occasionnent dans la partie de l'air qu'elles couvrent de leur poids.

Ces différentes observations nous persuadent qu'il faut beaucoup réduire la hauteur que l'on assigne aux nuages, & que ceux qui l'ont mesurée, se sont trompés, en prenant la distance horisontale pour la hauteur perpendiculaire ; ce qui peut arriver d'autant plus aisément, que les nuages changent continuellement de grandeur, de figure & de place, même lorsque l'air paroît le plus tranquille; puisque celui dans lequel ils sont suspendus n'est jamais tout à fait calme, ainsi que nous l'avons dit plus haut.

Varénius (*Géographie générale, chap.* 19 , *prop.* 40) donne la méthode pour trouver la hauteur des nuages au moyen d'un quart de cercle. L'air étant clair & calme, dit-il, fixez quelque point de la nue qui soit remarquable, & mesurez-en la hauteur, comme si c'étoit celle d'un clocher, en deux stations, & par deux obſervateurs en même tems ; ainſi vous trouverez ſa hauteur qui n'eſt jamais de plus d'un quart de mille d'Allemagne, ou d'un peu plus de mille pas géométriques. M. Boyle leur donne encore moins d'élévation : il dit qu'un bon aſtronome qui a meſuré différentes fois la hauteur des nuages, l'a aſſuré qu'il n'en avoit jamais trouvé qui euſſent plus de trois quarts de mille d'Angleterre, ou ſept cent cinquante pas géométriques d'élévation, & que rarement ils paſſent un demi mille. M. Crabtrie, Mathématicien célèbre du dernier ſiécle, fut ſurpris, en meſurant leur hauteur, de ne les pas trouver plus élévés. Il l'écrivit à ſon ami Horrox, Aſtronome Anglois très connu, qui mourut fort jeune. Celui ci lui répondit par une lettre du 23 Novembre 1637 : « Je ne ſuis pas étonné que » vous ayez trouvé les nuages ſi bas, » car je les ai trouvé tels. Je me ſou- » viens d'avoir imaginé, il y a deux ou » trois ans, un moyen de prendre leur » hauteur avec un quart de cercle

P vj

» dans une feule ftation , & jamais
» je n'en ai pu obferver qui euffent
» plus d'un mille & demi de hau-
» teur : enfuite , dit il, j'ai trouvé la
» même méthode dans Kepler , où
» il affure que les nuages n'ont jamais
» de hauteur plus d'un quart de mille
» d'Allemagne ou un mille d'Angle-
» terre ». Cette eftimation eft peut-
être ce que l'on a fait de plus jufte
fur la véritable hauteur des nuages ,
fur-tout fi on les confidère relativement à l'élévation de l'atmofphère.

Ce que l'on peut ajouter encore de
plus vraifemblable à ce fujet , c'eft
que les nuages font prefque toujours
à une hauteur relative à celle des
terres qu'ils couvrent de leur ombre , & à la pefanteur des matières
dont il font formés. Les excellentes
obfervations faites fur les montagnes
du Pérou par les Académiciens François , & que M. Bouguer rapporte
dans la relation de fon voyage , ne
nous laiffent aucun doute à ce fu-

jet (1). Il est persuadé que les nuages
ne sont pas d'une autre nature que
les brouillards ; ils s'étendent & s'é-
lèvent de même. « Souvent ils ne
» montoient pas jusqu'aux sommets
» où les observateurs étoient placés,
» ils restoient à cinq ou six cens toises
» plus bas, & empêchoient qu'ils ne
» vissent la terre, pendant qu'ils ca-
» choient le ciel aux habitans de
» Quito. D'autres fois ces nuages
» avoient moins de pesanteur, ils
» s'élevoient plus haut, & ils n'étoient
» alors qu'un simple brouillard dans
» lequel nous nous trouvions, quoi-
» que les observateurs qui étoient au
» bas, eussent toujours raison de les
» traiter de nuages. Lorsque je les ai
» vu au-dessous de nous, ils m'ont
» toujours paru très-blancs, je ne
» saurois mieux les comparer pour
» la couleur & pour la forme qu'ils
» avoient alors, qu'à des tas de coton

(a) Voyez les Mémoires de l'Académie
Royale des Sciences. Année 1744.

» qui ſe toucheroient, & dont l'aſ-
» ſemblage formeroit une ſurface
» ondée ».

Ce qui décide encore de la hauteur
des nuages, c'eſt que les molécules
aqueuſes n'étant autre choſe, comme
nous l'avons dit, que des globules
creux, remplis d'un air très-ſubtil,
lequel, en ſe dilatant plus ou moins,
oblige la pellicule dont le petit globe
eſt formé à changer d'épaiſſeur; &
prenant plus ou moins de volume, le
nuage monte ou deſcend, juſqu'à ce
qu'il ſe trouve en équilibre avec
la couche de l'atmoſphère dans laquelle il flotte. Aujourd'hui les nuages ont une peſanteur déterminée, &
ils ſe ſoutiennent à une hauteur préciſe; on ne les voit arriver dans toutes les montagnes que juſqu'à un
certain point : mais demain le diamètre des globules dont ils ſont formés
changeant d'étendue, les nuages ſe-
ront plus ou moins légers, & on les
verra ſe placer dans une région plus
haute ou plus baſſe.

S'il y avoit donc des montagnes

affez élevées pour porter leurs cimes
au-deffus de tous les nuages , ces
plus hautes pointes feroient exemptes
de neige dans leur partie fupérieure ;
& comme elles pénétreroient vraifemblablement dans cette région où
l'on fuppofe que l'air n'eft plus agité ,
on jouiroit en haut , fi l'on pouvoit y
parvenir & y refpirer , d'une férénité
parfaite & perpétuelle ; comme les
anciens le fuppofoient de l'Olympe ,
qu'ils croyoient au deffus de la région
des vents & des pluies. On a dit encore la même chofe de l'Ararat en
Arménie , & du Pic de Ténériffe ,
quoique la température de celui-ci
qui paffe pour la plus haute montagne de l'ancien continent , n'atteigne
pas tout-à-fait le terme inférieur de
la congélation , ce qui prouve que fa
hauteur eft bien au-deffous de celle
de certaines parties des Andes.

Mais pour nous en tenir à des obfervations plus fures & plus exactes ,
écoutons ce que M. Bouguer ajoute
à ce fujet... « Quelques montagnes
» qui ont fervi à nos triangles, comme

» le Cotopaxi, ont une partie neigée
» de six à sept cens toises de hauteur
» perpendiculaire. Il seroit inutile
» d'en nommer plusieurs autres : le
» Chimboraco, qui est la plus haute de
» toutes celles que j'ai observées &
» même vues, a 3217 toises au-dessus
» de la mer, & sa partie neigée a
» plus de 800 toises : mais si les nua-
» ges sont quelquefois beaucoup plus
» bas, ce qui permet de voir le som-
» met de la montagne au-dessus, ils
» passent aussi souvent beaucoup plus
» haut, & quelquefois de trois ou
» quatre cens toises, autant que j'en
» ai pu juger de loin, en comparant
» leur hauteur aux dimensions de la
» montagne que j'avois déjà prises.
» En un mot, l'intervalle, dans le
» sens perpendiculaire ou vertical,
» entre les deux termes de la neige,
» le supérieur & l'inférieur, est au
» moins d'onze ou douze cens toises
» dans la zone torride. Si donc il y
» avoit des montagnes assez hautes,
» on leur verroit une ceinture ou zone
» de glace, qui commenceroit à deux

» mille quatre cens quarante toises
» au-deſſus du niveau de la mer , &
» qui finiroit à trois mille quatre ou
» ſix cens toiſes , non par la ceſſation
» du froid , parce qu'il eſt certain au
» contraire qu'il augmente à meſure
» qu'on s'éloigne de la terre dans
» l'atmoſphère ; mais parce que les
» nuages ou les vapeurs ne peuvent
» pas s'élever plus haut ». Ces obſervations lumineuſes ſont très-propres
à déterminer la hauteur des nuages , toujours relative à l'état de condenſation ou de raréfaction , où ſe
trouvent leurs parties conſtitutives.

§ XX.

Formes & couleurs des Nuages.

Ce qui frappe le plus les ſens dans
les nuages , c'eſt leur couleur & leur
forme : ſi rien ne s'oppoſoit au mouvement libre de l'air , la forme ronde
ſeroit celle qu'ils prendroient de préférence. Ils l'ont aſſez ſouvent ; mais
ſouvent auſſi , elle eſt irrégulière &

dépend de la condensation plus ou moins forte des vapeurs, occasionnée par la température de l'air, par le voisinage des montagnes, par l'action des vents ou par la pression de quelque autre corps. De là ces figures différentes que l'on croit remarquer dans les nuages, qui ne sont que des vapeurs moins condensées, qui s'échappent sous diverses formes de la masse principale, & qui ont des teintes différentes de celle du corps du nuage, à raison de leur épaisseur. Elles représentent des hommes, des animaux, des arbres, des montagnes: le vent souffle, le spectacle change en un instant, & la même matière reproduit d'autres images : elle ne s'anéantit point, elle ne fait que changer de forme, quoiqu'elle disparoisse à nos yeux. En considérant ces figures variées que prennent les nuages, il semble qu'on peut se faire une idée assez distincte des formes auxquelles la matière doit se déterminer de préférence. L'air est un fluide plus léger que l'eau, mais il

paroît imprimer les mêmes modifications aux matières hétérogènes qui
circulent dans fa maffe. Les inégalités
des montagnes , les plaines & les
vallées ne fe font-elles pas formées
fous le cours de l'onde a l'origine
des chofes , à peu près comme les
nuages fe forment dans l'air ?

On obferve que plus les nuages
font bas & près de la terre , plus ils
font obfcurs : la caufe en eft que ne
recevant aucune lumière de la réflexion des rayons du foleil qu'ils interceptent , & qu'étant ordinairement
furmontés par d'autres nuages plus
élevés , qui empêchent qu'ils ne foient
éclairés par le haut , & pénétrés par
les rayons lumineux , il faut néceffairement qu'ils foient de la plus
grande obfcurité. Si par un ciel tout-
à-fait obfcur , on ne laiffe pas de
remarquer quelque inégalité dans
les teintes des nuages , des parties
moins noires que les autres , c'eft que
les rayons du foleil ont raréfié une
portion de la matière du nuage , &
qu'ils femblent faire effort pour la

pénétrer en entier , & se frayer une route à travers cette colonne épaisse de vapeurs, ce qui arrive plus aisément, lorsque l'air est calme, que s'il est agité par les vents, qui ramenant sans cesse de nouvelles vapeurs, & brisant les rayons du soleil à leur point d'incidence, énervent toute leur action, & les empêchent de dissoudre les vapeurs, ou de les raréfier assez pour qu'elles ne fassent plus d'obstacle à leur passage.

Par la raison contraire, un nuage quelque épais qu'il paroisse, s'il ne s'étend que sur un côté de l'horison, s'il est éclairé du soleil par le haut, & si la terre qu'il couvre en partie de son ombre, reçoit en même tems les rayons du soleil, leur réflexion en divers sens peut être la cause réelle de ces figures variées que prennent les nuages, qui ne sont plus arbitraires, mais une représentation réelle des pointes des montagnes & des surfaces inégales qui sont au-dessous. Ainsi, à mesure que le soleil baisse, on voit à la Jamaïque les nuages se raffembler , & prendre différentes formes répondantes à celles des montagnes ; de forte qu'un pilote expérimenté reconnoît chaque partie de l'Ifle à la forme des nuages qui la couvrent. Ces modifications durent quelquefois affez long tems ailleurs pour être fenfibles , & produire des figures capables d'épouvanter le vulgaire ignorant & fuperftitieux. Le père de Chales , Jéfuite , Mathématicien habile , rapporte comme témoin oculaire , qu'en plein jour on vit à Befançon en l'air une forme d'homme plus grand que la taille ordinaire , qui tenoit en main une épée dont il paroiffoit menacer la ville ; tout le peuple étoit en allarmes , & on eût de la peine à le raffurer , en lui faifant voir que ce fpectre n'étoit que l'ombre réfléchie de la ftatue d'un faint , placée au-deffus d'un clocher.

Un phénomène fingulier , que l'on pourroit remarquer tous les jours fur le fommet des Andes , fervira à donner une explication encore plus nette de ceux que nous venons de rappor-

ter. « La première fois , dit M. Bou-
» guer, que nous le remarquâmes ,
» nous étions sur le Pambamarca ,
» montagne moins haute que le Pi-
» chinca. Un nuage dans lequel nous
» étions plongés se dissipant, nous laissa
» voir le soleil qui se levoit & qui étoit
» très-éclatant; le nuage passa de l'autre
» côté à trente pas environ , & il
» n'avoit pas encore assez de blan-
» cheur pour refléchir tous les rayons
» de la lumière ; chacun de nous vit
» son ombre projetée dessus , & ne
» voyoit que la sienne , parce que le
» nuage n'offroit pas une surface unie.
» Le peu de distance permettoit de
» distinguer toutes les parties de l'om-
» bre ; on voyoit les bras , les jam-
» bes , la tête ; mais ce qui nous éton-
» na, c'est que cette dernière partie
» étoit ornée d'une gloire ou Auréole
» formée de trois ou quatre petites
» couronnes concentriques , d'une
» couleur très vive , chacune avec
» les mêmes variétés que le premier
» arc-en-ciel , le rouge étant en de-
» hors. Les intervalles entre ces cer-

» cles étoient égaux, le dernier cercle
» étoit plus foible ; & enfin , à une
» plus grande distance, nous voyons
» un grand cercle blanc qui environ-
» noit toute l'ombre confuse. C'étoit
» une espèce d'apothéose pour chaque
» spectateur, & chacun jouissoit tran-
» quillement du plaisir sensible de se
» voir orné de toutes ces couronnes,
» sans rien appercevoir de celles de
» ses voisins ». (Reflexion ingénieuse,
qui prouve la sagesse de la nature
dans la distribution de ses faveurs ,
& combien l'envie est injuste & basse,
lorsqu'elle s'efforce d'en diminuer le
prix ou les douceurs.)

Les diamètres de ces cercles lumineux changent de grandeur d'un instant à l'autre , mais en conservant
toujours entr'eux l'égalité des intervalles ; quoique devenus plus grands
ou plus petits, ils ne se tracent jamais
que sur les nuages , & même sur
ceux dont les particules sont glacées,
& non pas sur les gouttes de pluie
comme l'arc-en-ciel. On pourroit appercevoir le même phénomène sur

nos montagnes & sur nos tours élevées ; chacun de nous a vu des brouillards peu étendus, & qui n'étoient
qu'à quelques pas de distance, il ne
manquoit plus que d'avoir le soleil
placé dans l'horison à l'opposite, mais
c'est ce qui arrive fort rarement dans
nos climats : les brouillards, lorsqu'ils sont aussi solides qu'en hiver,
couvrent d'ordinaire une très grande
étendue de terrein ; ou bien, lorsqu'ils commencent à se dissiper, ils
n'ont plus la solidité des nuages de
Pambamarca, pour rendre l'ombre
& les traits principaux des corps : ce
que l'on peut y remarquer à quelque
distance, c'est un cercle moins obscur, occasionné par la raréfaction
légère que cause la chaleur de l'atmosphère du corps, & celle de la
respiration sur le brouillard qui est
plus froid.

Mais ces phénomènes ne sont pas
aussi ordinaires que la variété des
teintes des nuages. Lorsque du haut
des montagnes les plus élevées, on
est à portée de les voir au-dessous de
soi,

soi, ils paroissent blancs & ressemblent à des tas de coton contigus, qui
forment entr'eux une surface ondée :
ils sont tout-à-fait semblables aux
brouillards, tels qu'on les observe
dans nos climats tempérés, au printems & en automne (ainsi que je l'ai
rapporté au § IX de ce discours).
Quant à la couleur qu'ils prennent,
il arrive précisément la même chose à
l'eau qu'au verre : on sait que le verre
le plus transparent devient opaque,
lorsqu'il est pulvérisé, si on regarde
la lumière au travers; & qu'il paroît
blanc comme la neige, si on le voit
du côté qu'il est éclairé. Il en est de
même, lorsque l'eau est réduite en
petites gouttes, presque imperceptibles dans les nuages ou les brouillards : comme les molécules qui les
composent, présentent un très-grand
nombre de surfaces à la lumière, ils
paroissent obscurs, lorsqu'on les regarde par-dessous, au lieu que si le
spectateur est placé plus haut, tous
les rayons de lumière refléchis &
confondus, après qu'ils ont souffert

Tome V.   Q

diverses réfractions , forment le blanc , comme à la surface éclairée du verre pulvérisé. Les nuages sont noirs ou fort rembrunis , lorsqu'ils interceptent tous les rayons de la lumière , ou qu'ils n'en refléchissent que très-peu. Ces sortes de nuages annoncent une pluie prochaine , & leur partie inférieure est déjà réunie en gouttes d'eau , ou ne tarde pas à s'y résoudre : telles sont les nuées qui obscurcissent l'atmosphère , lorsqu'il tonne. Au contraire le nuage est blanc , s'il refléchit la lumière telle qu'elle vient du soleil , sans la séparer en ses couleurs , & il n'annonce qu'un tems serein : il est formé de globules séparés les uns des autres , qui se dissipent aisément dans le vague de l'air , & qui ne causent aucune altération à la température dominante.

Quelquefois on voit les nuages teints de diverses couleurs. Ordinairement ils paroissent rouges le matin , lorsque le soleil se lève , & le soir à son coucher. Ceux qui se trou-

vent plus près de l'horifon femblent
violets ou pourpres , & prennent
bientôt après une teinte bleue ou même verdâtre , fi l'air eft froid Ces
couleurs font un effet de la lumière
qui pénètre dans les globules des vapeurs tranfparentes , & qui fe réfléchiffant , fort par un autre côté & fe
fépare en fes couleurs , dont la rouge
vient d'abord frapper notre vue ,
enfuite la violette , puis la bleue ou
la verte , fuivant la hauteur du foleil ,
la difpofition des vapeurs & l'état de
l'air. Ces phénomènes fe renouvellent fouvent , & il n'eft point indiffé-
rent d'être inftruit de leurs caufes ,
parce qu'alors ils n'ont plus rien qui
étonne ou qui effraye. Gemelli Carreri , en paffant près des Ifles Ma-
riannes , à vingt un degrés quarante-
neuf minutes de latitude , vit , un
dimanche 19 Septembre , le ciel de
couleur violette , avec des nuages
verds , phénomène que ni lui , ni les
Jéfuites qui étoient dans le vaiffeau
ne fe fouvenoient pas d'avoir vu dans
aucun autre lieu du monde , & qui

leur parut un prodige. Le premier
pilote en fut si frappé, qu'il commença une neuvaine, pour obtenir du
ciel un heureux voyage. Cet étonnement & ces frayeurs ne venoient que
de ce qu'ils n'avoient, sans doute, fait
aucune attention à ce phénomène qui
est très-commun, & qui a pour cause
le froid extraordinaire qui règne dans
la région supérieure de l'atmosphère,
où les vapeurs s'élevent quelquefois,
& prennent une forme sensible. Il
fut très-marqué pour nous le 17, 18
& 19 Avril 1767 : on vit à notre horifon, immédiatement après le coucher du soleil, de grandes bandes
pourpres & vertes qui s'étendoient
du sud au nord par l'ouest, & qui
annonçoient le froid extraordinaire
qui se fit sentir alors en France &
dans une partie de l'Allemagne ; &
toutes les fois que j'ai remarqué ce
phénomène, il a été suivi d'un refroi-
dissement sensible de l'air. Il n'y avoit
donc rien de bien étonnant à le voir
si marqué au-dessus de la mer du sud
où Carreri navigeoit, puisqu'en nous

parlant de la route des Philippines à
l'Amérique par cette mer, il nous en
repréſente les différens climats comme ſujets à des viciſſitudes extraordinaires, où on paſſe tout d'un coup
d'un froid glacial à une chaleur extrême. Ainſi les couleurs dont les nuages
ſe teignent peuvent être par-tout des
pronoſtics des changemens qui doivent arriver dans la température de
l'air.

Mais jamais ils ne préſentent un
ſpectacle plus beau que lorſque le
ſoleil abaiſſé à l'horiſon, après une
journée brûlante ne répand plus dans
l'air qu'une chaleur douce & vivi-
fiante. Des couleurs éclatantes & variées teignent les nuages : ſemblables
aux étoffes les plus magnifiques, à
ces chef d'œuvres où l'art, quelque
parfait qu'il ſoit, reſte ſi fort au deſſous de la nature, les nuages ſous des
formes vagues & changeantes ſemblent ſe réunir pour parer le trône
de l'aſtre du jour à ſon coucher ; à
meſure que les couleurs ſe dégra-
dent & ſe fondent les unes dans les

autres , la nature préfente les plus beaux modèles à l'induftrie des hommes , & ce fpectacle fe foutient avec des nuances toujours variées , jufqu'à ce que l'éclat du foleil entièrement obfcurci laiffe briller les aftres de la nuit d'une lumière plus douce & plus égale.

Ces modifications de la lumière par les vapeurs plus ou moins denfes, répandues dans l'atmofphère , nous mettent en état de rendre raifon des couleurs variées de l'aurore , & des indices que l'on a coutume d'en tirer. Plus elles font denfes, plus la teinte eft rouge , à mefure que le foleil monte fur l'horifon ; cette teinte s'éclaircit , parce que les vapeurs s'atténuent , fe raréfient & s'élèvent davantage ; mais on ne doit pas moins s'attendre à voir la température changée par des pluies ou d'autres effets des vapeurs condenfées qui fe raffembleront dans la moyenne région de l'atmofphère , à moins qu'étant extrêmement raréfiées , elles ne fe répandent dans le vague de l'air par

une direction fixe & déterminée, &
ne foient emportées dans le courant
qu'elles y établiffent par leur propre
poids. Souvent au coucher du foleil
on voit un amas de ces vapeurs raffemblé du côté même d'où le vent
a foufflé pendant le jour , & vivement teintes en rouge ; elles annoncent un vent encore plus fort, fi
elles font placées au nord , tandis
qu'au fud ou à l'oueft, elles font ordinairement fuivies d'une pluie dont
l'abondance répond à la quantité de
l'évaporation.

§ XXI.

Phénomènes particuliers &
nuages de feu.

Quelques nuages , fans avoir une
couleur bien décidée , font tellement
lumineux, qu'ils paroiffent éclairer
toute la partie de l'atmofphère qu'ils
parcourent ; on peut les regarder comme formés d'un amas confidérable
d'exhalaifons féches & inflammables,

aſſez unies les unes aux autres, pour qu'elles compoſent un corps ſolide & opaque, mais dont les parties intégrantes ſont dans un tel mouvement qu'elles produiſent par leur choc mutuel une lumière qui s'échappe de toutes parts : en voici une preuve frappante. La nuit du 16 au 17 Août 1768, le vent étant ſud après une journée où le ciel avoit été brillant & l'air fort chaud, il ſe répandit quelques nuages rares dans l'atmoſphère. A minuit environ il s'éleva un tourbillon de vent qui en raſſembla quelques uns, obſcurs par le bas, mais qui rendoient par les côtés une lumière ſenſible, & qui s'étendoit dans l'horiſon de manière à pouvoir diſtinguer les objets les plus éloignés, tels que les arbres, les maiſons, les inégalités des montagnes. L'air étoit alors aſſez frais ; le vent dura peu & ſe calma. Environ une demi-heure après je ſortis : l'air étoit plus doux, & la lumière d'autant plus augmentée que le nuage s'étoit diſperſé & laiſſoit voir une grande trace de matière

lumineuse qui s'étendoit du sud-ouest
au nord-est, & qui éclairoit autant
au moins que la lune à son douzième
jour. Son effet seulement étoit plus
doux & plus égal, & les corps éclairés
de tous les côtés ne jetoient point
d'ombre. Il n'est pas douteux que ce
ne fût la matière d'une aurore boréale
fort divisée, & qui n'avoit aucun de
ces accidens brillans qui caractérisent
ce météore, lorsqu'il est tout-à-fait
formé. Quelques personnes avec lesquelles j'étois (au Château de Frolois
en Bourgogne) me dirent avoir remarqué le 6 & le 7 du même mois
une espèce d'aurore boréale, dont les
traces ou jets s'élevèrent assez haut de
l'ouest au nord.

On peut raisonner de ces nuages
comme des corps les plus électriques :
si presque tous les corps terrestres
connus sont électriques, si par le
mouvement continuel avec lequel
l'éther coule par leurs pores, leurs
parties sont détachées, divisées &
élevées, autant que leur configuration
peut le permettre, on conçoit sans

Q v

difficulté qu'en certains tems , & en
certaines circonstances , il se peut
former en l'air des océans de la matière électrique la plus subtile, qui
rassemblée par les exhalaisons bitumineuses & les vapeurs de la nature
des phosphores , se réunissent &
prennent la forme d'un nuage. Il ne
leur manque pour s'allumer & briller
que l'action des exhalaisons nitreuses
qui venant à frapper ces concrétions
sulfureuses , très - minces & très-
délicates, en expriment des flammes
beaucoup plus ténues que celles que
l'on admire dans les expériences de
l'électricité , mais qui étant très-mul-
tipliées portent leur lumière au loin ,
& même sont capables d'exciter des
incendies assez violens. C'est de ces
nuages que sortent ces pluies de feu ,
heureusement aussi rares qu'elles sont
funestes.

Au mois de Novembre 1741 un
nuage de cette espèce chassé par un vent
d'est très-violent , après s'être heurté
plusieurs fois contre les montagnes qui
sont au-dessus de la ville d'Alincue

au Royaume de Grenade en Espagne,
près du cap de Gate, par les trente-
cinq degrés cinquante-une minutes
de latitude, se brisa, & il en sortit
une pluie d'étincelles ardentes, qui
non-seulement mirent le feu à toute
la campagne des environs, & sur-
tout aux bruyères dont sont couvertes
les montagnes appellées Alpuxarras,
contre lesquelles le nuage s'étoit arrêté, mais encore à une partie de
l'escadre commandée par M. de
Court, & qui étoit alors au port
d'Almérie. Les vaisseaux, le *Saint-
Esprit*, commandé par M. de Piolenk,
le *Tigre*, par M. de la Galissonniere,
& l'*Eole* par M. le Chevalier d'Al-
bert, furent endommagés par la chûte
de ces feux. Ce fait m'a été certifié
par M. le Marquis de Bataille, Gou-
verneur de Flavigny, alors Officier
de cette Escadre.

Le 10 Mars 1695, sur les sept
heures du soir, il s'éleva à Châtillon
sur Seine un grand orage : la tête de la
nuée qui paroissoit l'exciter s'étant
enflammé, l'air parut tout en feu,

ceux qui le virent en furent fort effrayés, & crurent que les villages voisins étoient entièrement consumés par le feu qui tomboit de tous côtés en étincelles semblables à celles qui sortent du fer rouge, quand on le bat. Après être tombées, elles rouloient quelque tems à terre, & devenoient bleues ; elles s'éteignoient ensuite. Cette pluie de feu dura un quart d'heure, occupa un grand terrein, où elle ne causa point d'incendie ; à la queue de l'orage la neige tomboit à grands flocons (a).

Une pluie de cette espèce ne pouvoit être occasionnée que par le développement d'une grande quantité de matière électrique, unie à un Phlogistique lourd & assez abondant pour l'entraîner dans sa chûte. Elle étoit précipitée par l'action immédiate des exhalaisons nitreuses qui sortoient en abondance de la nuée de neige, qui

____

(a) Voyez les Mémoires de l'Académie des Sciences, année 1695.

suivoit de près la nuée de feu qu'elle remplaça. Ces phénomènes font rares; cependant ils ont tous à peu près les mêmes caufes & les mêmes effets, & leur matière ne paroît être que celle des aurores boréales, ainfi que nous l'expliquerons, en parlant de ce météore fingulier & brillant.

Les nuages qui ont des parties concaves ou convexes, peuvent produire des effets furprenans, & lancer en quelque forte des traits invifibles, très actifs & fouvent très dangereux. Quelques Auteurs même prétendent que cette forme dans les nuages fuffit pour allumer les exhalaifons qui fe font élevées dans l'atmofphère, & produire la foudre, le tonnerre, les éclairs. Mais leur effet le plus commun eft connu fous le nom de coups de foleil, qui font une impreffion fubite & momentanée des rayons de cet aftre, réunis par des caufes naturelles fur des corps dont ils peuvent détruire la texture, féparer les principes organiques, ou les difperfer. On fait que l'on détourne, à l'aide d'un miroir

ardent, les rayons du soleil de leur
parall[èle]   & qu'on les réunit dans
un foye[r]   [il]s vitrifient les corps
qu'on leu[r]   [prés]ente : or toutes les causes naturelles qui déterminent le mouvement de la lumière vers un même
endroit, sont capables de faire naître
beaucoup de chaleur dans le lieu où
elles dirigent les rayons ; ainsi les
nuées qui les rassemblent à peu près
comme les verres & les miroirs ardens, peuvent produire des traits
de chaleur très-vifs, des coups
de soleil. Les plantes qui en sont at-
teintes, en sont séchées, brûlées &
détruites ; les hommes n'en sont pas
frappés impunément, sur quelque
partie du corps que ce soit, mais principalement à la tête : les voyageurs,
tous les gens qui travaillent à la terre
& en plein air, ainsi que les moisson-
neurs & les faucheurs, les couvreurs
& les autres artisans en sont souvent
la victime. Ces traits de chaleur ne
sont jamais plus nuisibles que lorsque
le ciel étant couvert par des nuages, il
se découvre par intervalles, & que le

foleil darde fes rayons fans aucun obftacle qui les brife. Cette chaleur vive & fubite produit fur le corps humain la raréfaction des humeurs, la diftenfion des vaiffeaux, leur atonie, la compreffion du cerveau & fouvent la mort. Si le foleil donnant tout-à-coup fur le crane vient à échauffer extraordinairement cette partie, il met en contraction les fibres tendineufes de la dure-mere, il caufe de violentes douleurs de tête & des étourdiffemens, des défaillances qui annoncent les accidens les plus funeftes, fi la médecine n'y trouve de prompts remèdes (*a*). Ces coups de foleil font rarement à craindre, lorfque l'air eft ferein, que le ciel eft découvert & que le foleil brille de tout fon éclat; auffi les caravannes qui traverfent les plaines brûlantes de l'Afrique en font moins incommodées que celles qui vont de Smyrne en

---

(*a*) Dictionnaire Encyclopédique, article *Coups de Soleil.*

Perſe le long des montagnes qui s'é-
tendent de l'eſt à l'oueſt de l'Aſie;
l'évaporation qui eſt abondante dans
ces régions, y forme ſouvent des
nuages qui ont les effets dangereux
dont nous venons de parler, & qui
ſe font très-communément reſſentir
dans nos climats.

§ XXII.

Nuages qui produiſent des tempétes violentes.

Il y a d'autres nuages dont l'effet
eſt ſi prompt & ſi terrible qu'on ne
peut comparer leur exploſion qu'à
celle du canon; par conſéquent le
principe de leur action ſemble une
matiere cachée, inviſible, auſſi active que le feu; une matiere ſubtile
qui ſe développant, renverſe & briſe
tous les corps qu'elle rencontre dans
ſa direction & dont on ne peut éviter l'effet, ſi on y eſt expoſé. Tel eſt
le nuage ſingulier du cap de Bonne-
Eſpérance que les matelots appellent

œil de bœuf : le Hollandois Kolbe qui paroît l'avoir judicieusement observé, dit qu'il est formé d'une infinité de vapeurs & d'exhalaisons rassemblées contre les montagnes qui sont à l'orient du cap, par les vents d'est qui regnent pendant presque toute l'année dans la zone torride. Ces vapeurs poussées avec beaucoup d'impétuosité sur les montagnes du vent & de la table, les plus hautes de ce pays, s'y forment en nuages, ou après avoir été fortement condensées par les vents plus froids qui regnent dans ces montagnes, ils en sont détachés tout-à-coup par un vend de sud-est qui les lance à la mer. Ces nuages semblent se former lentement, tranquillement & sans aucun mouvement sensible dans l'air, & tout à-coup la tempête éclate & précipite les vaisseaux dans le fond de la mer, sur-tout lorsque les voiles sont déployées. Ceux qui en échappent sont tout de suite couchés & mis entre deux eaux, les voiles étendues peuvent empêcher qu'un vaisseau ne soit totalement submergé ;

mais on n'a pas d'autre moyen de le relever, que de couper promptement les mats & les voiles, & d'en débarraſſer le bâtiment ſur lequel le vent n'a plus alors que très-peu de priſe.

Il ſe forme de pareils nuages & auſſi formidables dans la terre de Natal, dans les mers qui ſont entre l'Afrique & l'Amérique ſous l'équateur & dans les parages voiſins de l'équateur près de la côte de Guinée. Ces nuages ſi violens ſemblent être retenus dans une eſpèce d'équilibre par la réſiſtance de l'atmoſphère inférieure & par le poids de l'air ſupérieur; équilibre qui peut être rompu par le paſſage d'un navire ſous le point de leur gravitation; car c'eſt ce mouvement qui ſemble déterminer l'action du nuage. Le premier coup de vent qui en ſort eſt furieux & ne peut être comparé qu'à l'effet de la foudre : il a fait périr une multitude de vaiſſeaux qui alloient à pleines voiles, & qui ſe croyoient fort en ſûreté; mais à préſent qu'on en connoît le danger, on a grand ſoin de plier toutes les voiles, d'abaisser même les mats, & d'ordinaire les navigateurs attendent en cet état que le nuage soit dissipé. Il est vraisemblable que les vapeurs rassemblées par les vents sur les montagnes, ne servent qu'à former le sac d'une espèce de balon rempli d'une matiere beaucoup plus subtile, qui venant à s'échapper, cause les plus grands ravages. Si l'on connoissoit mieux la nature des exhalaisons qui sortent de ces montagnes, peut-être y trouveroit-on la cause la plus effective de ces ouragans locaux.

La plûpart de ces nuages si dangereux se forment au nord, & les tempêtes terribles & subites qui en sortent, ont leur direction du nord au sud, ou du nord-ouest au sud-est. Le navigateur Dampier (Traité des vents, chap. VI) parle d'un nuage de cette espèce dont les suites sont aussi violentes que ce que nous avons déjà rapporté à ce sujet. Entre les mois de Novembre & de Mars & sur-tout en Décembre & en Janvier, les orages sont fréquens dans le golfe du

Mexique ; mais le signe le plus frap-
pant de tous & le plus remarquable,
c'est un nuage fort noir au nord ouest,
qui s'éleve jusqu'à dix & douze degrés au-dessus de l'horison. Le bord
le plus haut paroît fort uni, & dès que
sa partie supérieure est à six, huit,
dix ou douze degrés de hauteur, le
nuage demeure dans cette forme
unie, parallèle à l'horison & sans aucun mouvement : il se soutient dans
cet état quelquefois deux ou trois
jours avant la tempête, & en d'autres tems seulement douze ou quatorze heures, mais jamais moins ; il
ne paroît que le soir & le matin, où
il n'est jamais si noir qu'à ces heures.
Quand on le voit dans cette région
de l'air & dans les mois indiqués, on
s'attend à une horrible tempête, quoique l'on n'en ressente pas toujours
les effets, l'orage passant quelquefois
sans faire beaucoup de mal. On ne
laisse pas de prendre toutes les précautions possibles pour s'en garantir.
Si le vent tourne au sud avec un beau
tems, c'est un signe infaillible qu'il y

aura tempête ; la matière concentrée dans le nuage par un vent qui s'oppose à son cours, n'en fait éruption qu'avec plus d'effort ; mais elle dure moins que si le vent se fixe au nord-nord-ouest, où il dure le plus long-tems & souffle de la plus grande force, la tempête continue vingt-quatre heures, quelquefois quarante-huit & même davantage. Quand le vent commence au nord-ouest, si le nuage passe, l'orage n'a que l'effet momentané d'un tornados, & le tems se remet au beau. Ces tornados sont des tourbillons impétueux, occasionnés par des nuages peu étendus, qui se forment sur terre & sont accompagnés de vents terribles qui soufflent de tous les points du compas & de pluies excessives ; nous en parlerons ailleurs.

Ces phénomènes qui nous paroissent étrangers, se forment quelquefois sous nos yeux, & sans doute par des causes à-peu-près semblables, quoique leurs effets soient différens, parce que relativement à nous, c'est

fur terre qu'ils agiſſent & que les autres ſe font ſentir ſur mer, d'une maniere plus violente ; ils y trouvent un
champ plus libre, une matiere plus
abondante ; mais nos orages ne laiſſent pas d'avoir leurs dangers bien
réels. Dans nos climats, lorſque les
terres échauffées par un ſoleil ardent,
envoient dans l'air les exhalaiſons diverſes qu'elles renferment dans leur
ſein, nous voyons s'élever du fond
des vallées & des ſols humides &
gras, une épaiſſe obſcurité qui s'étend
& s'établit ſur les forêts voiſines, d'où
elle gagne inſenſiblement la région
moyenne de l'atmoſphère ; la chaleur
qui y domine fait fermenter promptement le nitre, le ſoufre & le bitume
que les vapeurs aqueuſes y ont élevés. Le ſoleil diſparoît & le ciel
s'obſcurcit : on voit des nuages épais
alternativement lumineux ou opa-
ues & teints de diverſes couleurs, ſe
réunir & former ces nuées formidables qui éclipſent la lumiere du jour
en plein midi. Des teintes ſombres
& ardentes les colorent & annoncent

les ravages qu'elles doivent produire ; tout est en mouvement dans ces maſſes énormes, les nuages s'entrecho-quent, les vents oppoſés ſe réſiſtent mutuellement, & donnent plus d'ac-tion au fluide ſubtil ſur les matieres inflammables, encore enveloppées par une humidité abondante, mais qui n'en deviendront que plus nuiſibles lorſqu'elles auront forcé les obſtacles qui les retiennent. L'agitation la plus violente regne dans le haut de l'at-moſphère ; on en voit les effets, tan-dis qu'un calme effrayant, un ſilence général regne à la ſurface du globe, ſous le ſombre eſpace que des nuées épaiſſes privent de la lumiere du ſo-leil : on n'entend alors qu'un bruit ſourd, qui ſortant des montagnes, annonce l'orage prêt à fondre : les forêts tremblent ſans être agitées par le moindre ſouffle de vent, toute la nature eſt dans la conſternation. En-fin les éclairs brillent, le tonnerre ſe fait entendre, les vents s'échappent avec impétuoſité, les nuées ſe rom-pent, & il en ſort des torrens d'eau

qui entraînent tout dans leur cours, &
quelquefois des grêles meurtrieres &
des foudres qui portent le feu & la
mort par-tout où elles frappent. Tel
est l'état horrible du ciel jusqu'à ce
que la matiere des orages étant dissipée, on ne voie plus errer que quelques nuages légers emportés dans le
vague de l'atmosphère. Alors l'éclat
des cieux en paroît plus pur, l'air s'é-
claircit, la nature se pare des couleurs
les plus belles, elle n'est jamais plus
brillante, jamais elle n'a tant de char-
mes que dans les instans sereins qui
succedent aux tempêtes,

§ XXIII.

Causes de la dissolution des Nueés.

Les nuées éprouvent diverses modifications de la part du choc des vents,
de la chaleur de l'air ou des rayons
du soleil, relativement à leur dissolution, leur abaissement ou leur élévation. Les vents qui soufflent de bas

en

en haut élèvent les nuages, ils les
abaissent s'ils soufflent de haut en bas ;
s'ils sont horisontaux, ils les chaffent
devant eux ; de quelque maniere qu'ils
agissent & qu'ils frappent, ils les réunissent ou les féparent, en détachent
des parties ou même les dissipent.
Pour peu de tems que l'on observe
les nuages, on leur voit prendre diverses figures, se diviser en parties
distinctes, & souvent disparoître in-
fensiblement ; ce qui arrive fur-tout
lorsqu'ils sont emportés par les vents
avec une grande rapidité : le mouvement en ce cas augmentant l'activité
de la chaleur, ils sont bientôt portés
à un extrême degré de raréfaction ;
ils se brisent & se dispersent de telle
maniere qu'ils deviennent invisibles,
quoique leurs effets ne soient pas
moins violens ; ils causent sous un
ciel, en apparence clair & serein, ces
tourbillons, ces agitations impétueu-
ses de l'air qui étonnent d'autant plus
que leur cause ne peut tomber fous
les sens. Mais fi le courant d'air qui
agit fur les nuages ne peut pas les

saisir en entier , & n'est pas assez
étendu pour mouvoir toutes leurs parties , avec l'air fixe qui les entoure,
alors passant au dessus ou au bas , &
rasant leur surface , il les presse, les
applanit, en détache des parties qu'il
divise au point de les rendre insensibles ; & comme sa force croît en
proportion du poids qu'il acquiert par
l'accession de cette matiere nouvelle,
son frottement seul suffit quelquefois
pour dissiper les nuages , si après en
avoir diminué le volume par son action continuée, il ne les entraîne pas
enfin dans son cours.

L'air chaud n'a pas moins de force
pour dissoudre les nuées : s'il s'élève
jusqu'à elles , non-seulement il fond
les particules qui composent leur surface inférieure , mais même celles de
l'intérieur de leur masse où il pénetre.
Or l'air chaud se joint aux nuées,
toutes les fois que leur pesanteur spécifique étant augmentée par la jonc-
tion de vapeurs & d'exhalaisons nouvelles , ou par l'union d'une autre
nuée , elles s'approchent de la région

inférieure de l'atmosphère, où l'air est le plus chaud, ou quand cet air inférieur est porté à la région des nuées par les vents qui soufflent de bas en haut, & qui d'ordinaire sont chauds, ou lorsque des exhalaisons abondantes s'élèvent du sein de la terre échauffée, rendent l'air ardent, & le poussent vers les nuées : enfin de quelque maniere que cet air chaud soit appliqué à la superficie inférieure de la nuée, il fond les fibrilles très ténues de glace dont elle est hérissée, & chasse ce qui est fondu vers des particules plus grosses & plus solides, auxquelles les fibrilles, quoique fondues, tiennent encore. Ainsi se forment les petits flocons de neige, qui étant détachés de la masse, traversent l'atmosphère & tombent séparés les uns des autres. Cette première fonte ouvre la voie à l'air pour pénétrer entre les parties intérieures de la nuée qui se détachent les unes des autres & s'abaissent. Si dans l'espace que les flocons ont à parcourir, l'air conserve une chaleur égale, ils se fondent & se réunissent en gouttes d'eau plus ou moins grosses, à proportion de leur matiere : si l'air est plus froid, ils se condensent davantage, & diminuent de volume, s'il est au même degré, ils tombent tels qu'ils ont été détachés de la nuée. C'est ce qui arrive quelquefois au commencement du printems, lorsque l'atmosphère est couverte en partie par des nuages obscurs & épais qui sont peu élevés. Le 21 Mars 1768, le thermomètre étant alors à cinq degrés au-dessus de zéro, l'air étant assez doux, quoiqu'il eût tombé à différentes fois de fortes ondées de pluies pendant le jour, le vent qui avoit été à l'ouest, tourna tout d'un coup au nord-ouest à quatre heures du soir ; il agissoit avec tant de violence sur les nuages, qu'il en détachoit des flocons de neige épais & de plus d'un pouce de diamètre, qui tomboient à une grande distance les uns des autres ; c'étoit la matiere même du nuage qui n'avoit souffert aucune altération, légère, blanche, semblable à du coton, telle

que M. Bouguer l'avoit vue sur les
montagnes du Pérou. Le soir il tomba
un peu de neige fort fine ; mais l'air
devint si froid, que le thermomètre
étoit le lendemain matin à un degré
au-dessous de zéro.

Les nuées éprouvent encore de la
part de l'air une modification à-peu-
près semblable, mais par une cause
tout-à-fait différente : elles se dissipent, lorsque conservant leur même
légéreté spécifique, l'air dans lequel
elles sont suspendues, devient plus
pesant, alors elles sont forcées de
s'élever plus haut, pour se trouver
en équilibre avec un air plus raréfié.
A mesure qu'elles montent à travers
cet air plus pénétrant & plus actif,
qui en dissout quelques parties entre
lesquelles il se mêle, elles diminuent
de volume, & finissent par se dissiper
entiérement. C'est donc le poids de
l'air qui environne ces corps souvent
si vastes & si pesans, qui les tient dans
cet équilibre admirable ; semblables
à un vaisseau soutenu sur les eaux, ils
n'ont d'autre appui que l'air qui les

R iij

porte : ainfi la pefanteur fpécifique du nuage règle fon degré d'élévation, & le mouvement actuel de l'air, celui de fa direction & de fon balancement : de même que c'eft le poids d'un vaiffeau & fa forme qui décident de la facilité & de la légéreté avec lefquelles il cede à l'impreffion des vents, & fend les eaux. De là une nuée que l'air foutient tant qu'elle forme un corps d'une certaine étendue, tombe fi elle eft divifée en parties plus minces, parce que raffemblée, elle répond à une plus grande maffe d'air qu'elle comprime & qui lui fait réfiftance ; un vaiffeau de cuivre ou d'un autre métal nage fur l'eau tant qu'il eft entier ; fi on le brife par morceaux, il fe précipite au fond.

§ XXIV.

Utilité des Nuages.

Comme l'évaporation n'eft pas égale par-tout, que certaines terres n'envoient dans l'atmofphère que des

exhalaisons chaudes & sèches, qui,
bien loin de les rafraîchir en tombant, & d'y porter le principe d'une
fécondité heureuse, ne serviroient
qu'à augmenter leur aridité naturelle;
les nuages qui se forment au-dessus
des mers, des lacs & des rivieres,
dans lesquels la matiere aqueuse
abonde, emportés par les vents loin
du lieu de leur origine, vont se répandre en pluies sur les terres arides
qu'ils humectent & fertilisent. Ils
temperent la chaleur & la sécheresse
de leurs exhalaisons, & corrigent les
qualités vicieuses d'un air corrosif &
destructeur. Dans les lieux même,
où les nuées ne se répandent pas d'une
maniere sensible, elles ne sont pas
moins le principe des rafraîchissemens salutaires qu'ils reçoivent des
sources dont l'origine est fort éloignée
d'eux. Ceux qui voyagent sur les hautes montagnes des différentes parties
de la terre, passent souvent à travers
des nuages qui dérobent les plaines à
leurs yeux; les moins attentifs ne
manquent pas d'observer qu'à ces

hauteurs la terre eſt toujours fort humectée par les nuées qui viennent s'y
briſer & y porter des eaux qui entretiennent les torrens & les ſources
qu'on trouve ſi fréquemment au pied,
& dans le voiſinage de ces mêmes
montagnes. Ainſi dans le tems même
qu'il ne pleut point, les nuées ſont
autant de voies d'eau, que les vents
diſtribuent en différentes contrées, &
qui vont s'épuiſer ſur les montagnes,
d'où elles ſe répandent enſuite dans
les plaines par les canaux ſouterrains
que la nature leur a préparés, ou en
ſuivant le cours des fleuves dont l'o-
rigine eſt ſur les plus hauts ſommets;
les nuées épaiſſes qui s'accumulent
annuellement ſur les montagnes de
la Lune, couvrent au loin les plaines
de l'Afrique des eaux abondantes
qu'elles verſent dans un point fixe &
déterminé.

Mais elles ne s'épuiſent pas toutes
de la même maniere; plus ſouvent
encore elles s'épaiſſiſſent par l'action
des vents, ou elles ſe condenſent par
la fraîcheur de l'air qui les ſoutient,

& versent ensuite sur les sols les plus arides, ces pluies qui sont la cause de leur fécondité. Si ce rafraîchissement utile vient à manquer, on s'en apperçoit aussi-tôt : nous savons par expérience, même dans notre zone tempérée, combien une trop longue sécheresse est pernicieuse ; que doit-ce être dans les climats situés sous la zone torride ? Or les nuées seules peuvent répandre également & par-tout cette humidité aussi nécessaire à la santé des animaux qu'aux progrès de la végétation. Les déserts de l'Afrique & ceux de la Tartarie ne sont stériles & brûlans, que parce qu'ils ne sont jamais rafraîchis par des nuées qui y portent les vapeurs qui se sont élevées de la mer & des fleuves. Toutes ces terres arides n'ont aucun réservoir d'eau, aucune riviere qui les arrose, aussi sont elles condamnées à une stérilité perpétuelle. Si on y trouve quelques malheureux habitans, que l'habitude y fasse rester ; une sorte d'indépendance & de satisfaction naturelle, à jouir d'une liberté que l'on n'a

R v

eu aucun intérêt à leur disputer, les
détermine à passer leurs jours dans
une indigence extrême, accablés de
besoins dont l'excès abrege leur car-
rière. Dans les sables de l'Afrique,
la plus longue ne va pas à cinquante
ans ; on est même étonné qu'elle soit
poussée si loin, quand on imagine que
ces mortels infortunés, réduits au
sort des animaux les plus misérables,
sans habitations, sans vêtemens, sont
toujours exposés à l'action immédiate
d'un air sec & dévorant, sous un soleil ardent, n'ayant d'autre nourriture que quelques poissons ou les insectes que la mer laisse sur ses rivages, & qu'ils ne mangent que lorsqu'ils sont presque pourris. On conçoit plutôt comment on vivroit, dans
un pays aussi chaud, mais humide,
où des nuages & des pluies vien-
droient tempérer de tems en tems
l'ardeur du soleil & rafraîchir le sol,
fût-il même stérile. On en a un
exemple singulier dans la personne
d'un Espagnol nommé Pedro Serrano. Le vaisseau qui le portoit aux

Indes, fit naufrage au commencement du feizieme fiècle, près de l'ifle
de Cuba, fur quelques écueils & petites ifles qui font vis-à-vis de la Ha-
vane, dont la principale eft encore
appellée Serrane du nom de ce Serrano. S'étant fauvé à la nage, il
aborda dans cette ifle déferte, où il
ne trouva ni bois, ni eau douce, ni
aucune autre production de la nature,
elle étoit abfolument ftérile ; cependant il y vêcut d'induftrie pendant
fept ans, les coquillages & les poiffons que le flot rejetoit à bord, furent fa premiere nourriture : enfuite
il mangea des tortues dont il buvoit
le fang pour fe défaltérer : les écailles
lui fervoient de vaiffeaux pour y ra-
maffer de l'eau dans le tems des
pluies. Enfin, ayant pêché quelques
cailloux dans le fond de la mer, il
en tira des étincelles à l'aide defquelles il alluma du feu, qu'il entretenoit
avec de la mouffe marine, des os de
poiffons & d'oifeaux, & les débris
des vaiffeaux que la mer jetoit fur
cette ifle. En moins de deux mois fes

habits furent entiérement pourris ;
accident affreux dans un climat où
l'humidité, ainſi que les chaleurs,
ſont extrêmes. Dans la ſaiſon ſèche,
ne pouvant réſiſter à l'ardeur du ſoleil,
n'ayant ni habits, ni ombre pour s'en
garantir, ſouvent il étoit obligé de
ſe cacher dans l'eau : enfin le paſſage
alternatif du chaud à l'humide, l'action de l'air & peut-être l'eſpèce de
nourriture dont il uſoit, occaſionne-
rent en lui un changement ſingulier,
il devint velu comme un ours, la
barbe & les cheveux lui deſcendoient
plus bas que la ceinture, & alors il
fut moins ſenſible aux injures de l'air.
Après ſept ans de ſéjour ſur ce rocher, avec un autre malheureux que
le naufrage y jeta comme lui, & où
ils paſſerent enſemble près de quatre
ans, ils furent recueillis l'un & l'autre par un vaiſſeau qui paſſa à portée
d'eux. Serrano vécut aſſez pour faire
le voyage d'Europe, & être préſenté
à l'Empereur Charles V qui étoit alors
en Allemagne ; ce prince lui aſſura un
revenu conſidérable pour vivre à Pa-

nama où il avoit choisi sa résidence, & où il mourut peu après s'y être établi (*a*).

Les pluies fréquentes & l'humidité de la mer servirent à garantir cet infortuné navigateur de l'ardeur du soleil à laquelle il n'auroit pu résister autrement. Il en est de même de la terre ; les nuées qui la couvrent en différens endroits & à divers tems, la défendent contre l'action trop vive du soleil qui la dessécheroit à la longue & la brûleroit, sur-tout dans les pays voisins de l'équateur, où les nuages qui suivent le soleil, & le cachent aux régions sur lesquelles il est perpendiculaire, renouvellent alors la force de la nature, donnent à toutes les plantes, le tems de préparer les sucs dont elles se nourrissent, de croître & de se fortifier. Une chaleur continuelle & la présence du soleil auroient précipité leur développement, les sucs se seroient portés à

____

(*a*) Histoire des Incas, liv. I, chap. VIII.

leurs extrêmités avec tant d'abondance & de promptitude que les vaisseaux destinés à les recevoir, ne pouvant pas les contenir, se seroient brisés, les plantes se seroient desséchées & auroient péri avant que d'être à leur maturité, parce qu'elles n'auroient plus été en état de prendre la nourriture nécessaire à leur accroissement & à leur conservation; c'est ce qui arrive dans tous les pays chauds, lorsque les pluies dont ils ont coutume d'être arrosés viennent à leur manquer. Nous éprouvons les mêmes inconvéniens, lorsque les terres desséchées par une gelée longue & continuée jusqu'à l'équinoxe de Mars, ne sont pas rafraîchies & fécondées par les pluies du printems.

Outre cet avantage que l'on peut dire être attaché à la présence des nuages & à leur retour sur notre horison, ils en ont encore un autre qui ne contribue pas moins à la salubrité de l'air : ce sont ces vents libres & locaux qui soufflent de toutes parts dans nos régions, qui doivent leur existence aux vapeurs rassemblées dans l'atmosphère, ou aux mouvemens que le poids même des nuages & leur cours y occasionnent; vents si nécessaires à certains pays, que leur fertilité, la santé, & la vie même de leurs habitans paroissent en dépendre.

DISCOURS NEUVIEME.

Sur la Pluie.

NOTRE but étoit de comprendre dans un même discours ce qui regarde la neige, la pluie & la grêle, météores dont l'origine est la même, & qui ne prennent des formes variées que par les modifications que donne à la même matiere l'état accidentel de l'atmosphère. Mais comme ce volume eût été trop gros si nous eussions inséré tout ce que nous avons écrit sur ces météores, nous avons été obligés de nous restreindre à ce qui regarde la pluie. On trouvera au commencement du septieme tome, l'histoire naturelle de la neige & de la grêle, que nous n'avons pas placée au commencement du sixieme, parce que nous avons cru qu'il étoit plus utile de donner de suite & dans un même volume tout ce qui a rapport à l'histoire naturelle des vents.

§ I.

Causes de la formation de la pluie.

Lorsqu'après les rigueurs d'un long hiver, les vents secs & froids du nord cédent l'empire des airs aux vents légers & doux du midi ; le sein de la terre s'ouvre, il en sort en abondance des exhalaisons & des vapeurs qui s'élevant dans l'atmosphère, l'échauffent & la détendent : la matiere glaciale qui y étoit dispersée change de modification : ce ne sont plus ces traits invisibles, mais acérés & pénétrans, qui durcissent les substances, les dessechent & les divisent : ce sont des vapeurs douces, molles & légères ; c'est une humidité salutaire qui succède à une sécheresse dévorante. Une température nouvelle dégage insensiblement la terre des glaçons sous lesquels elle est enchaînée : on voit les vapeurs épaissies se réunir dans les airs, & se former

en nuages qui vont répandre leurs
tréfors naturels fur la terre dont le
fein eft préparé pour les recevoir : ils
y cachent les principes d'une végétation étonnante par fes effets variés.
C'eft de ces nuages que fortiront les
pluies qui régénéreront les herbes,
les fleurs & les fruits dont la nature
fe difpofe à couvrir la furface de la
terre. Sans ce fecours utile, fans cette
fraîcheur qui la rajeunit, toujours
féche & aride, elle ne nous préfen-
teroit qu'une furface hériffée de rochers ou de glaces ; nos riches campagnes ne feroient pour la plûpart que
de vaftes amas d'eaux, ou des plaines arides & defféchées par les vents
de l'hiver, ou brûlées par les ardeurs
du foleil de l'été. L'imagination du
philofophe occupé du fpectacle de la
nature, voit toutes ces richeffes déployées, où le vulgaire n'apperçoit
encore qu'une herbe légère qui fort à
peine du fein de la terre qui commence à fe ramollir : mais ces prémices n'annoncent-elles pas les fleurs
& les fruits qui doivent fuccéder cha-

runs dans leur saison? Ce sont les pluies qui occasionnent ce premier développement; c'est de ce météore que nous allons nous occuper.

La pluie ordinaire est une eau simple, sans couleur & sans odeur, formée des vapeurs qui se sont réunies à une région de l'atmosphère, plus ou moins haute, & qui en retombent en gouttes de différentes grosseurs. La distillation nous apprend par analogie comment se forme la pluie. Les vapeurs s'élèvent d'un liquide échauffé, en raison de leur ténuité & de leur légéreté : mais bientôt condensées par un air plus froid, elles se rassemblent; se fondent les unes dans les autres, & forment des gouttes d'abord insensibles, mais qui augmentent de volume en tombant, parce qu'elles se joignent à d'autres gouttes semblables. Déjà on peut juger que la plus grosse pluie est celle qui tombe des lieux les plus élevés. Nous avons parlé plus haut (*Discours* 8 , § 23) des modifications différentes que les nuages reçoivent des vents, du soleil, de la température de l'air, relativement à leur dissolution : par rapport à la pluie, nous ajouterons que cette multitude de petites gouttes d'eau qui tombent du haut de l'atmosphère sur la terre, la pluie en un mot, vient ordinairement des nuées formées des vapeurs aqueuses, dont la plupart de ces corps légers qui flottent dans les airs au gré des vents sont composés. Ces vapeurs demeurent suspendues, tant qu'elles sont séparées les unes des autres : mais lorsque les molécules similaires s'approchent davantage, que la matière éthérée qui les séparoit, s'échappe de leurs intervalles, elles se joignent & forment une petite goutte qui commence à tomber, dès qu'elle est devenue plus pesante que l'air qui la soutient. Cette petite goutte rencontrant dans sa chute un grand nombre de particules semblables, & même d'autres gouttes déjà formées, qui restoient encore suspendues dans l'air ; elle se réunit avec elles, & augmente en grosseur , jusqu'à ce qu'elle ait acquis celle que nous lui remarquons, lorsqu'elle tombe sur la terre.

Les vapeurs retombent goutte à goutte , parce que le nuage ne se résout pas tout en même tems, mais par parties insensibles. Si quelque cause assez active le portoit tout d'un coup à une entiere dissolution , au lieu de produire une pluie douce & bienfaisante, il en sortiroit un torrent d'eau , dont le poids & le volume dévasteroient les lieux sur lesquels il s'abaisseroit , ainsi que nous le remarquerons , en parlant des trombes , phénomènes désastreux , plus nuisibles encore sur terre qu'ils ne le sont sur mer. (*V. le Tom. 6 de cette hist. disc. 10 , seconde part. §. 5 & 6).*

La cause des pluies ordinaires & de la forme constante sous laquelle elles se montrent, est que les parties du nuage fondues , rapprochées , divisées par la résistance de l'air qu'elles ont à traverser , sont forcées de prendre la forme ronde , parce que tout liquide devient rond , lorsque ses

parties font portées par une force
égale vers un centre commun, duquel elles font également éloignées.
Or la pluie, ou cette multitude de
gouttes d'eau, ne font qu'autant de
petits corps liquides, dont le mouvement eft déterminé par une force
égale, lorfque l'air eft tranquille,
vers un centre commun. L'air agit
également & en même tems fur tous
les côtés de la goutte qui fe fépare
du nuage où elle s'eft formée, &
commence par lui donner la forme
hémifphérique que fon mouvement
d'ondulation acheve enfuite de rendre ronde : cette forme étant la plus
propre à porter, par la voie la plus
courte & avec le moins d'obftacle,
ces vapeurs réunies au centre où leur
poids les entraîne.

Par la force de l'impulfion générale établie dans toute la maffe de la
matière, quelles que foient fes modifications variées, toutes les parties
des fluides tendent à s'unir mutuellement, comme il paroît, par la ténacité & la rondeur des gouttes de

pluie : elles ne peuvent dès-lors que former un corps, dont tous les points de la surface soient à distance égale du centre. Ces petits corps séparés seroient parfaitement sphériques, si toutes les parties qui les composent étoient sans pesanteur : la force de gravitation qui les porte à descendre, contribue à les détacher de la surface du nuage à laquelle on peut supposer qu'ils tiennent quelque tems, alors la goutte s'allonge un peu, & ne reprend sa rondeur que lorsqu'elle est également pressée par l'air de tous les côtés. On peut les imaginer dans ce moment, comme toute autre goutte d'eau pendante à la surface inférieure d'un corps dont le grand axe est vertical, elle prend une figure ovale, & ne devient ronde qu'après qu'elle en est détachée. La rondeur des gouttes de pluie plus ou moins parfaite, dépend donc de l'état de l'air, de sa tranquillité ou de son agitation : si des vents impétueux l'agitent, on voit ces gouttes sous la forme d'un sphéroide allongé, ou sous une plus irréguliere encore, qui vient du frottement ou de la résistance qu'elles ont trouvé dans l'air, ou dans la rencontre de quelqu'autre corps auquel elles n'ont pu s'assimiler.

Diverses causes déterminent les vapeurs à se réunir & à retomber des nuages sur la terre. Si la densité de l'air, ou sa pesanteur spécifique, se trouvent diminuées, par quelque principe de raréfaction que ce soit, les vapeurs & les exhalaisons qui étoient auparavant en équilibre avec lui, le perdent & s'affaissent par l'excès de leur poids. Ces mêmes vapeurs qui ne s'élevent que par l'action de la chaleur qui les raréfie, & les rend plus légeres que l'air dans lequel elles se dispersent, & qui contribue à les porter de bas en haut, venant à se refroidir, se condensent ; & dès-lors leurs particules intégrantes étant fort rapprochées, elles deviennent plus compactes & plus pesantes que l'air qui les soutenoit, ce qui ne peut arriver que lorsque la premiere cause

de

de leur mouvement de bas en haut
cesse d'agir. Leur modification n'étant
plus la même, repoussées par la résistance qu'elles trouvent dans l'air
supérieur, entraînées par leur propre poids, elles prennent une direction contraire, & retombent en terre
avec une vîtesse proportionnée à leur
pesanteur.

Les vents dont l'action a tant de
puissance pour la formation des divers Météores, déterminent en différentes occasions les vapeurs à se former en gouttes & à retomber; ce qui
arrive, lorsque les vapeurs, élevées
dans l'air en certaine quantité, sont
poussées les unes contre les autres
par des vents contraires, ou qu'elles
se trouvent comprimées par des vents
qui soufflent contre des montagnes
ou d'autres éminences sur lesquelles
elles s'accumulent, & acquièrent,
en se réunissant, une pesanteur spécifique, beaucoup plus grande que
celle qu'elles avoient auparavant :
c'est pour cela que les montagnes
sont plus sujettes aux pluies que les

plaines , sur-tout dans les régions maritimes & dans les climats aussi chauds que ceux qui sont entre les tropiques, où l'évaporation est abondante & continuelle. Il pleut souvent sur les montagnes qui sont au nord de la Jamaïque , tandis qu'il ne tombe pas une goutte d'eau dans le pays plat qui s'étend à l'est & à l'ouest. Ayant la mer au midi, de quelque côté que le vent souffle , il accumule toutes les vapeurs contre les sommets de ces montagnes , & presque tous les jours on y remarque des nuages noirs , on y entend le tonnerre , & très-souvent il y pleut. Si les nuages semblent s'approcher de la mer , un vent contraire les arrête dans leur cours , & les repousse du côté des montagnes , où la chaleur de l'air les raréfie & les dissipe , sans qu'ils donnent la moindre pluie à la plaine, où tout est desséché ; au lieu que dant la montagne au nord, même pendans la saison seche , on a des pluies fréquentes , qui entretiennent la fraîcheur de la terre & sa fertilité. Il est vrai que par la même raison les pluies y font excessives pendant la faison humide, ce font alors moins des pluies que des torrens qui coulent des nuées épaisses qui fe font réunies contre ces mêmes montagnes.

On pourroit obferver très-communément le même phénomène fur les hauteurs voifines des lieux, où les eaux raffemblées, & l'humidité naturelle du terrein, fourniffent la matiere d'une grande évaporation. J'ai vu les plaines qui entourent la ville de Plaifance fort féches, tandis que les montagnes élevées du côté de Bobio étoient couvertes de nuages qui les inondoient & faifoient déborder les rivieres qui en defcendent. Ce font les pluies fi abondantes fur les montagnes & les terres hautes, où cette quantité de rivieres qui fortent de l'Apennin prennent leur fource, qui fourniffent à leur entretien : quelquefois elles font à fec lorfqu'il pleut dans la plaine, & tout d'un coup elles fe débordent pendant que le ciel y eft ferein & l'air fort fec.

S ij

En général., toutes les pointes de
terre très hautes & isolées. font autant de points fixes, autour desquels
les vapeurs se rassemblent, & où
elles produisent des pluies presque
continuelles. La petite Isle des Pins,
près de Cuba, qui n'a que huit à dix
lieues de longueur sur trois ou quatre
de largeur, est occupée à son centre
par une montagne très-élevée, où les
Espagnols qui en sont voisins prétendent qu'il pleut tous les jours de
l'année, tantôt d'un côté, tantôt de
l'autre. Les armateurs sont persuadés
qu'elle attire tous les nuages à elle,
parce qu'elle en est couverte, lors
même qu'on n'en voit point ailleurs.

Il en est de même de l'isle de
Gorgone dans la mer du Sud, plus
petite encore que celle des Pins,
éloignée du continent d'environ
quatre lieues : elle a une montagne
à son centre, que l'on apperçoit à
seize ou dix-huit lieues en mer, sur
laquelle se rassemblent des nuages
qui donnent à l'entour des pluies
fréquentes & très-fortes. Il importe

peu en quelle direction soufflent les
vents, ils produisent tous le même
effet : nous l'éprouvons d'une maniere
sensible dans nos pays de montagnes,
sur-tout en été : nous voyons le
même vent balayer l'atmosphère de
la plaine, dont il enleve toutes les
vapeurs, qui s'accumulent autour des
montagnes voisines les plus élevées,
& qui bientôt retombent en pluie :
mais ce phénomène est beaucoup
plus régulier dans les terres isolées,
sur-tout dans celles qui sont entre les
tropiques. Quand les vents d'ouest
soufflent, toutes les parties occidentales de l'isle de Ceilan ont de la pluie.
C'est alors la saison propre au labou-
rage : pendant ce tems-là tout le pays
exposé au levant jouit d'un air sec &
d'un beau ciel, c'est le tems de la
récolte : quand, au contraire, les
vents d'orient regnent, ils amenent
la pluie dans la partie orientale, qui
par-là devient propre à être labourée
à son tour ; la montagne qui est au
centre de l'isle est en même tems
séche d'un côté, & humide de l'au-

tre. Le territoire de Ceïlan eſt fort montueux, il va en s'élevant des extrémités à ſon centre, qui eſt terminé par le Pic d'Adam, l'un des ſommets les plus élevés de l'ancien monde, ſur lequel la dévotion des Chingulois eſt d'aller tous les ans en pélérinage : c'eſt autour de ce Pic que toutes les vapeurs qui doivent former les pluies, ſe raſſemblent, ſoit d'un côté, ſoit de l'autre, & refluent enſuite ſur les terres plus baſſes, lorſque les nuages ſe ſont épaiſſis.

On remarque la même choſe dans quelques iſles de l'Archipel de Grèce: les iſles de Siros & de Tiné ſont plus humides & plus fraîches que les autres, parce qu'elles ont plus ſouvent des pluies qu'y verſent les nuages qui s'y réuniſſent de tous les côtés: il en eſt de même des ſommets de l'iſle de Samos. Les pluies abondantes qui tombent ſur la Mer Noire, ſortent des nuages formés des vapeurs qui s'en élevent, & qui venant à frapper contre ſes bords, ſont repouſſés dans l'air au-deſſus même du lieu de leur origine ; ce qui est particulier à cette mer resserrée dans des bornes étroites, environnée de terres hautes, la plupart couvertes de forêts, d'où sortent des vapeurs & des exhalaisons épaisses, qui trouvant un cours libre par l'atmosphère de cette mer, s'y rassemblent, & produisent ces orages fréquens, ces fortes pluies qu'on y éprouve. Partout ailleurs la mer n'est pas si sujette aux pluies que la terre : dans la zone torride, quand on est près des côtes, on voit souvent pleuvoir sur terre, & le ciel obscurci par des nuées épaisses, tandis que l'air est serein sur mer, & que l'on y voit à peine quelques nuages légers. Quoique le vent vienne de terre, & que les nuées semblent s'avancer sur la mer, elles rebroussent d'ordinaire sur les montagnes dont elles se sont détachées, comme si elles y étoient attirées par quelque vertu secrette : si elles s'avancent davantage, ou elles retournent en arriere, ou elles se dissipent insensiblement ; c'est pourquoi les

S iv

marins qui font voile auprès des côtes , & qui apperçoivent un tornados
près d'eux , ne s'en mettent pas en
peine , & difent que la terre va le
dévorer.

S'il eft fi ordinaire de voir les montagnes chargées de nuages & expofées
à des pluies abondantes , les régions
voifines de la mer & toutes les terres
hautes qui la bordent , font de même
fréquemment couvertes de nuages ,
formés par les vapeurs qui s'y font
raffemblées. Les navigateurs , en
s'approchant des côtes , y trouvent
ordinairement le ciel couvert de
nuées , tandis qu'ailleurs il eft fort
clair. Elles fervent à leur faire découvrir de fort loin les côtes , dont
la plupart font quelquefois au niveau
de la direction fous laquelle courent
les vents , & leur faifant changer de
route , produifent les brifes ou vents
de terre fur mer , dont la force répond à l'action de la matiere qui les
produit.

On pourroit remarquer la même
chofe dans tous les pays , où il y a

beaucoup de lacs, d'eaux stagnantes
& de rivieres. Ils sont en général plus
sujets aux pluies que les autres : l'atmosphère qui les couvre, doit être
tellement chargée de vapeurs, que
la cause la plus légere y forme des
brouillards ou des nuages épais, dans
lesquels les molécules aqueuses trop
pressées se joignant les unes aux
autres, forment des gouttes plus
grosses que l'air ne peut les soutenir :
c'est ce qui arrive toutes les fois qu'il
s'éleve dans l'atmosphère une quantité surabondante des vapeurs; tout ce
qu'il y a de superflu retombe aussi-tôt
qu'il a perdu le premier mouvement,
à l'aide duquel il avoit été porté de
bas en haut. Il peut encore se faire
que ces vapeurs soient mêlées de certaines exhalaisons, de telle nature
que venant à se rencontrer, elles
fermentent ensemble, après quoi
les unes se précipitent, les autres
s'élevent & se dispersent, & causent
les mouvemens impétueux qui se
font sentir dans l'air, sur-tout pendant la saison pluvieuse de la zone

S v

torride. C'est là que l'on voit sensiblement les vapeurs & les exhalaisons, que les vents de la mer chassent
vers la terre, s'accumuler autour des
hautes montagnes contre lesquelles
le vent vient se briser. La plus grande
partie s'arrête, avant que de parvenir à quelque hauteur, parce que
le vent les pousse avec plus de célé-
rité vers un point fixe, que leur
légéreté ne peut les déterminer de
bas en haut. Sortant d'un air libre
pour entrer tout d'un coup dans un
air condensé, elles prennent la même modification, s'épaississent &
forment d'ordinaire dans ces climats
des pluies d'une abondance dont nous
n'avons point d'idée.

La saison pluvieuse commence
dans le Malabar vers les premiers
jours du mois de Juin, & finit au
mois d'Octobre; alors la mer cesse
non-seulement d'y être navigable,
mais il y a peu de ports où les navi-
res soient en sûreté & à couvert des
orages mêlés d'éclairs & de tonnerres
effroyables qui troublent l'air dans

cette saison. C'est du midi que viennent les nuages ; le vent les pousse
avec violence vers les montagnes des
Gattes où ils se brisent & se débordent en pluies dont les eaux forment
des torrens qui inondent le pays :
tant que ce vent dure, qui ne cesse pas
d'être fort chaud, l'évaporation est
d'une abondance extrême ; de sorte
que l'eau ne pénétrant les terres qu'à
la longue, ne fait long-tems que circuler de la surface du sol à la moyenne
région de l'atmosphère. » Les on-
» dées, dit Lucrèce, sont furieuses,
» lorsque les deux causes ordinaires
» de la pluie sont excessives ; si le vent
» est très-impétueux, & si les nuages
» se grossissant toujours, cédent à la
» force qui les détermine à se dis-
» soudre, la violence des pluies &
» leur durée sont en proportion avec
» la quantité des semences d'eau,
» & le concours des nuées qui s'en-
» tassant les unes sur les autres, inon-
» dent les campagnes au-dessus des-
» quelles elles s'arrêtent. La terre y
» contribue beaucoup, lorsque sa

S vj

» chaleur renvoie en l'air l'humidité
» à mesure qu'elle la reçoit (*a*) ». C'est
ce qui excite ces mouvemens irréguliers de l'air si contraires à la navigation, que lorsque la saison pluvieuse regne de l'un ou de l'autre côté
de la presqu'isle de l'Inde, toutes les
côtes en sont respectivement inabordables, & que l'on n'ose pas alors
doubler le cap Comorin; de sorte
que le commerce n'est bien ouvert
entre le Malabar & le Coromandel
que dans les mois de Janvier, Fé-

(*a*) *Sed vehemens imber fit ubi vehemen-
    ter utroque*
*Nubila vi cumulata premuntur, & im-
    pete venti.*
*At retinere diù pluviæ, longùmque mo-
    rari*
*Consuerunt , ubi multa fuerunt semina
    aquarum ;*
Atque aliis aliæ nubes, nimbique rigantes,
*Insuper atque omni volgo de parte ferun-
    tur,*
*Terraque cum fumans humorem tota reha-
    lat . . .*

        Lucret. lib. VI, v. 516 & seq.

vrier, Mars & Avril. Le tems des pluies a le nom d'hiver dans ces pays; mais il est plus incommode que rigoureux; on n'y connoît point le froid, on n'a à se garantir que de la force des vents & de l'humidité.

§ II.

Autres observations sur la cause des pluies.

Ces phénomènes sont réglés dans la zone torride, où les causes qui les produisent ont une grande uniformité d'action. La force du soleil y est toujours la même, l'évaporation de la mer qui fournit la matiere de la pluie est constante, les vents ont des retours assurés & une durée déterminée. Si ces mêmes phénomènes se présentent dans le centre des terres, sur-tout au-delà du 45ᵉ degré de latitude, ils ne sont que momentanés: cependant on remarque qu'ils sont produits par les mêmes causes & qu'ils ont les mêmes effets. Ainsi j'ai vu en

Bourgogne le 27 Juin 1768, les vapeurs accumulées contre une montagne, par un vent de fud-oueft fort chaud qui avoit regné tout le jour, s'y condenfer, fe former en nuages, & revenir fur les terres baffes à quelque diftance, où elles produifirent un vent de nord-eft peu étendu, & une pluie très-forte qui ne dura qu'une heure environ, parce que la matiere qui s'étoit affemblée pendant la journée, ne pouvoit pas en fournir davantage : le ciel redevint ferein, & le vent fud-oueft reprit le deffus.

Les vapeurs qui font portées par les vents du côté des terres, & qui viennent des parties fort éloignées de la mer, tendant toujours de bas en haut, lorfqu'elles arrivent aux rivages, font déjà trop élevées pour s'y arrêter & s'y diffoudre : elles paffent à des régions plus éloignées, où elles fe diffipent, à moins qu'un vent de terre oppofé ne les faffe refluer fur celles qui arrivent de nouveau : alors elles fe condenfent & forment fouvent des nuages d'où fortent des pluies d'ora-

ge. C'est ce que l'on observe en différentes saisons au cap de Bonne Espérance , où les vapeurs semblent
conserver plus qu'ailleurs cette légéreté d'origine qui les disperse dans
l'atmosphère.

  » Lorsque le vent du sud est prêt à
» souffler par un ciel clair, il s'éleve
» toujours de la mer qui est au-dessus
» du cap , des pelotons de nuages
» blancs qui parvenus à l'ouverture
» de la fausse baie , se séparent en
» deux bandes. L'une va ramper sur
» le sommet des montagnes les plus
» élevées qui s'étendent depuis l'en-
» trée orientale de cette baie, jus-
» ques bien avant dans les terres vers
» le nord : l'autre bande vient de
» même ramper sur le sommet des
» plus hautes montagnes qui renfer-
» ment la fausse baie à l'ouest, & qui
» forment la côte occidentale de l'A-
» frique. Depuis l'entrée occiden-
» tale de la fausse baie , où est le vrai
» cap de Bonne-Espérance jusqu'à la
» montagne de la Table , ces pelo-
» tons se réunissent à mesure qu'ils

» s'avancent; ils couvrent les som-
» mets les plus hauts sans descendre
» dans les vallées, ni même s'arrêter
» aux montagnes un peu plus basses
» que les autres; de sorte que lors-
» qu'une montagne est isolée & éle-
» vée, le nuage qui en couvre le
» sommet, y semble attaché & sus-
» pendu.

» Lorsque la matiere qui forme
» ces nuages est fort abondante, elle
» descend jusques sur les montagnes
» les plus basses, elle semble même
» vouloir se précipiter dans les val-
» lées, en prenant la courbure du
» sommet : mais ce qui se détache du
» nuage se dissipe à chaque instant,
» & devient absolument invisible dès
» qu'il est descendu de quelques toi-
» ses. Quelquefois aussi de gros pe-
» lotons se détachent du nuage qui
» couvre le sommet d'une montagne
» isolée; & comme le vent les chasse
» au loin sans qu'ils s'élèvent sensi-
» blement plus haut qu'ils n'étoient
» en quittant la montagne, ils pa-
» roissent toujours voisins de l'hori-

» fon , & n'empêchent pas que le ciel
» ne foit fort clair. Le nuage qui
» couvre le fommet d'une montagne
» pendant le regne du vent de fud-eft,
» paroît ordinairement fort applati,
» & comme taffé entre deux plans de
» niveau, ce qui lui donne la figure
» d'un chapeau rabattu, lorfqu'il s'ar-
» rête fur le fommet pointu d'une
» montagne ifolée.

» Enfin , quand le vent de fud eft
» commence à fouffler dans un tems
» encore nébuleux , & que les fom-
» mets des montagnes font couverts
» de gros nuages de figures fort irré-
» gulieres , ces nuages s'applatiffent
» & fe conforment à toutes les mê-
» mes apparences que ceux qui font
» venues de la mer par un tems clair.
» Lorfque le vent de fud-eft a foufflé
» pendant quelque tems , & fur-tout
» lorfqu'il doit regner pendant plu-
» fieurs jours de fuite fans interrup-
» tion, ces nuages deviennent de plus
» en plus minces , puis ils difpa-
» roiffent entiérement ; & il arrive
» que ce vent continue pendant plu-

» fieurs jours, fans qu'il y ait aucun
» nuage fur les montagnes; de forte
» que lorfque l'air eft pur & le ciel
» ferein, l'apparition d'un nuage tel
» que je l'ai décrit, eft un préfage
» affez fûr d'un vent de fud-eft,
» quoique le cours de l'air fe déter-
» mine à cette direction, fans qu'il
» paroiffe aucun nuage fur les mon-
» tagnes ». (Voyez *les Mémoires de
l'Académie des Sciences, an.* 1751,
vag. 439.)

Pour juger de l'effet du vent de
fud-eft fur l'état de l'air au cap, il eft
bon de favoir que c'eft le vent le plus
frais & le plus fec qui s'y faffe fentir, & qu'il y regne affez conftamment. Comme il n'accumule contre
les montagnes que des vapeurs fort
raréfiées & très-légères, que l'évaporation qui fe fait fur ces montagnes naturellement arides, n'envoie
point de matieres nouvelles qui puiffent changer la modification établie
dans l'air ; il n'eft pas étonnant que
les nuages fe diffipent plutôt que de
fe condenfer & de fe réfoudre en

pluie. Cependant outre les ouragans fameux, connus des gens de mer sous le nom d'œil de bœuf, il arrive quelquefois même par le vent de sud-est, que quelques nuages se résolvent en pluie, sur-tout au pied des plus hautes montagnes. Les mois de Mai, Juin, Juillet & Août, qui sont proprement l'hiver du cap, donnent des pluies qui tombent ordinairement par grosses ondées, & quelquefois mêlées de grêle, plus par le vent de nord-ouest que par tout autre vent. Il pleut également dans presque tous les mois de l'année ; mais ce sont des pluies plus douces & moins abondantes ; car ce qu'il en tombe en Janvier & Février, suffit à peine pour abattre la poussiere pendant quelques momens. La matiere de ces pluies se condense alors plutôt par le choc des vents opposés, que pour être arrêtée par les terres hautes : le mouvement constant de l'air au cap est du sud-est au nord-ouest ; quand le vent devient contraire, les vapeurs qui s'assemblent des deux côtés opposés, se réunissent

tout d'un coup, se forment en gouttes, & retombent en pluie.

La pluie n'est donc pas plus fré-
quente sur ces montagnes que dans
les terres plus basses, parce qu'elles
ne sont exposées principalement qu'à
l'action des vents secs du sud-est. Ailleurs, lorsque les vents y aboutissent
de toute part, & y portent les vapeurs
dont ils sont chargés, elles s'y forment en brouillards ou en nuages, &
s'y fondent en pluie, ne pouvant pas
aller plus loin; c'est ce qui fait que
des bords de la mer de Gascogne jusqu'à la ville de Carcassonne, il tombe
des pluies abondantes, quand les
vents d'ouest ou de nord-ouest
regnent. On remarque la même chose
dans le pays qui s'étend des bords de
la Méditerranée jusqu'à cette ville,
quand le vent du midi souffle. Cette
ville est dans une position très-élevée
entre les deux mers; dès lors il n'est
pas étonnant que le vent du midi
chargé des vapeurs abondantes qu'il
emporte de la surface de la Méditerranée & des terres marécageuses qui

la bordent de ce côté, répande une
grande humidité & souvent des pluies
qui inondent les campagnes. Mais s'il
s'étend au delà, comme il a déposé
toutes les vapeurs dont il étoit chargé,
à mesure qu'il s'est élevé au niveau
des terres hautes au-dessus desquelles
il passe, il devient chaud & sec, il
brûle les plantes, dessèche les campagnes, & même est fort nuisible aux
troupeaux de la partie de Guyenne
qu'il parcourt. S'il s'élève un vent de
nord-ouest qui l'emporte sur celui du
midi, la pluie succède en Guyenne
à la sécheresse, parce que les vapeurs
qui avoient été dispersées dans l'atmosphère par un vent chaud, se condensent & s'unissent les unes aux autres dès que la chaleur cesse ou diminue : leur poids augmentant avec
leur volume, elles retombent en terre
sous la forme de gouttes d'eau, dont
la grosseur & la quantité sont relatives à la quantité de matiere à laquelle
elles doivent leur existence.

Plusieurs autres causes générales
déterminent encore la pluie à tomber :

ſi la chaleur du ſoleil, lorſqu'il eſt élevé ſur l'horiſon ne raréfie pas promptement les vapeurs & les exhalaiſons dont l'air eſt chargé, elles ſe rapprochent, ſe fondent, & l'air devenu plus léger qu'il n'étoit, ne peut plus ſoutenir ces gouttes nouvellement formées & reſpectivemenr plus peſantes. Souvent encore il arrive que des vents qui ſoufflent bas & dans une direction horiſontale, chaſſent l'air condenſé au deſſus duquel les vapeurs ſont ſuſpendues ; & alors néceſſairement entraînées par leur poids, il faut qu'elles rempliſſent l'eſpèce de vide que le vent vient de leur pratiquer.

Ainſi l'expérience & les obſervations nous apprennent combien les vents contribuent à la formation des pluies, & à déterminer leur chûte, ſoit d'un côté, ſoit d'un autre. S'ils rencontrent dans leur courſe des amas de vapeurs qui viennent de la mer, ou qui ſoient encore ſuſpendus à ſa ſurface, ils les chaſſent vers la terre, & les pouſſent contre les hauteurs,

les bois & les montagnes ; c'est pour
cela que les pays montueux sont
beaucoup plus exposés aux pluies,
que les pays plats où les nuées roulent avec plus de liberté : c'est encore
ce qui fait la différence de la quantité d'eau qui tombe dans un pays
plus que dans un autre. Comme il se
forme beaucoup de nuages des vapeurs de la mer, les vents qui en
viennent sur les continens voisins
sont ordinairement accompagnés de
pluies ; au lieu que les vents qui
viennent de la terre, tels que sont
par rapport à nous ceux du nord &
d'est, apportent avec eux plus d'exhalaisons séches que de vapeurs humides, & sont rarement pluvieux,
à moins qu'ils ne rencontrent sous
leur direction des vents opposés,
chargés de beaucoup de vapeurs qui
se condensent au point de leur jonc-
tion : alors si les vents de nord &
d'est l'emportent sur ceux de sud &
d'ouest, ils occasionnent des pluies
abondantes, qui durent quelquefois
long-tems, jusqu'à ce que les vapeurs

que les vents du midi ne cessent d'accumuler, soient épuisées.

Il pleuvroit très-rarement sur mer, où les vents ont un cours plus libre, où rien n'arrête les vapeurs, si des vents contraires entr'eux ne les fixoient pas : c'est la seule cause à laquelle on puisse attribuer les pluies abondantes qui tombent quelquefois dans la grande mer du sud : ce qui n'arrive que quand le vent général, alisé d'Orient en Occident, est détourné ou interrompu par d'autres vents locaux & momentanés.

Lorsque le vent est impétueux, & qu'il a un cours libre, il pleut rarement, de quelque abondance de vapeurs que l'atmosphère soit chargée, à moins que la direction du vent ne soit de haut en bas : alors les vapeurs poussées en bas, en même tems que l'air dans lequel elles étoient suspendues, sont forcées de se réunir, & donnent une pluie proportionnée à leur quantité. Mais si le vent a une direction horisontale, & une force marquée, il ne

tombera

tombera point de pluie, tant qu'il ne
trouvera aucun obstacle qu'il ne puisse
vaincre. Ce vent pousse horisontalement chaque goutte avec tant de
rapidité, que souvent il les décom-
pose, & en réduit la matiere à sa
premiere forme, à ses parties élémentaires : ainsi elles deviennent insensibles, & restent dispersées dans
le vague de l'air, jusqu'à ce qu'une
nouvelle cause de condensation les
réunisse. C'est de cette maniere que
les nuages se dissipent, sans donner
de la pluie.

§ III.

Grosseur des gouttes de pluie.
Pluies d'été sans nuage. Brui-
ne. Pays où il ne pleut ja-
mais. Pluies de quelques ré-
gions d'Afrique & des Indes.

La différence de grosseur des gouttes de pluie, & l'épaisseur avec laquelle elles tombent, sont occa-

sionnées autant par l'action des vents, que par la quantité de matiere dont elles sont formées. En été , lorsque la terre échauffée envoie dans l'air beaucoup d'exhalaisons , il en sort des vents chauds , & assez forts pour s'élever jusqu'aux nuages , & même au-delà , les embrasser de tous côtés , se réfléchir dessus , les fondre promptement , & produire ces pluies violentes dont les gouttes très grosses tombent avec tant d'abondance , & si près à la suite les unes des autres , qu'elles ressemblent à autant de colonnes d'eau. Il est rare que dans nos climats les plus grosses gouttes de pluie ayent plus d'un quart de pouce de diamètre ; on prétend que dans les pays où le soleil fait sentir toute la force de ses rayons, dans les régions humides de l'Afrique , particuliérement en Nigritie , on voit des gouttes de pluie qui ont un pouce de diamètre ; phénomène que l'on ne peut attribuer qu'à la grande quantité de vapeurs aqueuses rassemblées dans le même endroit , & qui for-

ment des nuages très-épais, fort élevés, qui se fondent promptement.
C'est ce qui doit arriver par les vents
chauds dont la direction est de bas
en haut : s'ils sont portés au-dessus
des nuages, & si, se réfléchissant ensuite, ils viennent à frapper la partie
supérieure du nuage, c'est par là
qu'il commence à se fondre : les parties d'en haut se condensent & s'a-
baissent sur celles qui sont au-dessous, auxquelles elles se réunissent
& forment de plus grosses gouttes
que si la liquéfaction de la matière
commençoit par le bas. Les nuages
profonds & épais donnent aussi des
gouttes plus condensées, plus d'eau,
parce qu'ayant plus de chemin à parcourir, elles acquierent plus de particules de matière homogène.

Les gouttes de pluie tombent quelquefois serrées les unes contre les
autres, quelquefois à une plus grande
distance : ce qu'il faut rapporter à la
densité du nuage d'où elles sortent.
Lorsqu'une nuée est légere, que la
matiere en est à peine rapprochée,

pour que les parties se rassemblent,
il faut un certain espace dans lequel
elles puissent former une goutte d'eau
de quelque grosseur ; alors elles doivent être éloignées les unes des autres
en tombant. Mais si la nuée est épaisse,
si les vapeurs abondantes du haut se
détachent & s'abaissent sur celles qui
sont au-dessous, les gouttes se forment plus vîte, sont plus voisines,
& tombent avec plus de vîtesse.

Il semble que le poids de ces gouttes, lorsqu'elles sont d'un certain
volume, & qu'elles tombent de haut,
devroit rompre le tissu des feuilles &
des plantes encore tendres. On
éprouve que lorsque dans le vide on
laisse tomber une goutte d'eau de la
hauteur de quinze pieds sur un morceau de papier, ou sur une feuille
d'arbre, elle fait un grand bruit, sans
pour cela les rompre. Si cette même
goutte tomboit d'une nuée haute de
six mille pieds, elle auroit vingt fois
plus de vîtesse, & par conséquent
quatre cens fois plus de force ; de
sorte qu'elle mettroit en piéces les

fleurs, les feuilles des plantes & de
quantité d'arbres. Mais la résistance
de l'air empêchant les gouttes de tomber sur terre avec tant de rapidité,
elle en diminue l'action, qui n'est à
la longue guères plus forte que si elle
ne venoit que de la hauteur de quinze
pieds. C'est ainsi que la pluie tombe
ordinairement : quoiqu'il arrive en
été que lorsque l'air est extrêmement
raréfié, les grosses gouttes de pluie
qui viennent de haut, déchirent les
feuilles des plantes, & abattent les
fleurs qu'elles brisent, parce qu'alors
l'air ne leur présente presqu'aucune
résistance. Les variations du baromêtre annoncent assez exactement cet
état de l'atmosphère. Lorsqu'il pleut
en été, ou qu'il doit pleuvoir, l'air
devient beaucoup plus léger qu'il ne
l'étoit auparavant, quoique souvent
le ciel soit encore fort serein. Les
parcelles d'eau imperceptibles, répandues de toutes parts dans l'atmosphère en prodigieuse quantité, n'é-
tant plus assez soutenues, dès que
l'air a perdu un certain degré de sa

pefanteur & de fa force, elles commencent à tomber, & fe réunissant, elles forment des gouttes plus ou moins abondantes. C'eft ainfi que dans la machine du vide, après que l'on en a pompé environ une moitié de l'air, & qu'on l'a affoibli d'autant, on voit les vapeurs aquenfes qui y étoient difperfées, fe condenfer, & tomber en petite pluie, ce qui prouve que l'air ne devient léger qu'autant qu'il a perdu de fa maffe. (*Mém. de l'Acad.* 1711, *pag. 3.*)

C'eft cette difpofition de l'air qui fait qu'il tombe de la pluie en été, fans qu'il paroiffe aucun nuage. Cette pluie n'eft pas abondante : on ne la voit qu'après une forte chaleur, fuivie d'un calme qui a duré quelque tems. La chaleur dont la terre & les eaux font pénétrées, en fait fortir alors plus de vapeurs que l'air n'en peut foutenir. Leur humidité diminuant le degré de chaud à la hauteur où elles fe raffemblent, elles fe refroidiffent elles-mêmes, perdent de leur mouvement, & s'uniffant les

unes aux autres, elles tombent avant
que d'avoir acquis affez de volume
pour former un nuage. Quelquefois
ces gouttes font très groffes, & tombent d'affez haut pour brifer les feuilles & les fleurs encore tendres, ce
qui annonce la légéreté actuelle de
l'air.

D'autres fois les vapeurs fe répandent également à une hauteur médiocre de l'atmofphère, fe réuniffent
& obfcurciffent l'air : elles forment
de très-petites gouttes de pluie, dont
la pefanteur fpécifique n'eft prefque
pas différente de celle de l'air : auffi
retombent-elles fort lentement ; &
d'ordinaire le poids de l'air n'eft pas
diminué par cette modification paffa-
gere, ainfi que l'indique la hauteur
du mercure dans le baromêtre ; mais
il fe réfroidit fenfiblement.

Quand le même phénomène fe
fait remarquer en hiver, lorfqu'il
tombe de la pluie très fine, ou qu'il
bruine, la fource en eft différente,
quoique la caufe en foit la même.
Elle eft également occafionnée par la

diminution de la chaleur ; celle qui
est répandue dans l'air n'agissant que
foiblement sur la partie inférieure des
nuages, ne les dissout que lentement;
ce qui ne peut produire que des gouttes assez petites, & qui n'acquierrent
presque aucun volume dans leur chûte, eu égard au peu d'espace qu'elles
ont à parcourir ; car dans cette saison
les nuages sont fort abaissés, à peine
au-dessus de la région inférieure de
l'atmosphère, & souvent même plus
bas.

La même chose peut arriver, si la
nuée est plus élevée, & si elle se dissout & change par-tout de forme
également, mais lentement; en sorte
que les parties aqueuses dont elle est
composée, ne se réunissent pas en trop
grand nombre. Ces particules forment des petites gouttes, dont la
pesanteur spécifique n'est presque pas
différente de celle de l'air : alors elles
tombent doucement & forment une
bruine qui dure quelquefois tout un
jour, lorsque l'air est calme, parce
que la nuée se dissout insensiblement

& toujours avec un progrès égal, à
commencer par ses couches inférieures, jusqu'à ce qu'elle soit épuisée. Les gouttes qui tombent à mesure qu'elles s'en séparent, loin d'acquérir dans l'air qu'elles ont à traverser, des matieres qui augmentent
leur volume, sont plutôt resserrées
par la résistance qu'elles y trouvent. Le
contraire arrive, si la partie supérieure de la nuée se dissout la premiere & lentement de haut en bas:
il ne se forme d'abord que de petites
gouttes, mais qui tombant sur d'autres vapeurs qu'elles s'assimilent, deviennent insensiblement plus grosses,
& produisent ces pluies abondantes
qui tombent perpendiculairement,
lorsque l'air est calme, & dont la durée répond à la quantité de matiere
qui compose la nuée. Il est donc
constant que plus les gouttes sont petites, plus elles éprouvent de résistance de la part de l'air, & plus leur
chûte est lente. En hiver, ces espéces
de pluie sont si fines, que, quoiqu'elles ayent un mouvement de haut

T v

en bas, leur direction s'éloigne beaucoup de la perpendiculaire ; elles tombent en toutes fortes de fens. On voit
de ces gouttes fe réfléchir les unes
fur les autres, & prendre une direction oblique pour arriver jufqu'à la
terre.

Toutes les fois que les pluies tombent fous cette forme , elles annoncent une diminution de chaleur dans
l'atmofphère :: nous ne pouvons pas
en douter par l'expérience que nous
en avons dans nos climats , & c'eft
la même chofe fous la zone torride.
Dans un très grand efpace de la côte
occidentale de l'Amérique , il n'y a
prefque jamais de vraie pluie; c'eft-à-
dire , que les vapeurs & les exhalaifons ne s'y condenfent pas affez
pour s'y réunir en groffes gouttes , &
donner dans l'hiver des pluies auffi
abondantes que celles que l'on a au
Mexique , & de l'autre côté de la
ligne. L'atmofphère dans cette faifon
y eft obfcurcie par un brouillard épais,
qui , étant arrivé à fa plus grande
condenfation , produit une bruine

qui se détache de la masse du brouillard, sans l'épuiser, & qui est si fine, qu'à peine la surface du sol en est humectée. Cependant cette humidité suffit en quelques climats pour rafraîchir les plantes, & ranimer la verdure qu'une longue sécheresse avoit entiérement fanées.

Cette côte aride & sablonneuse commence du côté du nord au Cap blanc, à trois degrés environ de latitude, & s'étend jusqu'à Coquimbo, environ le trentième degré de latitude méridionale. Il est si rare qu'il pleuve dans toute cette longue étendue de terre, qu'on ne prend aucun soin pour assurer la solidité des bâtimens. Ils ne sont couverts que de joncs fendus en deux, sur lesquels on jette une légere couche de cendre & de poussiere, pour absorber l'humidité : ces constructions ne laissent pas que de durer long-tems, parce qu'elles ne sont pas ébranlées par les vents, ni dégradées par les pluies. C'est ainsi qu'est bâtie la ville de Paita, Colonie Espagnole, riche &

T vj

considérable, sur la mer du Sud, au
cinquieme degré quinze minutes de
latitude australe. Il tombe si rarement dans tout ce pays d'autre pluie
que la bruine légere dont nous avons
parlé, que l'on n'a jamais pris aucune
précaution pour s'en garantir. La vue
des campagnes semble l'annoncer;
montagnes & vallées sont couvertes
d'un sable stérile, & on n'apperçoit
de verdure que dans le voisinage de
quelques ruisseaux, qui sont peu
fréquens, & tarissent une partie de
l'année. Cette même sécheresse de
l'atmosphère se fait sentir à trois cens
lieues des côtes sur la mer du sud,
dans toute cette longueur. On attribue cette singularité à la chaleur habituelle de l'atmosphère & à la continuité du vent de sud-est, qui souffle
d'une force à peu près égale sur ces
côtes, & dans le grand espace de la
mer voisine : il emporte au loin toutes les vapeurs qui s'élevent dans
l'air, & qui n'ont pas le tems de s'y
réunir en grosses gouttes, capables
de former des pluies telles que nous

en avons dans nos climats, dans toutes les saisons de l'année.

En été, l'atmosphère des côtes du Pérou étant très-raréfiée, les vapeurs & les exhalaisons que l'action du soleil, combinée avec celle du fluide ignée terrestre, tire de la terre & des eaux, se raréfient au même degré que l'air : dés qu'elles sont arrivées à la partie inférieure de la région où les vents soufflent avec le plus de force, elles sont emportées par ces vents qui ne leur laissent pas le tems de s'élever assez haut pour y trouver un air froid dans lequel elles se condensent, & se forment en gouttes sensibles, sans lesquelles il ne peut y avoir de véritable pluie. La trop grande activité du soleil les empêche aussi de s'unir : de là vient qu'en été l'atmosphère est brillante, le ciel serein & débarrassé de toutes les vapeurs. En hiver, pendant que le soleil est au tropique du cancer, les rayons de cet astre ne tombant qu'obliquement sur la terre, l'atmosphère reste chargée de vapeurs, &

les vents qui viennent du Pôle auſtral dans un air épaiſſi par les cauſes de cette coagulation naturelle qu'ils prennent ſur les glaces & les neiges à travers leſquelles ils paſſent, la communiquent aux vapeurs, qui ſe changent en brouillards épais, & deviennent la matiere de cette bruine qui tombe tous les jours pendant quelques heures de la matinée.

S'il pleut quelquefois dans les vallées du Pérou, c'eſt que les vents d'eſt s'avancent plus que de coutume par la région ſupérieure de l'atmoſphère, & courent au-deſſus des vents réglés du ſud, qui ſont forcés de s'abaiſſer. Alors les vapeurs interceptées entre ces deux courans d'air, ſe condenſent & ſe rapprochent aſſez pour donner des pluies fortes, mais de peu de durée. Elles ne tombent que depuis le coucher du ſoleil juſqu'à l'aurore : c'eſt le tems où les vents irréguliers d'eſt ſoufflent avec plus de force, & celui où l'air eſt le plus froid. (*Hiſt. génér. des Voyages*, *T.* 13.)

Cette singularité ne s'observe que sur la côte du Pérou, en tirant du nord au sud par l'ouest : à trente lieues de Lima, à l'est, les pluies & les orages sont aussi fréquens qu'ils sont rares dans les terres arides dont nous venons de parler. Il paroît donc constant que relativement à la latitude de ces pays, & à leur température, c'est la continuité des mêmes vents qui dissipe les vapeurs & les empêche de se former en pluies. La direction des côtes, & la hauteur des montagnes voisines peuvent aussi y contribuer ; car dans les régions parallèles, sur les côtes orientales de l'Amérique, les pluies sont réglées & très-abondantes.

La côte occidentale de l'Afrique est presque aussi seche que celle du Pérou, depuis Mars jusqu'en Octobre. La saison pluvieuse qui dure depuis ce mois jusqu'à celui de Mars, est modérée, & n'a pas ces excès de pluie auxquels sont exposés la plupart des autres pays dans les mêmes latitudes. Il n'y tombe d'ordinaire que

des pluies fort douces , mêlées de
quelques ouragans qui les redou-
blent , moins communs qu'en tout
autre endroit des Indes Orientales ou
Occidentales ; & là comme ailleurs,
dans le tems des pluies , elles sont
plus fortes & plus fréquentes la nuit
que le jour. Dans cette saison il arrive d'avoir des jours sereins , mais
il y a peu de nuits sans un orage ou
deux. Ceux du jour passent d'abord,
& ne donnent de la pluie tout au plus
que pendant une heure ; mais pendant la nuit, quoique l'air ne paroisse
pas fort chargé , la pluie dure trois
ou quatre heures de suite ; c'est ce
que l'on éprouve près des côtes. Si
pendant ce tems on observe ce qui
se passe sur terre, on y voit des nuages plus épais, d'où sortent des éclairs
fréquens , & où le tonnerre se fait
entendre : la pluie y tombe avec plus
d'abondance encore que sur la mer ;
& à mesure qu'on s'éloigne des côtes,
elle est moins forte ; car , même pendant la nuit , le ciel y paroît serein.
Les vents accumulent les vapeurs &

les nuages fur les terres hautes , où
ils trouvent l'atmofphère plus favo-
rablement difpofée pour leur réunion
& leur diffolution enfuite.

La hauteur exceffive de quelques
chaînes de montagnes peut empêcher
le cours libre des vents : c'eft ce qu'on
remarque relativement à la côte du
Pérou , les Andes arrêtent le vent
d'eft , ou le portent fi haut , qu'il ne
fe fait point fentir dans la mer du
Sud qu'à deux ou trois cens lieues
des terres ; tandis que ce vent général
regne jufqu'à quarante lieues de la
côte d'Afrique : cette différence vient
de ce que l'air a un cours plus libre
de ce côté , ne trouvant point de
hautes montagnes qui l'arrêtent. Si
ces montagnes interrompent les vents
dans leur courfe , ou changent leur
direction ; à plus forte raifon peuvent-
elles arrêter les nuages , avant qu'ils
parviennent au deffus des vallées du
Pérou ; ce qui , joint à la conftance
des vents de fud-eft , caufe la féchereffe qui y regne.

Les côtes d'Afrique giffent de mê-

me , & les mêmes vents s'y font
fentir ; d'où vient que la température n'y eft pas égale , fi ce n'eft par
la difproportion des montagnes dans
les deux continens ? Nous avons vu
que dans les parties orientales de la
Cordiliere, il tombe des pluies abondantes qui forment de grands amas
d'eau , comme on en peut juger par
les rivieres prodigieufes qui de là
coulent dans la Mer Atlantique ; au
lieu qu'à la côte du fud , les rivieres
font en petit nombre , & peu confidérables. Il y en a même qui tariffent
tout-à-fait pendant une partie de l'année , & ne reprennent leur cours
qu'après la faifon des pluies , au
couchant de ces montagnes, au mois
de Février environ. Il faut en excep-
ter quelques côtes plus enfoncées
dans les terres , & prefque fous la
ligne où l'humidité l'emporte fur la
fécherefe , & où il pleut très-fou-
vent , en quoi leur température fe
rapproche de celle des côtes d'Afrique qui leur font paralleles.

La côte de Guinée , depuis le cap

Lopés , à un degré de latitude méridionale , en y comprenant le tour
de terre qui fe prolonge de l'eft à
l'oueft , eft extrêmement humide.
Cette région eft fi près de la ligne,
que la partie la plus éloignée n'en eft
qu'à fix ou fept degrés , & dès-lors
elle ne peut être que fort pluvieufe ,
ainfi que le font toutes les côtes &
la plupart des terres auffi voifines de
la ligne ; les unes à la vérité plus que
les autres. Mais la Guinée peut paffer
pour une des contrées les plus humides de l'univers , moins par la durée
de fes pluies que par leur abondance
exceffive : les gouttes y font d'une
groffeur extrême , & les ondées fi
terribles , qu'elles forment tout d'un
coup des torrens qui entraînent quantité de corps folides , que leur poids
a ébranlés lors de leur chûte. Son
giffement , auffi-bien que fa latitude,
l'expofe à ces inondations : cette côte
forme un grand enfoncement de
terre , un peu au nord de la ligne ,
d'où elle s'étend à l'oueft dans une
direction parallele à l'équateur. C'eft

dans cette espéce de golfe profond
que les vents d'ouest accumulent une
quantité d'exhalaisons & de vapeurs,
qui deviennent la matiere de ces
nuées épaisses, d'où sortent des pluies
prodigieuses.

Les vents du Pôle austral, qui
d'ordinaire ne passent pas la ligne,
ceux d'est qui sont arrêtés en partie
par les montagnes de la lune & les
autres élévations du centre de l'Afrique, qui couvrent la Guinée de ce
côté, ne laissent une action libre qu'aux
vents d'ouest, qui rassemblent les
nuages contre les hauteurs où ils se
fixent. Ces vents chauds & humides,
dont la direction est de bas en haut,
sont portés par-dessus les nuages; &
par quelque cause que ce soit, il est
probable qu'ils sont réfléchis en bas;
de maniere que venant à frapper la
partie supérieure des nuages réunis,
c'est par-là qu'ils commencent à les
fondre; & alors les gouttes de pluie
sont bien plus grosses, que si la dissolution de la nuée commençoit par le
bas. Ces nuées étant profondes &

épaisses, ainsi qu'on les juge à la vûe, relativement à la hauteur des montagnes, contre lesquelles elles sont appuyées, donnent des gouttes plus condensées, plus fournies d'eau, parce qu'ayant plus de chemin à parcourir, elles s'unissent à une plus grande quantité de matiere homogène, qui ne fait qu'accroître leur volume & leur poids. Il peut se faire encore que sur ces terres, ainsi que dans les mers voisines il se forme des trombes ou amas d'eau, qui s'affaissent tout d'un coup, & écrasent les corps sur lesquels ils tombent. Ce qui, mal vu, a donné lieu de dire à quelques voyageurs, qu'il tomboit dans certaines contrées de la zone torride des gouttes de pluie si grosses, qu'elles écrasoient les hommes & les animaux.

Ces trombes, ou espéces de pluie, qui tombent en masse, & ravagent les campagnes exposées à leur action immédiate, peuvent être occasionnées par les deux causes suivantes :
1°. Plusieurs nuages allant en direc-

tion contraire, & d'une force égale, venant à se rencontrer, le plus foible quitte son cours horisontal, pour en prendre un perpendiculaire : les vapeurs dont il est formé se rapprochant par l'effet de la pression, se dissolvent promptement, dès qu'elles arrivent dans la région inférieure de l'atmosphère plus échauffée que celle où elles étoient d'abord. 2°. Un vent chaud, réfléchi par un nuage qui s'oppose à son cours, peut aussi en précipiter la chûte, occasionner sa dissolution totale dans un moment, & ces phénomènes désastreux, presque toujours accompagnés d'ouragans, de vents, de tourbillons, dont il est difficile d'observer l'effet dans le tems même qu'il arrive, attendu l'obscurité du ciel, les mouvemens impétueux de l'air, & l'épaisseur de la pluie qui tombe souvent aux environs des endroits où la trombe crève. (*Au sujet des trombes, voyez le tome 6, disc. 10, part. 2, § 4, 5 & 6.*)

Ce que nous avons dit au sujet de

la côte de Guinée, & du golfe qu'elle
forme au nord de la ligne, nous apprend pourquoi tous les golfes en
général sont si sujets aux pluies ; c'est
qu'ils sont moins exposés aux vents
réglés que les côtes droites, ou les
pointes de terre ; les vapeurs s'y accumulent en plus grande quantité,
& la plupart étant entourés de terres
hautes & de montagnes, les nuages
s'y arrêtent, s'y accumulent ; c'est ce
qui fait que la Baïe de Campêche,
celle de Panama, & le golfe du
Mexique ont des pluies excessives.
(*Voy. le traité des vents par Dampier*,
ch. 7.

Dans les Indes Orientales, les
golfes de Tonquin & de Siam, &
toute la Partie Orientale du golfe de
Bengale, de même qu'à la côte de
Malabar, au couchant de la presqu'Isle
de l'Inde, bornée dans toute sa longueur par des montagnes très-hau-
tes, le long de laquelle il y a une
multitude de petits golfes, les pluies
sont excessives : tandis qu'à la côte de
Coromandel qui est tournée à l'est de

la même Presqu'Isle, & qui est basse
& unie, les pluies, même dans la
saison humide, sont beaucoup plus
modérées.

On observe qu'en général toutes
les côtes occidentales des continens
sont plus sujettes à la pluie que les
côtes orientales, excepté la côte du
Pérou, & celle d'Afrique qui lui est
parallele. Dans la premiere, la sécheresse est occasionnée par le vent du
sud qui y regne constamment, par
l'aridité du sol & la hauteur des
Andes ; nous avons vu que la plus
grande quantité des pluies près de
ces montagnes tombe principalement
du côté de l'est, sans en atteindre la
cime ; & au cas qu'elles y parviennent, il est probable qu'elles s'y arrêtent, sans s'étendre au-delà, Quant
à la côte d'Afrique, comme elle est
plus basse, & que les vents de sud-
est y dominent, qu'ils sont assez
forts & presque toujours secs ; ainsi
que nous l'avons dit, en parlant de
l'état de l'air, au cap de Bonne-
Espérance, & dans les terres voisines,

nes, où les nuages fe diffipent par la
feule action des vents, & la difpofition habituelle de l'atmofphère,
qui en-deçà du tropique du Capricorne eft toujours fort échauffée, il
n'eft pas étonnant que les pluies y
foient plus rares, qu'elles ne devroient l'être dans cette pofition. On
fe rappellera que dans toutes les régions du monde, à l'exception des
vallées du Pérou, il n'y en a point
où l'air foit plus fec & plus abforbant
qu'en Afrique. Il ne pleut prefque
jamais dans ces vaftes déferts qui
occupent une étendue immenfe : fans
les inondations du Nil, l'Egypte feroit
ftérile ; le peu de pluie qui y tombe,
ne pourroit pas y entretenir la fraîcheur néceffaire aux progrès de la
végétation. Les terres méridionales
de l'Afie ne font pas plus humides,
toute l'Arabie eft conftamment feche :
lorfque la Paleftine étoit plus habitée
& moins cultivée qu'elle ne l'eft à
préfent, les pluies favorables aux récoltes & aux femailles ne tomboient
que deux fois l'année ; celles d'au-

tomne qui faiſoient germer les grains, & celles du printems qui les faiſoient mûrir ; quand elles manquoient , l'année étoit ordinairement ſtérile : on ne faiſoit de récoltes que dans les campagnes où l'on pouvoit remplacer les pluies par des arroſemens , ou dans celles qui étoient plus voiſines de la Méditerranée , dont les vapeurs produiſoient des roſées ſalutaires. Ce ſont ces roſées qui aſſurent une fertilité conſtante aux plaines de Barbarie , où il pleut très-rarement. Les vents dans toute cette partie de l'ancien continent , accumulent les vapeurs ſur les montagnes qui en occupent le centre : dans celles qui ſont ſituées ſous la ligne il ſe raſſemble des nuages épais , d'où ſortent ces pluies abondantes, qui cauſent le débordement réglé de toutes les rivieres qui en deſcendent. Dans les autres , ces nuages donnent des neiges qui couvrent les plantes, concentrent le fluide ignée terreſtre dont les effets, ſans ſe diſſiper dans les airs , ne ſont pas moins utiles aux progrès de la végétation. Elles tempérent, en s'évaporant à la longue, la sécheresse de l'air ; elles y conservent une fraîcheur utile, une humidité douce & presque insensible, qui cependant suffit à l'entretien des rosées.

Les Isles accumulées en grand nombre, telles que les Philippines dans l'Archipel Oriental, arrêtent le cours des vapeurs dispersées dans l'air, & souvent celui des nuages qui y sont portés par les vents d'ouest. Leur position les rend semblables aux golfes dont nous avons parlé : les pluies sont souvent excessives à Mindanao, & dans toutes les terres voisines où elles causent de grands ravages.

§ IV.

Tems incertain des pluies par rapport à nos climats.

Il ne faut pas imaginer que cette théorie appuyée sur des observations

& des faits tirés de la température
de régions si éloignées de nous, soit
absolument inutile pour les climats
que nous habitons. Ce n'est que dans
les pays où les vents sont réglés, &
les saisons régulieres, que l'on peut
faire des observations constantes. Or
c'est un avantage reconnu de toutes
les régions situées entre les tropiques,
& des terres qui sont au-delà, à
quelque distance, jusqu'au trente-
cinquieme degré environ. La connoissance de la température & des
vents de ces pays, de la situation des
terres, de la disposition de l'air à
l'humidité ou à la sécheresse, peut
nous faire tirer des inductions assez
certaines sur les pluies des autres
contrées de la zône tempérée, dès
que l'on est assuré des vents qui y
regnent habituellement.

Ces principes retenus, si on considére la position des lieux, leur
aspect, le voisinage des mers, des
lacs, ou des terres humides, les vents
ordinaires à chaque région, on reconnoîtra aisément ce qu'il en doit

être des pluies de chaque climat. On
obſerve que les grandes plaines ſont
moins expoſées aux pluies que les
terres montueuſes & inégales ; l'évaporation s'y fait de même : mais les
vents qui y ont un cours plus libre
emportent plus loin les vapeurs, &
les pouſſent contre les montagnes où
elles s'accumulent, ſe fondent &
donnent des pluies abondantes. Quelquefois elles refluent dans la plaine,
& alors ce ſont des nuages épais, qui
courant en directions contraires & à
différentes hauteurs, ſont les uns pour
les autres une cauſe de diſſolution,
lorſqu'ils trouvent dans l'air qu'ils
parcourent une diſpoſition propre à
l'accélérer. On obſerve encore, que
dans les pays dont la ſurface inégale
eſt partagée par une multitude de
montagnes, de vallons, de bois &
de terres cultivées, les vapeurs s'accumulent, & les nuages ſe déterminent de préférence ſur certaines parties, où ils ont le plus d'effet. Les pluies
& les grêles commencent preſque
toujours à des endroits marqués,

V iij

d'où le mouvement que les nuées établissent dans l'air les porte à différentes distances. L'évaporation abondante qui se fait en été dans quelques endroits, répand dans l'air une quantité de vapeurs, qui, loin de le rendre plus pesant & plus condensé, le raréfie & l'atténue : c'est là où se détermine naturellement le cours des nuages ; c'est là où les pluies tombent de préférence. En hiver où la disposition de l'air est plus uniforme, où l'évaporation est moins forte, les pluies sont plus égales, il tombe à peu près la même quantité de neige. Mais, en été, lorsque la chaleur est vive, soit à la région inférieure de l'atmosphère, soit plus haut dans l'air, nous avons ici une température qui ressemble beaucoup à celle des régions situées entre les tropiques, relativement aux latitudes : nous voyons des trombes, des orages, des grains de vent, des pluies qui se succédent, & une quantité d'eau prodigieuse, qui ne fait que circuler de la surface de la terre à quelque hauteur dans l'atmosphère : telle a été la disposition de l'air pendant tout l'été de 1768.

Dans la zone torride, le tems des pluies est fixé, il répond à la distance du soleil, des lieux où elle tombe , & on peut dire qu'en général , depuis le quinzieme degré de latitude septentrionale jusqu'au quinzieme degré de latitude méridionale , elles suivent le soleil à cinq ou six degrés , jusqu'à ce qu'il entre dans le tropique , & qu'il retourne au même point. Par exemple , le château du Cap Corso est au cinquieme degré cinquante-cinq minutes de latitude septentrionale; & environ le 10 Avril le soleil a près de douze degrés de déclinaison dans le Nord : alors les pluies commencent & continuent dans ce lieu-là , jusqu'à ce qu'il soit parvenu à l'obliquité la plus grande & la plus éloignée de l'Equateur, & qu'il soit retourné au même point du midi. D'après cette mesure déterminée , on peut supposer que relativement à leur latitude, il en est

de même des autres régions situées
entre les deux tropiques : c'est là seulement, ou dans les régions voisines,
que le tems des pluies est fixé. Nous
en avons parlé fort au long, en trai-
tant de la température des pays divers
de la zone torride, & nous avons
déterminé le tems des saisons dans
chaque climat : nous serons obligés
de revenir sur le même sujet dans le
discours sur les vents, ainsi nous ne
nous y arrêterons pas davantage ici.
Nous ajouterons seulement que c'est
à la suite de cette saison que l'on passe
les sables des déserts de l'Afrique :
alors ils ont acquis quelque solidité
par la chûte des pluies qui les ont réunis. Quelque tems après, à la suite
d'un été brûlant qui les a desséchés,
ils sont d'une telle mobilité, que l'on
courroit risque d'y être englouti, ou
d'être étouffé par ceux que le vent
enleve & transporte d'un endroit à un
autre.

Relativement à nos climats, le
printems & l'automne sont les saisons les plus favorables aux pluies :

l'ardeur du soleil est plus tempérée,
l'évaporation est plus égale & plus
abondante ; & comme la chaleur du
jour n'est plus en proportion avec la
fraîcheur de la nuit , les vapeurs ont
plus de tems pour se condenser & se
former en nuages. Quoique ce soit
la marche ordinaire de la nature dans
la formation des pluies , elle est souvent dérangée par des causes étran-
geres. Si les vents de nord & d'est
sont constans dans quelques contrées,
la sécheresse est longue ; il s'en éleve
moins de vapeurs , ou ces vents les
portent au loin, & privent d'un rafraîchissement salutaire des provinces
entieres, tandis que ces mêmes vapeurs accumulées dans d'autres contrées y produisent des pluies trop
abondantes. C'est ce qui arriva dans
l'automne de 1766 , presque tout le
côté septentrional de la France souf-
frit d'une sécheresse trop long-tems
prolongée , dont les inconvéniens
furent augmentés par la gelée qui la
suivit immédiatement : tandis que
les provinces méridionales étoient

V v

défolées dans le même tems par des pluies fortes & continuelles.

L'été devroit avoir fes pluies, c'eft le tems où il s'éleve le plus de vapeurs & le plus haut, mais l'ardeur du foleil les diffipe, & très difficilement elles fe réfolvent en pluie, à moins qu'un vent froid ne les condenfe, où qu'une humidité conftante ne l'emporte fur la féchereffe de la faifon. Alors il femble que l'eau ne faffe que circuler de la furface de la terre à la moyenne région de l'atmofphère, & les pluies font très-fréquentes, ainfi que nous l'avons éprouvé pendant tout l'été de 1768. Comme il n'a prefque point eu de chaleurs, & que le froid contribue fenfiblement à la pluie, en condenfant les vapeurs difperfées dans l'air, cette faifon ne pouvoit être que fort humide ; fuivant la régle générale que les faifons les plus froides, & les mois les plus froids, font prefque toujours fuivis des mois les plus pluvieux, s'il ne s'éleve pas des vents fecs, affez conftans pour changer la

diſpoſition de l'air. Cette température a été la même pendant la plus
grande partie de l'hiver ; le changement n'a été ſenſible qu'à cauſe de
l'éloignement du ſoleil, & du froid
qui en eſt la ſuite.

Ordinairement en hiver la chaleur eſt trop foible , pour que les
vapeurs s'élevent en quelque quantité , ou à certaine hauteur : elles ne
paſſent pas la région inférieure de
l'air où elles ſe forment en brouillards , & retombent en bruines ou en
pluie fine. La même choſe arrive en
été , lorſque la partie la plus baſſe de
l'atmoſphère eſt rafraîchie par les
vents , ou que les vapeurs ſalines &
nitreuſes y dominent. Si les vapeurs
s'aſſemblent & s'élevent plus haut ,
elles ſe condenſent & ſe forment en
neige , ce qui peut arriver , même en
été , ſi l'atmoſphère ſupérieure eſt
modifiée comme en hiver.

En été, les pluies ſont plus fortes ,
& les gouttes plus groſſes qu'en hiver , parce que les nuages ſont plus
élevés , & que les gouttes , dans le

long efpace qu'elles ont à parcourir du
nuage à la terre , fe réuniffent les
unes aux autres. Mais on ne peut
compter fur ces règles , qu'autant que
la température des faifons eft telle
qu'on fuppofe qu'elle doit l'être , relativement à la diftance du foleil. Car
fi les vents de fud & d'oueft dominent fur nos climats , fi les chaînes
de montagnes qu'ils ont à traverfer ,
avant que d'y arriver , font couvertes de neiges en fonte , qui produifent une grande évaporation ; alors
les pluies d'hiver font auffi fortes &
auffi abondantes que celles de l'été ,
elles tombent de même par ondées
& en groffes gouttes. Au lieu d'un
froid fec & d'une gelée conftante , on
a une humidité mal faine ; un air
tempéré entre le chaud & le froid ,
interrompu quelquefois par des vents
de nord , qui occafionnent des gelées
paffageres , d'autant plus nuifibles ,
que tous les corps regorgent d'une
humidité furabondante : fi la gelée
les pénétre , les glaçons qui fe forment dans leurs pores , les brifent

beaucoup plus facilement que par un air plus froid, mais sec.

On observe dans toutes les saisons de l'année, & cette remarque a eu lieu plusieurs fois dans l'hiver de 1768 à 1769, sur tout dans la haute Bourgogne, qu'il survient des pluies que le baromêtre n'annonce pas, c'est-à-dire, que l'air conserve la même pesanteur. On est fort surpris de voir des brouillards & de la pluie, en même tems que cet instrument indique le beau tems par la hauteur du mercure : mais il paroît que ces brouillards & cette pluie n'ont pas la même cause que les pluies générales, & qui s'étendent à une grande distance. Celles-ci sont l'effet des nuages apportés des mers, & des endroits où il y a de grands amas d'eau, de même que de ceux où il se fait une forte évaporation. Les nuages ne tombent & ne se résolvent en pluies que lorsqu'ils sont pressés & accumulés par des vents contraires, ou qu'il y a variation dans la pesanteur de l'atmosphère. Les autres, que l'on pouroit appeler pluies locales , font vraifemblablement l'effet d'un changement, plutôt dans la température de l'atmofphère que dans fa pefanteur. Elles fe forment particuliérement dans les terreins humides, dans le voifinage des eaux tranquilles, des étangs, des rivieres, des forêts. Dans un jour chaud & par un tems calme, on voit dans ces endroits, & même fur des terres plus feches, s'élever un grand nombre de vapeurs : on l'obferve dans les premiers jours du printems ; dans les hivers humides, fi le foleil brille par un tems calme ; en été , dès que la férénité fuccéde à l'orage. Alors, fi le beau tems dure quelques jours, ou même quelques heures ; fi la terre n'eft point refferrée par le froid , ou defféchée par la chaleur ; fi l'action du fluide ignée terreftre concourt avec celle du foleil ; s'il ne s'éleve point un vent capable d'emporter ces vapeurs , dès que la température de l'air change, elles retombent bientôt en pluie.

C'eft ce qu'on voit arriver , lorf-

que des brouillards s'élevent dans
un tems où la chaleur de l'atmofphère ne pouvant plus leur commu-
niquer un certain degré de raréfaction, la denfité de leurs parties les
fait retomber bientôt après. On peut
voir monter ces vapeurs, fur-tout en
hiver, lorfque la terre eft humectée,
quand il fait un foleil chaud & un
tems calme & ferein, parce qu'alors
les particules de ces vapeurs ne font
pas affez atténuées pour échapper par
leur fineffe aux yeux de l'obfervateur;
elles caufent même une fenfation
marquée par l'humidité & la fraîcheur qu'elles établiffent dans l'air
qu'elles épaififfent. D'après cette ob-
fervation, on peut fûrement dès la
veille, même par le tems le plus ferein, prédire (pourvu que le vent ne
vienne pas faire obftacle à la prédic-
tion) la pluie, ou un ciel couvert
pour le lendemain ; ce qui peut être
de quelque utilité, puifque le baromêtre n'indique rien de bien certain
par rapport au tems qu'il doit faire,
& qui dépend de ces circonftances

locales. (*Voyez les Mémoires de l'Académie des Sciences, an.* 1759, *p.* 38.

On doit juger par là combien de caufes particulieres mettent des variations dans la quantité, la force & la qualité des pluies dans toutes les faifons ; & il ne faut pas être étonné, fi les faifons des pluies font fi fouvent dérangées. Quelquefois le mois d'Avril, Mai & Juin donnent autant d'eau que le refte de l'année ; quelquefois les pluies tombent dans les mois fuivans, ou elles font également réparties dans toutes les faifons.

§ V.

Quantité, utilité & qualités des eaux de la pluie.

Il eft certain qu'il y a des régions plus fujettes aux pluies les unes que les autres ; dès-lors la quantité de pluie qui tombe dans les différens pays n'eft pas égale. On peut en apporter les mêmes causes que cèlles qui rendent quelques régions plus exposées aux pluies que d'autres ; telles que la proximité ou l'éloignement de la mer, des lacs & des rivieres ; la situation des lieux, selon qu'ils sont plus élevés ou plus bas ; le voisinage des montagnes, des collines ou des bois qui forment des chaînes, dont les unes sont plus propres à repousser les vents humides, & à retenir les nuages chargés de pluie, tandis que les autres leur donnent passage ; c'est ce que prouvent les observations faites sur la quantité de pluie qui tombe en différens lieux en même tems, & dans le même lieu en divers tems, toujours relativement à la température de chaque année.

Il tomba à Paris en 1701 vingt-sept pouces neuf lignes d'eau ; en 1705 il n'en tomba que quatorze pouces dix lignes environ. En 1708 il en tomba quarante-trois pouces à Pise, dix-neuf & demi à Upminster, & trente-deux & demi à Zurich.

Suivant les obſervations de 1724, dans les ſix premiers mois de l'année, la pluie fut à Paris de ſept pouces : elle fut diſtribuée aſſez également, à la réſerve du mois de Mai qui n'en donna que quatre lignes & demie : mais , en récompenſe, il en romba près de deux pouces & demi dans le mois de Juin ; dans les ſix derniers mois la pluie fut médiocre, n'y en ayant eu que quatre pouces dix lignes ; le mois de Décembre en donna plus que tous les autres, . .
En 1721 il y avoit eu à peu près la même quantité de pluie qu'en 1724 ; la récolte de 1721 avoit été abondante en toutes ſortes de grains, elle fut médiocre en 1724 : ainſi la même quantité de pluie qui eſt propre, une année, pour produire une bonne récolte, ne l'eſt pas dans une autre. Il faut d'autres circonſtances qui y concourent. Les nuages qui durant le cours de l'année 1721 couvrirent ſouvent le ciel , avoient empêché que les rayons du ſoleil n'échauffaſſent la terre & ne la deſſé-

chaffent ; les campagnes n'eurent pas
befoin de pluie pour être fécondes :
mais en 1724 les chaleurs ayant commencé dès le mois de Juin , furent
très-grandes en Juillet, par un ciel
fort ferein , & la même quantité de
pluie ne put fuffire à fertilifer les terres au même degré.

En 1726 , les pluies tombées à
Paris dans les fix premiers mois de
l'année , furent de cinq pouces neuf
lignes , & celles des fix derniers
mois de cinq pouces fix lignes. La
diftribution dans chaque mois en fut
fort inégale. Les pluies du printems
qui ont coutume de rendre les terres
fécondes furent en petite quantité ,
celles d'Avril n'ayant été que de fept
lignes , & celles de Mai de deux
lignes feulement : mais les pluies
furvenues en Juin durant la maturité
des bleds , ayant été de vingt-quatre
lignes , réparerent en partie le peu
d'abondance, que le défaut des pluies
des deux mois précédens , & les
grandes chaleurs qui commencerent
plutôt qu'à l'ordinaire , auroient pu

caufer. On voit que la quantité des pluies eft fort inégale en différens tems & en divers lieux en même tems : cependant autant qu'on a pu s'en former une idée jufte par le calcul, la chûte des pluies eft affez proportionnée avec l'évaporation générale.

Il s'éleve de la furface de la mer par année, une lame d'eau dont on porte l'épaiffeur à foixante pouces, & il en retombe dans nos climats, foit dans les uns, foit dans les autres, une épaiffeur commune qui peut aller jufqu'à quarante - quatre pouces. Dans les régions fituées fous la zone torride, cette quantité va à plus de quatre-vingt pouces : l'eftime de ce qu'il y tombe de pluie eft plus aifée à faire que dans nos provinces, parce que les pluies y font continuelles pendant quatre mois environ. Par ce calcul on peut voir ce que les vapeurs & les exhalaifons qui s'élevent du refte de la furface du globe ajoutent à ce qu'envoie la mer ; car il en faut une quantité confidérable pour les rosées & les autres Météores aqueux qui sont moins sensibles que la pluie , mais dont la continuité est mieux soutenue.

L'évaporation de la mer ne suffit-elle pas à l'entretien de ces vapeurs , & comme toutes les eaux s'y rendent, n'en viennent-elles pas également ? Ne se distribuent-elles pas dans toute l'étendue du globe par la circulation générale établie dans toute la masse de la matiere ? Les quatre-vingt pouces d'eau que l'on prétend tomber chaque année , pendant la saison pluvieuse des pays situés sous la zone torride , n'excéde pas la quantité qui s'évapore de la mer : attendu que si on considére l'état de l'air dans ce régions, lorsqu'il y pleut, & le mouvement singulier qui se fait dans leur atmosphère , on reconnoîtra que tant que les vents d'ouest dominent sur les terres les plus pluvieuses , c'est la premiere pluie qui est tombée , qui fournit en partie la matiere de celles qui suivent. Le sol prodigieusement échauffé, & toujours ouvert, a promptement raréfié la premiere eau qui le pénétre , & cette chaleur communique un mouvement affez fort aux molécules aqueufes , atténuées, pour les reporter de nouveau dans l'atmofphère , où elles épaiffiffent l'air , entrent dans la compofition d'autres nuages qui donnent de nouvelles pluies auffi fortes que les premieres. On en peut juger par les brouillards épais qui s'élevent fans ceffe de ces terres humectées , qui ne font vraiment pénétrées que lorfqu'elles ont perdu une partie de leur chaleur , ce qui ne doit être qu'au milieu de la faifon pluvieufe , lorfque les rivieres commencent à fe déborder.

Quand une fois ce mouvement de circulation eft bien établi , il femble que la terre refufe de recevoir , ou au moins de conferver l'eau qui tombe des nuages : dès qu'elle eft à fa furface , elle s'atténue promptement , & fe difperfe de nouveau dans l'atmofphère : c'eft ce que j'ai obfervé pendant huit mois au moins de fuite dans l'année 1768 , où les pluies ont été continuelles , sur-tout en Bourgogne. A peine étoient - elles tombées, qu'un rayon de soleil , un instant de calme, donnoit lieu à une forte évaporation , qui renvoyoit en l'air de nouvelles vapeurs , d'où se formoient les pluies. Pendant long-tems même, la terre n'étoit humide qu'à sa surface ; l'eau y couloit sans la pénétrer ; & si les ruisseaux augmentoient , ce n'étoit que pour un instant : ce qui prouvoit bien sensiblement que la plus grande partie de l'eau que les pluies versoient sur la terre , s'évaporoit aussi-tôt , & que la même quantité de vapeurs fournissoit à l'entretien de ces pluies extraordinaires. Ces observations nous apprennent encore que dans les différentes modifications de l'élément, il n'y a qu'une certaine quantité de molécules aqueuses, inégalement dispersées , tantôt dans un climat , tantôt dans un autre , multipliées en apparence par des combinaisons qui nous sont inconnues.

Ainsi, quoique dans la nature tout

soit dans un mouvement continuel ; & que la forme des choses paroisse changer sans cesse, tout néanmoins tend à l'équilibre, & ces changemens incertains ont leurs loix. Si nous avions des observations météréologiques de plusieurs siécles, dans un même pays, il y a tout lieu de croire que la somme totale des pluies tombées dans ce pays pendant un siécle, ne différeroit pas beaucoup de celle d'un autre siécle ; ou s'il s'y trouvoit des différences marquées, un nombre de siécles plus grand encore, nous en dévoileroit la marche & les compensations. Car les piéces de la machine de notre globe ne sont pas infinies, leurs révolutions doivent nous redonner à-peu-près les mêmes effets, ou nous indiquer les causes de variation ou de dépérissement qui en troublent le retour.

L'Asie, l'Afrique & l'Amérique nous fournissent mille exemples de grandes contrées où il tombe en certains tems de l'année des pluies réglées, sur lesquelles il est rare que l'on l'on foit trompé : ces contrées font la plupart comprifes entre les tropiques, ou ne s'en éloignent pas beaucoup. L'Europe qui ne nous offre rien de pareil occupe le milieu d'une zone tempérée, & s'étend jufqu'à la zone glaciale : fes parties les plus feptentrionales font affez réguliérement chargées de neige pendant fept à huit mois de l'année ; & l'été qui fuccéde à ce long hiver, quelquefois eft affez uniforme, quelquefois auffi eft expofé à des viciffitudes qui dépendent de l'état des vents.

Les vents font toujours plus réglés par leur durée, leur direction & les tems de l'année où ils foufflent dans la zone torride, & dans les régions connues des zones polaires, que dans les zones tempérées, qui font entre ces deux extrêmes. La difpofition de l'air répond à celle des vents, à en juger par les variations du baromêtre, qui difparoiffent prefqu'entiérement fous l'Equateur. Or, fi le déréglement des pluies, des vents & des faifons peut être ramené à quelque chose de fixe & d'uniforme dans les extrêmes, n'est-il pas à préfumer que la même conftance & la même uniformité fubfiftent dans les climats moyens, dont les difpofitions fe rapprochent de celles des extrêmes, quoique fous une forme plus compliquée & plus difficile à démêler. Les alternatives du froid & du chaud, du fec & de l'humide, établiffent dans l'air de ces régions une efpéce de combat qui le tient dans un état indécis, où elles l'emportent alternativement les unes fur les autres, jufqu'à ce que fa température foit décidée au moins pour quelque tems. Il ne faut point fe laffer d'obferver tous ces phénomènes, de rechercher dans leurs variétés la liaifon qu'ils ont entr'eux. Quel avantage n'en reviendroit-il pas, fi on pouvoit en prévoir les caufes, & fe mettre à l'abri des inconvéniens qui en réfultent ! C'eft fans doute une grande entreprife, mais la préfomption dans ce cas eft moins à craindre que le découragement. (*Voyez les Mémoires de l'Aca-*

démie des Sciences, an. 1743 , hiſt.
p. 17.) Pour eſpérer quelques ſuccès,
il ne faut pas ſe laſſer d'interroger la
nature dans ſes effets, de joindre l'expérience à la ſpéculation , avant que
d'en venir aux conjectures , aux ſyſ-
têmes : c'eſt la marche qu'ont tenue
les réformateurs de nos idées ſur la
Phyſique , & ce que nous devons
faire comme eux , pour étendre la
carriere qu'ils ont ouverte , & y
rendre nos courſes utiles.

Nous ne nous arrêterons pas long-
tems à parler de l'utilité des pluies &
de leur néceſſité : les régions où elles
manquent ſont déſertes , ſtériles &
inhabitables ; telles ſont la plupart
des contrées orientales du monde ,
pluſieurs provinces de la Perſe , & une
vaſte étendue de l'Afrique. La terre
deſſéchée & durcie par les ardeurs du
ſoleil n'eſt jamais humectée & ramol-
lie par ces eaux ſalutaires qui tombant
par intervalles ſur nos terres , y répandent une humidité favorable qui
fait germer les ſemences , croître les
plantes & les herbes , fournit aux

X ij

fruits les sucs nourriciers qu'elle délaye dans le sein de la terre. Dans toutes les régions où il se passe une longue suite de mois, sans qu'il y pleuve, on ne voit que des campagnes arides ; la végétation y est interrompue ; la nature languissante n'y offre que le plus triste spectacle. La sécheresse des environs du golfe Persique est telle, que non seulement on ne voit jamais sortir de terre aucune vapeur, mais qu'on n'y apperçoit pas même un brin d'herbe pendant les trois saisons chaudes de l'année. Dans les lieux découverts & les plus exposés aux rayons du soleil, le sol paroit plutôt de la cendre que de la terre, elle y est comme calcinée : il n'y a que trois ou quatre sortes d'arbres qui puissent subsister dans ces terreins incultes, encore y sont-ils bien rares.

L'atmosphère de ces terres arides une fois chargée de matieres impures, de myrasmes infects & contagieux, les conserve long-tems, jusqu'à ce que la violence de la conta-

gion les ait en quelque forte anéantis:
avant ce tems-là , quels ravages ne
doivent-ils pas faire! La pluie qui
par-tout lave l'air , le purge de toutes
les ordures qui s'y répandent , foit
par la force de l'évaporation, foit par
l'action des vents , ne peut pas avoir
cet effet falutaire dans les lieux où
elle eft inconnue : on n'y éprouve
jamais cette fraîcheur , cette agréable
légéreté de l'air qui fuccéde aux pluies
dans nos climats, même dans les
faifons les plus chaudes & les plus
feches. L'air y refte toujours brûlant,
fouvent d'une pefanteur extrême,
imprégné de particules fulfureufes
qui y abondent, lui ôtent fa fluidité,
le rendent mal-fain & quelquefois
mortel, quand ces difpofitions nuifibles font augmentées par l'action des
vents chauds. C'eft ce qu'on éprouve
dans plufieurs régions de l'Afrique ,
au midi de l'Afie , & dans quelques
cantons du Royaume de Naples.
Après les pluies légeres qui y tombent au printems, le thermomêtre y
refte fixé pendant des mois entiers

X iij

au même degré, pendant lesquels on
ne respire qu'un air étouffant, &
toujours également chaud ; il ne varie
que pour marquer une température
plus dangereuse encore & plus dévorante.

Dans nos climats la pluie d'été
venant d'ordinaire d'une région de
l'atmosphère plus haute & plus froide
que celle où nous vivons, rafraîchit
l'air que nous respirons, & y répand
une humidité bienfaisante qui tem-
pére l'âcreté de la chaleur. Outre ces
avantages si essentiels, nous ne con-
cevons pas comment la végétation
pourroit se faire sans l'humidité abondante que les pluies répandent sur la
terre. Il est démontré que la fraîcheur
des feuilles ne s'entretient du moins
pendant le jour & le fort de la chaleur
que par le passage continuel qu'elles
donnent à l'eau qui monte des racines, & qui se dissipe ensuite par la
transpiration. Deux feuilles de figuier de médiocre grandeur tirent en
cinq heures de tems deux gros d'eau
d'une fiole bien bouchée, où l'on

fait tremper leurs queues : attachées
à l'arbre, elles en tirent autant pour
se conserver dans toute leur fraîcheur ;
on peut juger de là combien un figuier
en tire dans un jour & par conséquent quelle prodigieuse quantité
d'eau se dépense pour l'entretien des
plantes. (*Voyez les Mémoires de l'A-
cadémie des Sciences, an. 1703.*)

C'est sans doute pour cette raison
qu'une sage providence fait que les
pluies sont plus abondantes en été,
aux mois de Juin, de Juillet & d'Août,
où il en tombe quelquefois autant
que dans le reste de l'année : c'est
alors que la plus grande partie des
fruits se perfectionnent, se mûris-
sent, qu'ils ont le plus de besoin des
rafraîchissemens & de la nourriture
qu'ils reçoivent des pluies : si elles
manquent absolument, ou même si
elles ne sont pas suffisantes, les productions de la terre en souffrent, les
récoltes manquent ou sont médiocres.

Combien ne faut-il pas encore
d'eau pour l'entretien des fontaines
& des rivières ! La quantité que l'on

peut concevoir eſt ſi forte, que l'on eſt forcé de compter pour beaucoup ce que les roſées & les brouillards peuvent contribuer au rafraîchiſſe-ment général. C'eſt ſans doute ce qui a fait imaginer ſous terre, au niveau de la mer, de grands réſervoirs d'eau, dont la chaleur du fond de la terre élève des vapeurs, qui étant parve-nues vers ſa ſurface, ſe condenſent par le froid qu'elles y trouvent, après quoi elles coulent ſur les premiers lits de tuf où de glaiſe qu'elles ren-contrent, juſqu'à ce qu'elles arrivent à une ouverture par où elles ſortent du ſein de la terre. Ces réſervoirs, dont nous avons démontré l'exiſten-ce par pluſieurs faits, étant admis, (*Voyez le Diſcours VII, § XI.*) on conçoit aiſément comment les va-peurs qui s'en élèvent, après avoir repris leur première nature d'eau, & s'être réunies en gouttes, ne peuvent plus redeſcendre par les mêmes con-duits par où elles montèrent, n'étant que vapeurs fort atténuées. Mais d'où ſont formés la plûpart de ces réſer-

voirs ? Sinon par l'eau des pluies, par
celle qui résulte de la fonte des neiges, & par toutes les causes qui répandent plus d'humidité dans la terre,
qu'il n'en sort par l'évaporation ordinaire.

Si l'on se rappelle quelles sont les
dispositions variées de l'atmosphère
que traverse la pluie avant que de
tomber en terre ; de combien de corps
étrangers elle est surchargée par les
vents, par les fumées & par l'évaporation ; on conviendra que l'eau
de pluie n'est pas une eau pure, mais
qu'elle est imprégnée de différens sels,
d'huiles, de particules même des
métaux & des terres, parmi lesquelles
il se trouve une grande diversité, suivant la nature des terreins d'où sortent les exhalaisons. C'est pour cela
que la pluie du printems est bien plus
propre à exciter des fermentations
que celle qui tombe en d'autres tems.
Les différens esprits dont elle est pénétrée, & qui se sont élevés dans
l'air par l'évaporation propre à cette
saison, après être sortis de tous les

X v

corps réduits en putréfaction dans le
sein de la terre & à sa surface, pendant l'hiver, & dans le tems de la
fonte des neiges, se dissolvent alors,
chargent l'air d'une multitude de particules organiques, qui mêlées avec
la pluie, la rendent si favorable à la
végétation & si propre à en accélérer
les développemens.

La pluie qui tombe après une longue sécheresse, est beaucoup moins
pure que celle qui suit de près une
autre pluie. On remarque que celle
qui tombe lorsqu'il fait fort chaud,
est sale & remplie d'ordures, sur-tout
dans les grandes villes, dans les endroits bas & infectés de matieres
corrompues. Les pluies qui suivent
les ouragans de terre, ne font qu'une
boue fort délayée, si l'atmosphère
inférieure est alors obscurcie par des
nuages de poussiere.

Pendant l'été, lorsque l'air est sé-
rein & que l'on n'y apperçoit aucun
nuage, il tombe de très-grosses gouttes de pluie : ce phénomène singulier
est produit par une forte chaleur qui

a porté haut les vapeurs raréfiées de
la région inférieure de l'atmosphère,
& par des vents opposés qui ayant
soufflé à cette hauteur en direction
contraire, ont réuni ces vapeurs, &
en ont formé de grosses gouttes séparées les unes des autres, que leurs
poids fait retomber promptement; si
les exhalaisons que la force de la chaleur a fait sortir de la terre, se mêlent
aux vapeurs dont ces gouttes sont formées, elles leur donnent une qualité
nuisible qui brûle quelquefois les
feuilles des plantes sur lesquelles elles
tombent, sont pernicieuses aux fruits,
& même leur donnent diverses maladies que l'on ne peut attribuer à
une autre cause.

Les vapeurs & les exhalaisons de la
mer n'ont pas cet effet. Les pluies qui
tombent en pleine mer, à une grande
distance des terres, fournissent une eau
douce, bonne à boire, & qui se conserve aussi bien que celle des meilleu-
res sources. Cette eau est un rafraîchissement admirable pour les vaisseaux
espagnols qui traversent la grande mer

du Sud en allant de Manille à Acapulco. Dans ces derniers tems, les
Anglois s'en font fourni de même,
& tous s'accordent à dire qu'elle eft
excellente, tout à fait deffalée & d'une
qualité bien fupérieure aux eaux de
mer, que l'art prétend avoir trouvé le
moyen de rendre potables. On eft
parvenu à leur ôter leur âcreté malfaifante & leur goût défagréable; mais
eft-il bien fûr qu'elles défaltèrent auffi
bien que les eaux de pluie ou de fource? N'eft ce pas un fecret que la nature s'eft refervé jufqu'à préfent; on
peut feulement conjecturer qu'elle
dépouille l'eau de la mer de fes différens fels volatils, des huiles qui la
rendent âcre & malfaifante, par une
évaporation lente & douce, dans laquelle il ne s'exhale de l'Océan que
la partie la plus légere de l'eau, qui
contient encore de l'efprit de fel;
mais en bien moindre quantité que
lorfque l'art en excite l'évaporation
par une forte chaleur. Il eft probable
encore que dans le long efpace que
ces vapeurs parcourent avant que d'ar-

river à la région de l'air où elles se
condensent & forment les nuages d'où
tombent la pluie, l'esprit salin se détache petit à petit des molécules
aqueuses, & peut-être retombe à la
surface de la mer.

Les sels proprement dits sont plus
pesans que les molécules aqueuses :
on n'en doutera point, si l'on fait réflexion sur la maniere dont on dépouille les eaux salées des sources
voisines de Lons-le-Saunier en Fran-
che Comté, des particules aqueuses
surabondantes, & de la matiere ter-
reuse dont elles sont impregnées. On
les porte, par le moyen des pompes,
au-dessus de longs bâtimens fort élevés, bien ouverts & exposés à l'action
des vents de tous les côtés : on les
laisse distiller ensuite sur des tas de
fagots, entre lesquels l'air circule librement & emporte dans son cours
toute l'humidité surabondante, tandis que les parties terreuses restent
attachées aux branches, où elles
forment à la longue une croûte blanche. On recommence cette opération

juſqu'à ce que la partie ſaline domine dans l'eau : alors on la laiſſe couler dans ces énormes chaudieres, où un feu violent a bientôt criſtalliſé les ſels, en faiſant évaporer toute l'eau qui y étoit mêlée.

Mais pour en revenir à la maniere dont l'eau de la mer ſe deſſale, perd ſon amertume, ſes qualités nuiſibles, & devient potable en circulant dans l'air, on peut ſuppoſer encore que les vapeurs aqueuſes qui s'élèvent de la mer, ſe mêlent avec d'autres particules d'une eau douce & plus pure, répandues aſſez abondamment dans l'atmoſphère, & qu'à meſure que les vapeurs, en ſe réfroidiſſant, ſe condenſent & ſe coagulent, les eſprits ſalins s'échappent, retombent en partie comme nous l'avons dit, ou ſont emportés avec la matiere ignée dans une région ſupérieure à celle où ſe forment les nuages. Ce ſont peut-être ces eſprits ſalins ſi fort atténués qui rendent l'air des régions les plus hautes, tel que celui que l'on reſpire à quelques ſommets de la Cordiliere,

ſi ſec, ſi froid, ſi dévorant, qu'il dé-
chire les poumons, coagule le ſang,
& glace promptement tous les corps
qui ne peuvent pas fournir à un mouvement continuel qui entretienne leur
chaleur.

Or, les différentes opérations de
la nature que nous ſuppoſons faites
dans l'air libre, par le moyen ſeul de
l'évaporation, ne peuvent pas avoir
lieu dans les diſtillations, par leſquelles l'art a entrepris de rendre potables
les eaux de la mer. Elles ſe font dans
des vaiſſeaux fermés où l'air extérieur
n'a point d'accès, & ne peut pas ém-
porter librement les eſprits ſalins qui
s'évaporent de l'eau : & quoique dans
le court eſpace que les eaux ont à
parcourir, elles ſe réfroidiſſent & ſe
condenſent, il eſt douteux que le
véritable eſprit de ſel s'en ſépare. On
ôte à l'eau de la mer ſon amertume
& les ſenſations déſagréables qui en
ſont la ſuite ; mais la rend-t-on auſſi
ſalubre que celle des pluies qui tombent ſur l'Océan, quoique les vapeurs qui ſervent à les former, ſer-

rent immédiatement de la mer? (*V. la Géographie générale de Varénius, liv. III, chap. XIII, pag. 11.*) Car il n'est pas probable que les nuages, qui donnent les pluies, dont nous venons de parler, dans la mer du Sud, se soient formés des vapeurs & des exhalaisons des terres qui la bordent, ils pourroient absolument parcourir ce vaste espace sans se dissoudre; mais on les voit si souvent naître, s'étendre & se fondre en eau douce, à la suite de l'évaporation même qui se fait dans cette mer, que l'on ne peut pas douter de leur origine.

On peut encore supposer que les eaux de la mer reçoivent en l'air des imprégnations à peu-près semblables, à celles que leur donne leur passage par les terres, & qui les rendent potables. Plus ces imprégnations sont riches & sulfureuses, plus ces eaux deviennent douces & bonnes. On peut citer en preuve l'eau de la fontaine de Trêvi à Rome, la même que l'eau vierge qu'Agrippa fit venir dans cette capitale. Que l'on examine les

terres à travers lesquelles elle se filtre
avant que de se rassembler à la source, d'où elle passe dans les canaux :
ce sol est léger, sulfureux, très-propre à la végétation, naturellement
chaud & souvent renouvellé par des
mouvemens intérieurs qui répandent
de nouveaux soufres dans sa masse.
Depuis plus de dix-huit siècles, ces
eaux n'ont point changé de qualité ; à
présent encore, comme dans le siécle
d'Auguste, elles sont excellentes à
boire, agréables & saines. Les Anglois prétendent aussi que ce qui communique la bonté & la salubrité à l'eau
de la Tamise au-dessous de Londres,
ce sont les imprégnations qu'elle
éprouve de la part du sol & des boues
des rues de Londres. Le soufre est en
si grande quantité dans la plûpart des
fontaines de Naples, que leurs eaux
en sont blanchâtres, cependant elles
ne sont pas mal-saines, & malgré la
chaleur du climat, elles conservent
assez constamment leur fraîcheur.

Il flotte encore dans l'air des semences de très-petites plantes, des

petits œufs d'un nombre infini d'insectes qui tombent en terre en même
tems que les pluies : de là vient qu'on
voit croître dans cette eau des mouf-
ses, des plantes vertes, & qu'on y
découvre encore un nombre prodigieux d'animaux & de vers qui la
font fermenter, & lui communiquent
promptement une mauvaise odeur par
leur corruption. Une quantité d'autres
matieres hétérogènes & imperceptibles, se trouvent encore mêlées avec
l'eau de la pluie ; ce qui fait que,
quoique filtrée & conservée dans une
bouteille bien fermée, on la voit se
charger bientôt de petits nuages blanchâtres qui augmentent insensiblement, s'épaississent & se changent
enfin en une humeur visqueuse qui se
précipite au fond de la bouteille. Toutes ces observations ont déterminé à
prendre une précaution utile dans les
endroits où l'on n'a que des eaux de
pluie rassemblées dans des citernes ;
c'est d'empêcher que la premiere pluie
qui tombe après une longue sécheresse, n'y entre, & n'y porte toutes les

causes de corruption dont nous venons de parler. Quand l'air est purifié de toutes ces matieres étrangères, l'eau de pluie devient très-saine à boire, fort légere, & se conserve long-tems sans altération.

On conçoit que ce mêlange d'exhalaisons peut donner à la pluie des couleurs variées. Il est constant par l'expérience que la couleur de l'eau répond aux sels alkalis, aux soufres, aux esprits acides qui y sont mêlés, & à la proportion dans laquelle ils y sont : il n'est donc pas étonnant que l'on ait vu dans tous les tems des pluies rouges & d'autres couleurs, & que, lorsque les mystères de la physique n'étoient pas encore dévoilés, on ait cru que c'étoient des pluies de sang qui n'annonçoient que désastres & malheurs. Elles effrayent encore lorsqu'elles tombent ; la crédulité des historiens nous les a représentées comme des marques du courroux des Dieux & le pronostic des événemens funestes qui ont suivi. Nous nous arrêterons un instant à en parler,

pour faire connoître comment elles
ſe forment, pour leur ôter tout ce
qu'elles ont de merveilleux & d'effrayant. Il ne peut qu'être utile de
diminuer la maſſe énorme des er-
reurs populaires.

§ VII.

Pluies prodigieuſes.

De toutes les pluies prodigieuſes,
celles dont on a le plus parlé, celles
qui ont le plus effrayé les peuples,
ce ſont les prétendues pluies de ſang.
Ce n'eſt pas dans ce qu'en ont écrit les
anciens que nous chercherons à rectifier nos idées à ce ſujet. Ils étoient
généralement ſous le voile de l'illu-
ſion, & les hiſtoriens étoient auſſi
crédules que le vulgaire le plus ignorant. Nous nous rapprocherons des
tems où la phyſique commençoit à ſe
former, pour ſavoir ce que l'on en
penſoit. En 1608, on aſſuroit à Aix
qu'il étoit tombé dans cette ville &
aux environs une pluie de ſang. M. de

Peiresc n'épargna rien pour vérifier
le fait, il se fit montrer de ces gouttes
de sang marquées à la muraille du
cimetiere de la grande église d'Aix
& à celles des maisons des bourgeois
& des paysans de ce district. Il reconnut que les taches rouges qui paroissent sur les murailles & sur les
plantes, n'étoient autre chose que les
excrémens des papillons qui avoient
été très-nombreux dans le commencement de Juillet. On ne trouvoit
point de ces taches rouges aux maisons du centre de la ville, où il n'y
avoit point eu de papillons, mais seulement à la campagne & dans les parties extérieures de la ville. Ces taches ne se remarquoient que du milieu des étages des maisons en bas,
à la hauteur où ces papillons s'élevent.
Ils pouvoient encore avoir lâché leurs
excrémens en l'air, qui retomboient
avec la pluie dans les champs. Cependant l'épouvante fut si grande,
que les gens de la campagne abandonnerent leurs travaux, & se reti-
rerent dans leurs maisons, plus oc-

cupés des événemens ſiniſtres que leur préſageoit cette pluie extraordinaire, que du ſoin d'en chercher la cauſe.

On ſait encore qu'il y a des pucerons aquatiques qui multiplient dans l'été en ſi grande quantité, qu'ils rougiſſent la ſurface des eaux, qui enlevées par les vens, forment des pluies locales rouges. Il en tomba de cette couleur à Ribémont en Picardie, à trois lieues de la Fere, au mois d'Octobre 1763 & le 14 Novembre 1765, dont on a attribué la teinte à la ſéroſité rouge que dépoſent les papillons ſur les toîts des maiſons & les feuilles des arbres lorſqu'ils ſortent de leurs chryſalides, & même à ces inſectes déchirés par la force du vent, & lavés par la pluie, de même qu'à leurs œufs briſés.

On lit dans l'hiſtoire de l'Académie des Sciences que le 17 Mars 1669, à quatre heures du matin, il tomba en pluſieurs endroits de la ville de Châtillon ſur Seine, une eſpéce de pluie ou de liqueur rouſſâtre, épaiſſe, viſqueuſe & puante, qui ressembloit à une pluie de sang. On en voyoit de grosses gouttes imprimées contre les murs, & un même mur en étoit fouetté de côté & d'autre, ce qui fait croire que cette pluie étoit formée d'eaux stagnantes & bourbeuses, enlevées par un tourbillon de vent de quelques mares des environs.

En 1744, il tomba une pluie rouge au faubourg Saint-Pierre d'Arena de Gênes, que les horreurs de la guerre qui étoit alors sur les terres de la république, rendirent très - effrayante pour le peuple, & que l'on vérifia ensuite avoir pris cette teinte d'une terre rouge qu'un vent impétueux avoit enlevée d'une montagne voisine.

Il n'y a donc jamais eu de vraie pluie de sang, toutes celles qui ont paru rouges ou approchant de cette couleur, ont été teintes par des terres, des poussieres de minéraux ou des matieres semblables emportées par les vents dans l'atmosphère, où elles se sont mêlées avec l'eau qui tomboit des nuages. Plus souvent en-

core ce phénomène en apparence ſi
extraordinaire, a été occaſionné par
une grande quantité de petits papillons qui répandent des gouttes d'un
ſuc rouge ſur les endroits où ils paſſent. Il eſt très-ordinaire encore que
les mouches & les papillons, après
s'être dégagés de leurs enveloppes de
nymphes ou de chryſalides, & que
leurs aîles ſe ſont déployées & rafer-
mies, au moment qu'ils ſe diſpoſent
à voler pour la prémiere fois, jettent
par la partie poſtérieure, quantité
d'humeurs ſurabondantes dont la ſé-
crétion s'eſt faite, lorſqu'ils étoient
encore en nymphes. Ces humeurs ne
reſſemblent en rien aux excrémens de
ces inſectes, elles ſont de différentes
couleurs, la plûpart rouges. On ſait
de plus, que lorſque les chenilles de
ces papillons ſont prêtes à ſubir ce
changement, elles s'écartent ordinairement de la plante qu'elles habitent,
& s'attachent aux murailles voiſines,
ſouvent en très-grand nombre, &
montent ſi haut, font tant de chemin,
que j'en ai vû ramper juſqu'au deſſus

des

des cheminées d'un bâtiment très-élevé, en redescendre ensuite dans les appartemens, & s'attacher aux boisures & aux meubles, je les ai vues y déposer cette liqueur jaune ou rougeâtre que dans de certaines circonstances on a pu prendre pour des gouttes de sang, mais qui étoient imprimées sur les murs antérieurement à la pluie, qui n'a fait que les rendre plus remarquables en les lavant. Il n'en a pas fallu davantage pour faire croire au vulgaire qu'il avoit plu du sang, & pour en tirer des présages sinistres. Ces idées, pour s'être renouvellées de tems en tems, n'en sont pas plus vraies : l'ignorance est par-tout la source du merveilleux, & la curiosité de l'avenir fait tirer des présages.

Il n'est pas plus difficile de donner une explication satisfaisante des autres pluies extraordinaires qui tombent en différens pays, sur-tout dans les provinces septentrionales de l'Europe. Les pluies d'été y déposent assez souvent une matiere jaune, que le

peuple regarde comme du vrai foufre.
Après l'avoir purifiée en la lavant, &
l'avoir fait fécher fur du papier, fi on
en met fur la lame d'un couteau, &
fi on l'expofe à la flamme d'une
chandelle, cette matiere jette un peu
de fumée ; mais elle ne s'allume point,
elle s'embrâfe & brûle comme de la
pouffiere de bois. Soufflée par un
tuyau de plume, à travers la flamme
d'une chandelle, elle s'enflamme, de
même que cette pouffiere jaune &
fubtile qui fe trouve dans les petites
maffes de la mouffe terreftre. Cette
efpèce de mouffe abonde dans les forêts du nord, & fournit une grande
quantité de la pouffiere dont nous
parlons, laquelle peut être enlevée
par les vents, & retomber enfuite
avec la pluie qu'elle épaiffit & qu'elle
colore. Cette pouffiere a la propriété
de détonner en s'enflammant, à peu-
près comme la poudre à canon, & les
Mofcovites en font des efpéces de
feux d'artifice.

Plufieurs arbres tels que le pin &
le noifetier, d'autres plantes encore

fourniffent en abondance de cette
matiere jaune fort atténuée, & c'eft
peut-être la raifon pourquoi les prétendues pluies de foufre font plus fréquentes dans les pays de bois que
par-tout ailleurs, fur tout dans la faifon où les pins & les fapins font en
fleurs, aux mois de Mai & de Juin.

Mais outre ces pluies jaunes mêlées de pouffieres végétales, on ne
peut guères douter qu'il n'en tombe
de vraiement fulfureufes. Voici
deux exemples de ces pluies tombées
au mois de Mai : le foufre dont elles
étoient chargées, étoit fi différent de
cette pouffiere jaune & réfineufe qui
vient des pins & des fapins, que ce
rapport de tems n'en prouve en aucune maniere l'identité. Le premier
eft cité par Olaus Wormius; il affure que le 16 Mai 1646, il tomba à
Copenhague une pluie très-abondante
qui inonda toute la ville, & qui con-
tenoit une pouffiere exactement femblable au foufre par fa couleur & fon
odeur... Simon Paulli rapporte que
le 19 Mai 1665, il tomba en Nor-

Y ij

wège par une tempête & par un tonnerre horribles, une poussiere tout-à-fait semblable au soufre, qui jetée dans le feu, donna la même odeur, & qui mêlée avec l'esprit de térébenthine, produisit une liqueur dont l'odeur ressembloit parfaitement à celle du baume de soufre (*a*). La quantité de matieres sulfureuses renfermées dans les volcans d'Islande, entr'autres dans l'Hécla, rendent ces faits croyables. Il n'est pas douteux que le soufre enflammé ne se sublime dans l'air, sous la forme d'une fleur très-légere & très-ténue qui peut retomber avec la pluie. J'ai ramassé de cette fleur de soufre, dans les environs de la Solfatarre de Pouzzols : tout le voisinage du Vésuve en est rempli, on en trouve sur les hauteurs de Piétra-Mala en Toscane : on y fait si peu d'attention dans ce pays,

____

(*a*) Voyez le Supplément des Ephémérides des Curieux de la nature, an. 1673 & 1674, dans la Collection Académique, tome VI, Partie étrangere.

que l'on ne regarde pas comme un phénomène extraordinaire à Naples & dans les villes voisines, la pluie mêlée de soufre.

On voit déjà ce que l'on doit penser de toutes ces pluies extraordinaires, & combien il est plus naturel de les voir tomber en certains pays que dans d'autres. Nous ne mettrons pas au rang des pluies prodigieuses, les matieres que les éruptions des volcans portent au loin, qui tombent en forme de pluie, mais dont la cause est naturelle, locale & facile à découvrir : telles font les cendres, les ponces, les sables & les terres brûlées qui sont portées par des vents impetueux, à une très-grande distance : on a vu les cendres du Vésuve tomber jusques sur les côtes d'Afrique. La façon dont ces matieres se répandent dans les campagnes, souvent si loin de leur origine, leur quantité & les désastres qu'elles occasionnent quelquefois, les ont fait mettre au rang des pluies les plus formidables. Rien n'égale ce que l'on

raconte d'un événement de ce genre
arrivé au Pérou à-peu-près dans le
tems que les Espagnols en entreprirent la conquête.

Entre les prodiges par lesquels les
Péruviens prétendoient que l'arrivée
des Espagnols & tous leurs malheurs
leur avoient été annoncés, ils regardoient comme l'un des plus frappans,
la pluie de sable qui tomba pendant
vingt jours dans l'Amérique méridionale, aux environs d'Aréquipa. Le
pays en fut inondé au point qu'en certains jours, il en tomboit plus de
deux doigts d'épaisseur, & en d'autres jusqu'à une aune. Le maïs, les
légumes & les arbres en furent gâtés
aussi-bien que les vignes : la plus
grande partie du bétail mourut ; il ne
trouvoit plus dans les campagnes de
quoi se nourrir ; elles étoient couvertes de sable à plus de trente à quarante lieues à la ronde, & l'on voyoit
quelquefois plus de cinq cens bœufs
morts sur la place, & une quantité
bien plus considérable de brebis, de
chèvres & de pourceaux qui péris-

soient de faim. Il y eut plusieurs maisons qui s'écroulèrent sous le poids
du sable; & si l'on en garantit quelques-unes de cette ruine, ce fut par
le soin & la vigilance de ceux à qui
elles appartenoient : le tonnerre mêlé
d'éclairs & de foudres se fit entendre
jusqu'à plus de trente lieues d'Aréquipa ; en un mot l'obscurité causée
par ces nuages de sable fut si grande
que les habitans furent contraints en
plein jour d'allumer du feu pour y
voir dans leurs maisons. (*Histoire des
Incas, liv. VII, chap. XXV*).

Ce phénomène étonnant fut sans
doute produit par le volcan formida-
ble, qui est voisin d'Aréquipa. Dans
la zone torride, les efforts de la nature sont extraordinaires, & cette
pluie de sable peut fort bien avoir été
telle que nous la rapportons. Nous
avons déjà parlé des changemens que
causent à d'autres contrées du Pérou,
les éruptions fréquentes des volcans,
qui rendent croyable tout ce que l'on
raconte de celle d'Aréquipa.

Mais ce ne sont pas les volcans

feuls qui occafionnent les pluies de
fable. On en a vu dans les régions les
plus froides, comme dans celles qui
font près de l'équateur : les fables
font tranfportés d'un lieu à un autre
dans les vaftes plaines de la Tartarie
orientale, & cette mobilité du terrein eft une des caufes qui les rendent inhabitables. Quelquefois on eft
furpris dans la mer des effets de ces
phénomènes finguliers. Le 6 Avril
1719, il tomba dans la mer Atlantique, au 45ᵉ. degré de latitude fepten-
trionale, & au 322ᵉ. degré 45 minutes
de longitude, une pluie de fable qui
dura depuis dix heures jufqu'au lendemain une heure après midi. Elle fut
précédée par une lumiere femblable à
celle qui fut vue à Paris le 30 Mars
de la même année, mais de moindre
durée. Les vents étoient alors à l'eft-
fud-eft, le capitaine du vaiffeau &
tous ceux qui y étoient, attestèrent le
fait au Pere Feuillée, Minime, à qui
ils donnèrent de cette pluie qu'il avoit
été facile de garder; il en fit voir un
petit paquet à l'Académie des Scien-

ces de Paris; c'étoit du sable commun & fort fin. La terre la plus voisine du lieu qui a été déterminé, est
l'isle Royale qui en est à huit ou neuf
lieues, de sorte que la pluie de sable
fit au moins ce chemin dans l'air.
(*Histoire de l'Académie, an 1719.*)
On sait que les vents dans cette isle
sont d'une violence extrême, qu'ils
détruisent jusqu'aux bâtimens : c'est
dans un des ouragans impétueux qui
y sont si communs que ce sable fut
enlevé & porté dans l'atmosphère à
une si grande distance. La lumiere qui
fut vue annonçoit la cause du grand
mouvement qui se fit dans l'air : la
matiere ignée qui y étoit répandue,
en le dilatant tout d'un coup, lui donna
une force & une accélération extraordinaires, & le rendit capable de l'effet
singulier que nous venons de rapporter. Ces phénomènes sont tres-com-
muns en Afrique, ils ont détruit des
peuples entiers, dont la mémoire s'est
à peine conservée dans les pays qu'ils
ont autrefois habité : ils sont produits
par les vents qui peuvent encore les

Y v

renouveller, & dans certains momens porter au loin par les airs des corps très-pesans. Il est donc croyable que dans les pays où on bat le grain au milieu des champs, ou à la veille d'une récolte tout-à-fait mûre, lorsque le grain tient à peine dans l'épi, les vents peuvent en enlever assez de bled pour aller former au loin une pluie d'une espèce nouvelle, qui n'annonce ni l'abondance, ni la disette, mais les suites d'un ouragan que l'on n'a pas vu se former, & qui vient ordinairement se terminer dans les endroits où il dépose les matieres qu'il a emportées dans l'air.

Je ne m'arrêterai pas plus long tems à parler de ces pluies prodigieuses: on voit qu'elles sont toutes occasionnées par des causes naturelles peu communes, auxquelles l'ignorance seule peut attacher du merveilleux, ou les prognostics d'événemens futurs qui en sont tout-à-fait indépendans.

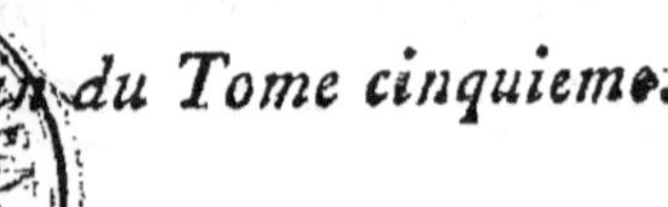

Fin du Tome cinquieme.

Y vj

B

C

O

S

Fin de la Table des Matières.

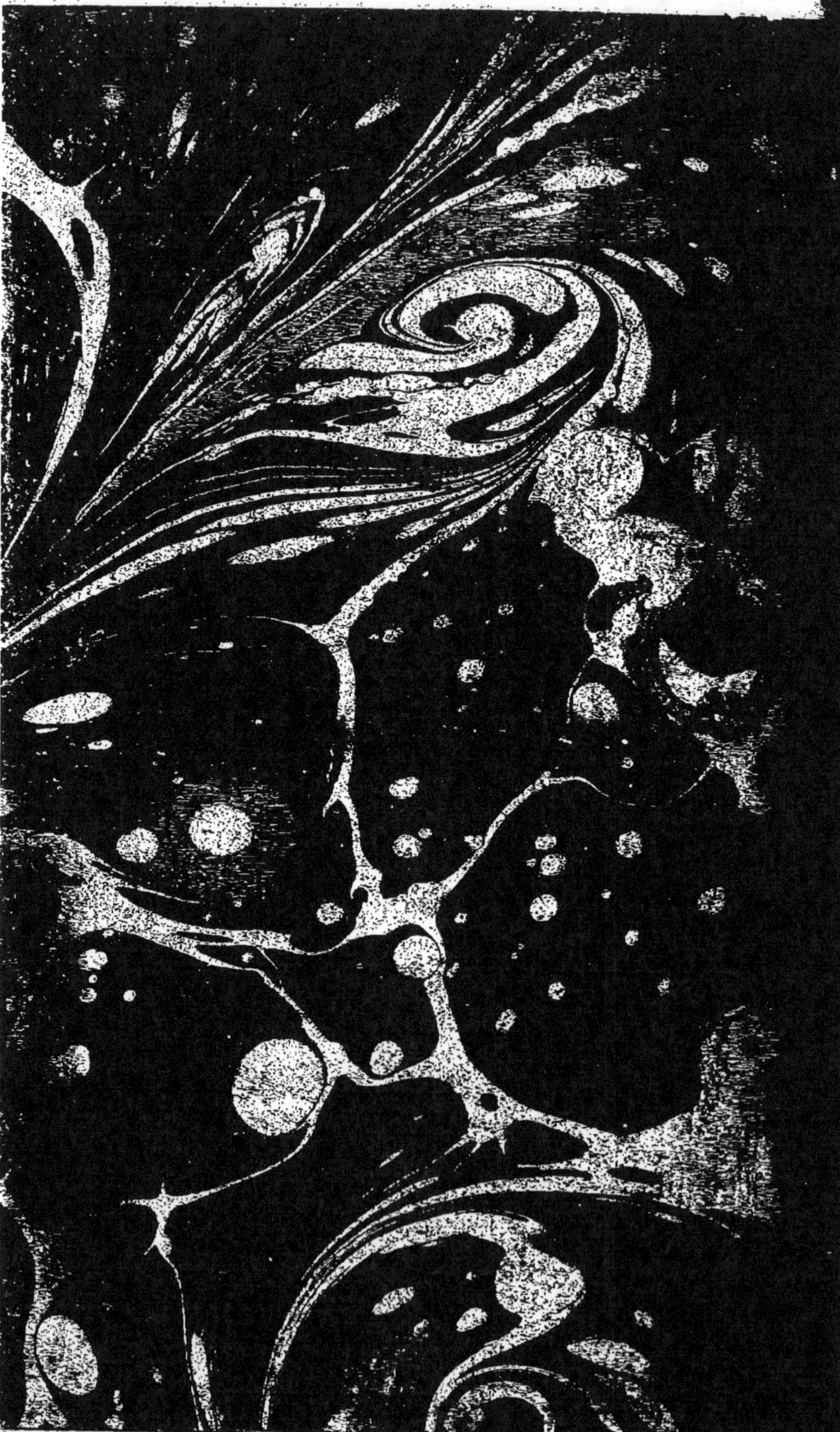